过程工业的
能源管理与效率

［美］艾伦·P. 罗西特（Alan P. Rossiter）
［美］贝斯·P. 琼斯（Beth P. Jones） 编著

天津开发区（南港工业区）管委会　译

中国石化出版社
HTTP://WWW.SINOPEC-PRESS.COM

著作权合同登记　　图字 01-2019-5493

Energy Management and Efficiency for the Process Industries (9781118838259 /
1118838254) by Alan P. Rossiter and Beth P. Jones. Copyright © 2015 by the American Institute
of Chemical Engineers, Inc. All rights reserved. A Joint Publication of the American Institute
of Chemical Engineers and John Wiley & Sons, Inc. Published by John Wiley & Sons, Inc.,
Hoboken, New Jersey. All Rights Reserved. This translation published under license.

图书在版编目（CIP）数据

过程工业的能源管理与效率/（美）艾伦·P.罗西特
（Alan P. Rossiter），（美）贝斯·P.琼斯（Beth P. Jones）编著；
天津开发区（南港工业区）管委会译. — 北京：中国石化
出版社，2019.11
　　ISBN 978-7-5114-5577-2

Ⅰ.①过… Ⅱ.①艾… ②贝… ③天… Ⅲ.①过程工
业—能源管理②过程工业—能源效率 Ⅳ.①T

中国版本图书馆 CIP 数据核字（2019）第 253721 号

中国石化出版社出版发行
地址：北京市东城区安定门外大街58号
邮编：100011　电话：（010）57512500
发行部电话：（010）57512575
http://www.sinopec-press.com
E-mail：press@sinopec.com
北京柏力行彩印有限公司印刷
全国各地新华书店经销

*

710×1000 毫米　16 开本　19.75 印张　369 千字
2019 年 11 月第 1 版　2019 年 11 月第 1 次印刷
定价：68.00 元

译者序
PREFACE

目前，在我们国家，作为区域经济发展新焦点的工业园区，如雨后春笋般在全国各地兴建起来；今后，我国工业园区建设还将继续呈现良好的发展势头。由于起步较晚，我国在工业园区的建设和管理方面经验不足。发达国家在这方面已积累了十分丰富的经验和教训，他山之石可以攻玉，这些对于我国正处于高速发展中的化工园区建设和管理，具有重要的借鉴作用。通过学习和借鉴这些方法和经验，提高我们的认识，优化我们的管理水平，有助于把我们的化工园区建设成加工体系匹配、产业联系紧密、原料直供、物流成熟完善、公用工程专用、管控可靠、安全环境污染统一治理、管理统一规范、资源高效利用的产业聚集地。

为进一步拓宽国内化工园区的视野，加深对国外化工园区先进管理理念、经验和方法的理解，提高国内化工园区在产业集群维度上的安全、环保管理水平，我们已先后翻译、出版了《地方经济发展与环境：寻找共同点》《商业竞争环境下的安全管理》《石油和化工企业危险区域分类：降低风险指南》《石油、天然气和化工厂污染控制》《化学和制造业多工厂安全管理》《石油和天然气工业对大气环境的影响》《化工装置的本质安全——通过绿色化学减少事故发生和降低恐怖袭击的威胁》《化学反应性危害的管理实践》《化学工程——非化工专业读本》等9部国外著作，并得到业界读者的好评。2019年，针对国内化工园区建设和发展的实际需要，我们再次精选并翻译了《固体和危险废弃物管理》和《过程工业的能源管理与效率》两部著作，作为国内化工园区安全管理的参考资料。

《固体和危险废弃物管理》一书采用深入浅出的方式介绍了化工园区工业废弃物、市政废弃物、危险废弃物和电子废弃物等管理基本原理，以及高效处理、储存和安全处置所采用的技术。此外，还介绍了土壤修复技术、废弃物最小化和环境影响评估等方面内容。

《过程工业的能源管理与效率》一书详细介绍了化工园区内石油化工等过程工业的能耗基准评价、能源管理标准、工业能效技术、加热炉和锅炉的能效、换热器结垢监测和清理分析、管理蒸汽泄漏等，并给出了业内知名公司的经典案例。

参与书稿翻译、审阅工作的还有张文杰、刘春生等同志，中国石化出版社对著作的出版给予了大力支持，在此一并致谢。

鉴于水平有限，书中难免存在谬误和不足，敬请读者批评指正。

本书编译组
2019 年 9 月

序
PREFACE

　　在全球经济中，能源可持续性是生产和制造行业健康发展和竞争力的核心。还有许多其他的考虑因素，如市场准入和劳动力的可获得性等，但有效利用安全和负担得起的能源决定了公司和协会的竞争力和可持续发展的能力。

　　能源可持续性不仅包括对环境的保护责任以及获得生产的权利。能源可持续性是可以应用和优化多种安全合理的能源用于企业发展，然后通过系统分析和有组织的推动作为其核心制度来持续提高应用水平。通过管理和技术优势可获得可持续性的能源。

　　当今世界的选择和外部条件的变化要比历史上任何时期都要快得多。管理可以确保在现有工艺操作中达成最佳的能源效率，不断发展新技术和工艺是保持优势的唯一方法。我所推荐的这些作者的努力研究和工作的成果可为读者提供新的见解和最佳实践经验，可激励读者进一步提高能源的性能和可持续性。

CHARLES D. MCCONNELL

（美国能源部前副部长，莱斯大学能源和环境倡议执行主任）

前言
FOREWORD

工业能源管理现在是研究热点。虽然20世纪70年代的石油危机促使工业界下意识地减少了对国外原油的依赖，但过去20年的发展趋势是对能源效率采取更为谨慎和系统化的方法。许多公司，尤其是大型企业，已经制定了全面的计划，其中包括公司能源政策、报告系统、基准评价、各种能源审计，以及将能源效率要素写入工程进度和采购协议中。比如埃克森美孚公司于2000年开始使用自己的全球能源管理体系（GEMS）。到2009年为止该公司报告中称该系统可使其生产装置节能15%~20%，实际可见达到了目标的60%[1]。其他许多企业对能源效率进行了研究，各种软件和咨询机构都对能源效率和能源管理的各个方面提供了支持。

不仅是工业界内部对这一领域有兴趣。在美国，能源部和环境保护署都在积极开发和促进能源效率的提高。同时，2001年国际标准化组织发布了ISO 50001:2011标准，用于"通过开发能源管理体系（EnMS）促进各个行业组织更为高效利用能源"[2]。

工业能源效率定律

笔者在工业能源管理各领域已耕耘30余年，长期以来已构想出一系列通用规律，暂且称之为"工业能源管理定律"。

定律1：不存在万能方法——只采用单一的方法或技术不能确保能源使用的优化。具有工程背景的人会从技术方面思考提高能效——增加热量回收、使用选择性更高的催化剂、提高电机效率、从根本上改善工艺设计——这些方法的确可以非常有效地降低能耗。不过真实世界里的能效还与个人和机构的行为相关。管理和激励也是关键因素，这些都需要与纯技术完全不同的专业方法。

定律2：我不了解全部——你也一样。笔者一直都惊讶于自己无知的广度和深度。笔者在热能综合研究中使用夹点分析方法，认为自己很擅长此方法——然而每个研究项目依然产生新的惊喜。能源管理是一门多学科综合的研究，过去30年笔者有幸一直与各种能源相关领域的专家合作，但仍有许多未知领域需要去探索。在任一领域精通都需要经过一个漫长的过程，而人生是一个持续不断学习的过程。

这两个定律是本书的结构基础和所采用的写作方法。本书包括两个主要部分——第一部分集中探讨了管理和组织问题，以及技术相关问题。笔者职业生涯中绝大多数时间都用来做能效技术领域的咨询。很明显本书还还需要从企业内部人员的角度考虑如何管理大型公司内的能源项目。笔者很高兴LyondellBasell公司从事该工作的Beth Jones同意与笔者共同撰写本书。我们开始写作，同时也与其他业内顶尖项目经理和技术专家合作——大多数都与我们在不同能源管理项目中有过合作——具备过程工业中所需的当代能源管理相关的主要专业经验。

能源和过程工业

对很多人来说，"过程工业"一词等同于连续生产的大型石油和石化工艺——在本书中确实体现了这些工艺操作过程。不过工业工程师协会对过程工业的定义要广泛得多，该定义为"主要生产过程为连续或连续批量进行的工业"[3]。根据这一定义，过程工业不仅包括石油炼制和石化，还包括其他很多工业部门如食品饮料、无机化学品、制药、碱金属、塑料、橡胶、木材及木材制品、造纸和纸制品、纺织等。

在过程工业的各个部门中存在各种操作过程。世界级的炼油厂和石化企业每年的能源账单都在几亿甚至几十亿美元，而能源是各种成本的主要组成部分。原材料和劳动力成本在小型企业的占比要高得多，而能源账单只有百万美元级别或更低。

在许多小型企业中，空间照明、加热和冷却一般是能耗大户。而这些因素在大型石化装置的能耗占比中极小，运输、转换、分离进料和产品所需能耗最大。

批量生产工艺和连续生产工艺的能源管理方法有很大差异。尤其是采用"停产期间停工策略"的企业为了停产期间减少不必要的能耗从而达到"零"能耗，这一方法一般不适用于连续生产过程。

整个工艺过程所使用的设备和系统有同有异。蒸汽系统、电机、换热器、泵和压缩机广泛存在于各种工艺过程。除此之外，还包括蒸馏塔、催化反应器、离心机、蒸煮器、多士炉、带式干燥机等。每个系统和每种设备在综合能源管理体系中都有不同的问题需要考虑。

本书的宗旨是详尽概述过程工业能源管理的原理和技术。这意味着我们不可能涉及所有的工艺类别或设备，但我们已尽力为绝大多数能源经理和技术专家提供所需的基础知识。

不论能源账单的金额大小、工艺是否是连续或批量生产过程，还是使用怎样的设备类型，都需要考虑到能耗。不过可以理解，在能源管理中总是对能耗最大的部分更为关注。能源管理和能效的基本原理是相通的，但不同设施需要采用不同的能源管理体系。

在本书中，我们尽力考虑到所有的共同点和不同点。本书由两部分组成：

第一部分的主要内容是能源管理的原理和体系。包括对能源经理的作用的探索，各种企业的能源管理体系的成功案例，以及基准评价和管理系统。

第二部分探讨了提升能效的相关技术。包括目前在提高能效方面最为广泛使用的一些设备、应用体系和全过程工艺方法。

还有一个非常重要的领域我们还没有深入探索。突破性的技术——显著提高效率的新设备和工艺——定期被开发出来，可以导致能耗的大幅降低。比如，20世纪50年代的低压聚乙烯技术的开发是原有高压聚乙烯技术的重要技术突破，该技术的单位能耗要低得多。另一个常见案例是近年来在聚合物生产中紧凑型荧光灯和发光二极管的使用，与白炽灯泡相比，可大幅降低能耗。

突破性新技术是解决能源管理难题的一个关键，但这些技术通常只能适用于单个工艺和设备类型。而且新技术的研发时间一般都很长——或者要依赖一些运气才能获得——这使得人们很难对新技术做出预测。一个清醒的能源经理应一直密切关注其领域相关的技术突破，本书对此不做赘述。

我们诚邀各位读者加入我们，一起对过程工业的能源管理的技术和领域进行探索。我们相信各位读者将会强化已有的知识理解，同时学习到新东西，提高自己对能效的理解。

ALAN ROSSITER

2015年2月

参考文献

1. ExxonMobil Annual Report, 2009.
2. International Organization for Standardization, *ISO 50001: Energy management*, http://www.iso.org/iso/home/standards/management–standards/iso50001.htm (accessed May 14, 2014).
3. Institute of Industrial Engineers, Process Industries Division, https://www.iienet2.org/details.aspx?id=887 (accessed April 26, 2014).

目录

CONTENTS

第一部分
能源管理项目

第 1 章　能源管理实践

Beth P. Jones

　　企业对能源效率关注度的高低主要是与能源价格的升降以及相应制造利润率的升降相关。一个企业的能源经理的职业生涯与此类似。如果能耗较高，利润微薄，你就会成为企业的关键人物，而如果赶上好时候天然气供应大涨，就没人再会理你。资源分配原理类似。时机不好，资金短缺会有更多人寻求企业更为高效运行的方法。当大环境变好，这些人就会被分配去做更高回报的工作。一个考虑全面的能源管理项目代表着高效的方法，为随后的企业运行设定标准，以最少的资源进行企业改造。否则随着时间推移和审查的松懈，效率就会下降，相关成本增加。过几年后这一循环又重复进行，新的团队又从上一次循环中重新学习相应的教训。

　　几年前，一名技术人员收到了其公司董事长颁发的"好样的"最高嘉奖。他的成就包括调试公司内所有大型烯烃炉，从而每年节省了数百万美元费用。在此引用其公司董事长对其表彰的评语"温故识新干得好！下次我们可能只处罚不这样做的人。"这名技术人员接受了这一评语，并写了一份"加热炉须知"，用来保存和制度化这些知识。

　　本书对工业特别是过程工业的能源管理进行了梳理。第一部分主要探讨管理问题——如何有效启动和维护项目、确认项目的组成部分、基准的比较，以及创立管理体系——还包括了能源经理成功实践的案例研究。本书其他部分则对如何节能提供了专业技术支持，特别是过程工业中最重要的能耗大户。

　　本章主要介绍了如何启动一个能源管理项目以及确定和实施可持续提高能效的实践方法。本章特别对新从业的能源经理提供帮助：在履行其角色时需要了解的知识是什么？由于这些问题对负责能源管理的管理人员和工程师也相关，因此我们希望对所有读者都有帮助。

一、对能源管理项目的价值进行评估

　　在大多数过程工业中，能耗仅次于原料消耗。使用计划模型、供应战略和在线优化整个部门都用来优化原料选择和产品组成。除了以最低成本购买能源之外，大多数公司还会将能源视为企业经营中不可避免的开支。尽管如此，能源利用不仅是公用工程部门需要考虑的问题，作为能源经理也必须要将企业经营成本分开。关注能源管理的其他好处包括减少对环境的影响，以及在文化中对减少废品排放观念的变化，但任何能源管理项目的规模都由其经济价值所决定。

决定公司的能源利用和能耗首先要从公司的大框架开始，然后根据实际情况向下进行。使用企业现有的通用数据，能源信息可以来自装置公用工程账单、内部费用核算，或是公用工程采购小组。查找数据的过程和实际数据一样重要且具有启发性。信息的收集难易程度如何？从数据中可以看到装置的什么情况？公司的总费用或板块费用已经收集分析了吗？

根据已有数据绘出每个单元、装置、板块的物料平衡表（图1.1）。包括所有从外部进入的能源，如外购电、燃料气、固/液燃料、外购蒸汽、其他表内消耗的能源。收集每个单元的额定生产能力和平均运行成本价格。

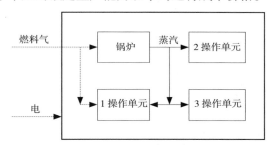

图1.1 简单物料平衡表有助于理解能源总的使用情况

装置能源利用 = 燃料气消耗 × 热值 + 电耗
装置能耗 = 燃料气消耗 × 燃料气价格 + 电耗 × 电价
装置专门能源利用 = 装置能源利用 / 平均进料（或主要产品）速度

由于公司的能源使用概况已有一个初始固定值，可根据数据和工程判断进一步推算可减少的能耗量。从工业出版物或数据搜索中决定每个方框中采用技术的基准能耗，测量每个工艺过程额定生产能力对应的能耗。第5章将进一步详细描述基准测算。

从每个方框的能源基准使用量减去实际使用量，然后加上可减少的能耗量。如果没有基准使用量或现有数据不够详细，可采取现有使用量的一定比例作为基准。如果过去5~10年没有能源改造项目投用，可采用能耗的10%作为基准。较新装置和能效高的装置一般可通过主动能源管理降低1%~2%的能耗。

将预测可降低的能耗与现有总能耗进行比较。

测算装置是否可以承受减少能源的来源范围。

二、启动能源管理项目

一家企业对能效的目标与其他目标类似，都需要从上至下的支持。管理人员不会支持一个新项目，除非这一问题比起其他优先问题太过重要，而且除非开始工作不会产生好处。一个能源管理项目是一个确认时机、划定解决方案、实施改进方案的循环过程（图1.2），能源管理项目启动很关键。不需要对工艺进行最终修订也可以大幅改进能源效率，因此在追求工艺完美的同时不要丢失好的方面。早期的成果证明关注能耗非常重要，可以让大家在自己的领域里寻找好的方法。

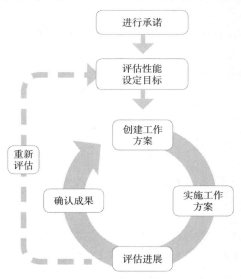

图1.2　能源管理中的"循环过程"（www.energystar.gov/guidelines）

从上开始更容易启动一个能源管理项目。可以想象上层管理者不仅可以看到能效管理的好处，而且可以控制使用所需要的资源。实施管理的力度是成功的关键。从管理者发出的能源政策声明具有实施的能力，可以为能源管理过程中涉及的每个装置开绿灯。

在提出支持要求前需要进行一些基础工作。仅估算出可能减少的能耗是不够的。需要制定一份简单的工作方案和在给定时间内减少一定能耗所需的资源清单。数据、方案和资源需求随着时间和研究而增加，但首先必须从基础开始制定方案。

进行一些明智的能源信息收集有助于提高信誉度。在公司内部可能会遇到一些人不相信能源利用率可以大幅提高，可以向他们展示竞争对手的成果。许多大型企业都在其网站上探讨如何提高能源利用率，从而最终改善环境。在第2章至

第4章中对三家领域截然不同的公司所实施的成功的能源利用项目进行了分析。在其公司网站上也展示了其能源政策。公共组织如美国环保署的能源之星（第7章）也展示了那些在能源利用率方面有突出表现的公司。需要指出的是，在能源上花费一定资源是一定会有回报的。能源价格会波动，但与其他费用相比能源成本相对较低。

找到可以在能源效率问题上合作的同伴有助于确保计划具有可行性。公司各有不同，但工艺或生产工程师通常都是节能项目的关键人物。每个功能小组在项目中都发挥一定作用，但节能项目的负责人需要了解整个工艺流程以及工艺变量对能耗的影响。一名资深工艺工程师是能源项目的理想现场负责人。现场负责人还必须了解能源利用数据，同时有能力开发和验证可以提高能效的设计。另外，管理人员的辅助也很重要。选择有节能潜力的装置，然后与工程师和运行管理人员进行交流。交流装置的能耗和其他基准数据，通过头脑风暴的方式来确定可节能的地方和改进实施方法。这些活动不仅可以验证假定的节能目标，还可以帮助确定实现这一目标所需的资源。将这些讨论向全公司推广，就可以获得一个工作计划的好的开始。

在"中试"装置上对小组在头脑风暴过程中提出的节能计划进行测试。计划是否可以成功完成节能目标呢？最好立刻开始实施这些节能计划，早期的成功可以提高所有领域的认同，有助于项目的推广和投资。

另一个潜在的销售点是节能项目的环保性。美国环保署提出了几种可降低温室气体效应的能源利用换算因子[1]。你可以使用这些换算因子测算你的节能路线对环境的影响。表1.1显示了一些换算因子。

表 1.1　各种常见燃料产生的温室气体效应[1]

天然气	53.02kg CO_2/MBtu
丙烷	61.46kg CO_2/MBtu
二号燃料油	73.96 CO_2/MBtu
烟煤	93.4 CO_2/MBtu

注：MBtu = 10^6Btu，1 Btu = 1055J。

计划的下一步是为初步成果增加时间安排和制定目标。优先处理公司内的节能方案，通过使用已有资源确定在第一年或两年内可以实现的目标。从能耗较大、基准和实际能耗差异较大的装置开始实施计划。

初始目标不应设得太高。为了实现目标要求，需要整个项目组织灵活行动。随着能源项目的推进，资源–回报关系会变得越发清晰，但设定一个目标可以让人们朝向一个正确的方向前进。你的管理应清楚在给定时间内项目的完成程度。

现在安排管理会议并陈述你的案例：

我们相信在接下来的 B 年内我们将为公司节约 A% 的总能耗。以目前的价格计算，节约的费用为每年 C 百万美元。行业内其他公司已获得相似成果——并在其网站上宣传其节能成果和环保成就。节能项目每年可以为其减少二氧化碳排放量 $D\text{t}$。

对追踪能源消耗和节能政策的承诺以及设定节能目标是关键。设定短期节能目标和企业能源政策，阐述企业的能源观点来启动能源管理项目。持续的关注将确保项目的稳定进行。以下是对目标和政策陈述的一些建议。

（举例：WeCo 公司保证将监督我们的能耗情况、制定节能项目、向雇员和股东报告我们的进展。我们的初始目标是根据去年的能耗和生产量，今后 6 年能耗将降低 10%。）

以下为一些我们为 WeCo 公司搭建的能源管理项目的设想。

（举例：我们可以从一个小型的核心能源资源小组开始通过现场勘查来确定有节能潜力的地方。我们可以为每座装置任命一名能源负责人来实施节能计划和发现更多节能方向。在大多数装置中，这需要一名工程师 25% 的工作时间和 50% 的工程资源。）

在获得管理许可和资金投入以及启动资源后，就可以开始实际操作一项能源项目了。让我们从资源开始。

三、能源资源：角色和责任

一项考虑全面的能源管理项目可以确定节能方向，设置今后的性能标准，使用最少的资源实现节能目标。但资源是不可或缺的。首先我们来讨论一下人力资源。理解能源数据，确认节能方向、工作，以及追踪节能项目实施后续都需要合适的人选。此外还需要合适人选来设计和实施相关政策和程序维持节能项目的效率。

1. 能源经理和能源工作人员

能源经理的工作范围包括在权限范围内确认、促进、奖励节能工作。能源管理者的角色通常是指导他人进行工作。一个优秀的能源管理项目可为确认节能方向提供工具、满足需求。能源经理很少直接负责实际节能项目的实施。相反能源经理是说服和帮助他人完成节能项目。

能源经理可以接触到公司所有的能源信息，有责任负责沟通项目进展。正式的沟通方式可保证管理者获知有关能源资源投资的费用以及节能项目参与人员获取正确信息或获得报酬。非正式的沟通在如何使人员积极为项目投入的过程中更为重要。工作方式和工作结果同样重要。以下是一些个人建议，包括"这对我有效"和"做我所说的，而不是我做过的"两项：

1）记住你在那里是提供帮助，而非做判断。

2）不要对失误责骂，而要对成功进行嘉奖。

3）尊重竞争优先权，但要保持一致。给做事的人机会。

4）给予信任要慷慨和热情。有想法与实际完成节能工作不能等同。要做一名支持者。

5）确保装置的节能成果被装置"所有"。你是提供帮助的人，而不是跑出来宣称财富所有权的海盗。

6）寻找能源和其他功能以及资源之间的联系。你可以培训其他人在其日常行为中考虑能源使用情况，也可以借助你的知识和了解的数据来帮助其他人。

下一节对能源核算的讨论将更为深入，在讨论能源管理功能时有几条建议可能有用：

1）创建度量方式准确测量节能效果，确保度量方式公开。

2）准确公正计量节能数据。能源计算应该简单易懂，应基于相同价格或用于其他项目的预测方法。计算结果应不易被操纵或模糊。最好低估而不是夸大预测结果导致丧失信誉。

3）结合现有工艺和系统分析能效，追踪两者的节能效果，维持节能效果。最好对在已知系统上做补丁而不是创建一个全新陌生系统——尤其是在节能上花费大量时间的。

4）在考虑能源项目时同样要考虑到相关工艺和维护费用。比如，提高一个主要设备一小部分的能效会降低目前生产情况下的能源使用量，但改进的同时也可提高生产量——同时能耗也较低。

5）为人们提供能源知识，尽你所能让他们拥有节能相关意识。提醒工作人员一些简单事项如包括蒸汽泄漏、离开办公室时关灯、白天关闭室外光源。海报、出版物以及"玩具"都是有效工具。

6）你的所作所为和思考自动自发为节能的可持续性服务。

在项目启动阶段能聚集一个能源专家小组可发挥巨大作用。在能源评估、数据库建立和管理、核算、工艺工程、实践经验整理方面的经验都非常重要。根据发现的节能方案，某些专门的技术能力可能具备极大的优势。在任何过程工业中，固体加热炉和锅炉方面的知识都很重要——两种知识都需要对过程工艺有良好的认识——以及燃烧室侧的效率和加热炉维护。对要执行任务的热情、说服能力以及愿意提供帮助都是重要的个人品质。

能源经理和能源小组在外还代表公司参加各种协会和论坛。与业内的沟通可带来新的想法和获得验证的方法用于启动和维护能源管理项目。公开的能源会议也可吸引到各种领域的服务和设备供应商，并创造与供应商以及产品消费者的沟通机会。能源小组也可以牵头寻找公众对公司的能源成果的认可度：比如，通过能源之星项目（第7章）或ISO 50001/SEP（第6章）认证或申请节能奖励。在提高内部对能效的重视方面公众认可也发挥了一定作用。

2. 现场能源负责人

在每个装置现场任命一名现场负责人管理节能降耗是很重要的。在理想情况下，现场能源负责人直接向装置管理者汇报，在每次管理会议上能效都是其中一个讨论议题。现场负责人花费在每个装置的时间长短取决于装置的大小和复杂程度以及针对能源目标的时间安排。

能源负责人的职责包括收集和汇报能源数据；确认、验证、辅助能源项目实施；并在装置中负责宣传能效。负责能源宣传工作需要相信这项工作的价值同时致力完成装置的其他工作。

如果你的公司有多套装置，可将能源负责人编入同一团队（根据公司文化可命名为最佳实践团队、人才中心、业务提升团队等），可有效缩小装置之间的差异。团队会议是有好处的，但组织者应注意时间安排，确保每次会议对参会人员有所帮助。报告中应有统计数据。定期举行视频会议可保持团队的专注力，让团队人员跟上最新问题和计划。举例来说，可以讨论能源统计发生变化的背景或实施新方案的原因。如果A厂成功对压缩空气进行审计，A厂代表可以与团队其他人分享相关论证、工艺和成果。

不定期面对面会议可为团队成员提供更大空间交流想法和成果、咨询问题、相互帮助。面对面会议还可邀请问题专家提升技术水平，请上一级管理层表达对项目的支持，还可请公司其他同事来探讨能源项目对其工作领域的影响。

能源经理应向每个团队成员或厂区能源负责人提供"工作内容说明"以及一套能源核算和能源目标的基本规则。说明和规则应包括汇报要求（能源使用、降耗措施、节能成果等）以及定期汇报次数、能源使用和节能的核算指导方法、团队录入要求。提供资源指导如何利用内部和外部能源工具和服务是很重要的。此外有必要经过一段时间对能源负责人的能源资源利用情况（审计、工具等）开展检查。最重要的是，作为能源经理，你应该定期开展对每个团队成员的对谈，了解是否需要你和团队的帮助。

3. 装置运行管理

装置运行经理"拥有"耗能设备和人员及系统，可以控制很大一部分能源使用。在理想状态下，装置操作人员提供辅助，在工艺进程中加强能源意识。装置运行经理负责操作的变更和对操作技术人员的监督。技术人员一般都对节能很有想法，改进节能措施需要他们的时刻关注。运行经理对能源的关注度可确保技术人员保持关注，通过节能改进措施获得的效益可实实在在提高装置的经济效益。激发操作人员的主动性非常重要，为此操作人员必须对能源项目在其负责区域内的实施有发言权。这并非意味着允许"我要做这个，不是那个"，而是在"我们如何在你负责区域内达成这些公司目标"基础上的合作。一起工作，和所有操作人员分享你的见解和观点。

4. 维护

维护部门负责控制装置很大一部分能源废弃物。减少废弃物项目的管理，如疏水阀试验、修理和更换、蒸汽泄漏检修、保温维修都对装置有很大影响。第9章至第16章对能源关键维护提出了很多建议。维修小组每年的预算一般是固定的，计划外维修仅存在于预算的很小一部分。"节省"维护经费一般首选能源废弃物项目。确保维修小组了解这些项目可以带来的价值非常重要，这样维修小组就会注意减少能源废弃物。一般维修小组不会注意到取消这些项目所带来的后果，因此对此也不关注。能源经理需要提高这方面的认识。第13章和第14章对蒸汽疏水阀和泄漏进行了更详细的探讨。

从长期来看，维护标准对能耗有很大影响。需要确保维护标准可以反映设备更换和修理的费用。举例来说，使用新的高效电动机比起维修旧电机的成本要更低。根据加热和制冷的边际成本确保绝热标准中不漏掉相应服务和绝热层厚度。第16章将对绝热进行详细讨论。

测量也是能源管理中的重要一环。许多企业只在公用工程系统上安装计量表，没有对各装置或分装置的能源进行测量的仪表。即使安装了足够的仪表，对公用工程的仪表维护也一般不像对进料或产品计量表那么精心。定期巡视和完善的预防性维修标准有助于改善这种状况。

5. 工艺过程控制

有必要花费一定时间和精力来确保在先进工艺控制（APC）的工艺侧和优化计算中包括能源的合理边际成本。对锅炉、加热炉、公用工程系统的先进控制可带来大量收益。对复杂公用工程系统的实时优化也很有益处，详见第19章。

能源经理、厂区能源负责人、装置操作人员以及工艺控制工程师间的合作可以借助使用APC方法找到能源需求和能量发生器之间的平衡。对公用工程系统控制得当的话，甚至可以关闭单个公用工程的供能单元或装置，从而达到节能效果。

四、组成步骤和系统

确认好了关键人员后，我们开始讨论能源管理项目中需要的系统。以下是一个能源管理项目的关键组成步骤：

1）数据收集和分析；

2）目标设定；

3）节能方案确认；

4）节能方案实施；

5）报告和识别成果；

6）进行再次评估和更新。

在一个新启动的能源管理项目中，尽管每一步都很重要，有些步骤还是会比其他步骤进展得更快。没必要对每一步都全面计划然后系统实施，先把项目启动起来更为重要。设置一个基础计划然后开始实施，在过程中再不断调整。早期的节能成果可为项目提供动力和资源，还可以提供学习机会，可应用在接下来的项目开展过程中。即使是具备成功经验的成熟项目也需要根据情况不断进行调整。

1. 数据收集和分析

数据收集和分析与测量、核算以及基准设置有关。数据处理也需要对整个项目的核算基本原则有所了解。

（1）基本原则：基础和计算方法

节能目标必须简单明了。项目前一整年是一个有效基准线。如果某企业那一年的运行率不正常，比如发生周转问题，那就应该采用三年的数据。

项目的目标进展应根据参与人员的控制能力和理解程度来测算。举例来说，由于市场价格的浮动，能耗变化比能源费用变化更适合作为目标。装置现场可控制工艺过程，也负责工艺运行的方式。对于某些工艺，生产每磅（1lb = 0.454kg）或每吨产品的能耗更易于理解。在其他工艺中，最佳进料选择和反应严苛度要比能源使用更有价值，最佳能源使用量会随着条件变化而变化。存在一种方法可以简单测量出最佳和实际能源使用量的差别吗？与过程控制或生产计划小组讨论这一问题然后将讨论结果输入到能源目标中。

如果节能目标是以基准年能源使用量的百分比来表示，随着能源使用量的下降，每年的节能目标将越来越难以实现。那么基准应该在某些节点上重设吗？每年的节能目标应该与上一年的相关吗？

节能成果也必须以一种可解释的方式进行计算。尽管降低能源使用量是好事，但一个装置应该能显示自己正在采取实际行动节能。通过改变运行条件来减少废弃物与安装新的换热器一样有效。在大多数情况下，在平均运行条件——平均运行条件和平均反应器条件下而非设计或实际操作条件下的数据可最好的代表节能成果。数据完全精确需要数据库具有计算开工率和反应器严苛度的功能，但追踪这些数据的波动需要花费更多时间和精力，而数据的精确度无须这么高。如果一个项目对公司的能源利用非常重要，值得付出精力和时间，可通过装置历史数据来达到数据的精确度。

对节能项目的审核应反映公司的官方经济观点，这意味着能源项目应该使用与其他项目相同的定价标准进行审查。不过还是有必要正确显示相对风险。由于产品价格或需求的变化可能抵消回报，所有能源项目一般比生产新产品或公司扩张的风险要低得多。如果能源价格下降，项目回报率有可能下降，但节能成果不会减到零。可通过敏感度计算或公司测算风险的方式来测算这种低风险。

（2）测量

能源使用量和节能量的测量必须在数据准确性和获取数据难度及费用之间找到平衡。对每个装置的能源计量方法和细节进行调查。装置每个区域的数据都是否进行了汇总？所测数据是否能够体现出装置重点区域以及主要设施的能源使用情况？能否创建出反映装置能源使用的历史数据？对能源使用情况的精确测量可准确反映出装置各部分的情况，还可以发现节能点，对节能数据进行测量。在理想状态下，能源使用量很大的设备、单个单元、装置、企业的能耗都是可测量的。在现实情况中，则可能整个装置只有一个电表，主锅炉上只安装一个蒸汽流量计。很难确定新的公用工程的测量方法，但如果能源使用很重要、变化较大，你就应该需要确定方法。公用工程所用的记录表在企业预防性维修中的优先等级较低。计量表如果维护不到位就无法发挥作用。要确保预防性维修计划中包括关键能源的测量。

（3）核算

在进行能源管理项目效率的维护和评估时，需要收集和分析能源数据。从装置历史数据中收集可信的公用工程数据可以用来追踪在低"人工"成本下的生产能力。所有能源使用和节能项目工作最后都应收集到一个数据库中。提前考虑好相关事项可以最大程度上减少时间、返工和麻烦。当然可以从数据表开始，但设计一个能源数据库，提前考虑其内容和容量需要一定的时间。再次强调，要把数据库启动起来，而不是要创建一个完美的数据库，因此在思考数据库问题时要采用各种方法来推进数据表的建设。

一个理想的能源数据库会把所有装置的历史数据放入到中央存储区。然而在很多情况下，很难穿过各种防火墙进行联系，人为介入因此很重要。人为介入的好处是能源负责人可以"气味测试"出数据，发现计量错误甚至是装置中的重大问题。不足之处则是能源负责人需要一定时间将数据导入分数据库，而数据输入会浪费工程师的宝贵时间。理想状况下，现场负责人启动数据的自动收集，快速查看后将其上传至公司的综合数据库。与IT部门讨论数据库的功能可以快速、简单、有效地解决你的需求。

追踪所用的能源类型很重要。同样需要平衡追踪数据过程的复杂度和精确度，但可将电力、燃料、不同蒸汽分开处理。这些历史数据可用来优化公用工程系统。第17章至第19章将讨论蒸汽平衡、蒸汽定价、蒸汽系统的优化。追踪公用工程的类别时可以准确追踪节能带来的环保效益。

能源数据收集所带来的效益令人兴奋，也更加复杂。你将如何追踪节能项目？提前考虑有助于你拥有可信的数据用来支持长期项目以及报告项目早期的成果。报告是在有用数据细节与报告人要求的时间以及复杂度之间的平衡。

经验提供了在节能活动中收集数据的方法细节：

1）项目类型：

①操作变化：立刻或相对较快；无或很少能耗；可能需要改变操作进程或目标；一般在设定操作模式下提供连续节能成果。

②维修能耗（例如蒸汽泄漏或蒸汽疏水阀项目）：一般需要持续消耗；节能量超过成本，持续进行或呈锯齿形降低。

③资金项目：需要验证和预算；需要一份同时记录节能和消耗的时间安排文件；一般提供持续发生的节能成果。

2）节能文件：

①节能速率和时间；

②节能持续时间（持续进行或一次）。

3）能耗文件：能耗速率和时间。

4）节能来源：

①蒸汽或压力水平；

②燃料；

③电力。

5）节能带来的环保效益（取决于能源和装置类型）。

6）项目状况：

①已完工；

②在建；

③目前处于停工状态（在收集节能方法或维持"差不多"项目时有帮助）。

以下是一些来之不易的用于建立数据库的见解，你是否应该决定：

1）可轻松上传装置历史数据的计划。

2）设计尽可能直观的输入格式。

3）确保数据库内的每个数据的单位一致。能源可采用 kW·h、Btu、kJ，单位是数值的一部分而数值没有单位的话就毫无意义。这一点对工程师来说是显而易见的，但经验表明程序设计人员对此了解不够。

4）做好单位换算以便使用人员可以用自己熟悉的单位输入数据。

5）提供汇报工具便于使用人员轻松做出报告。

6）考虑数据收集和汇报产生的时间增量。数据收集的时间应该是一天？一个月？一个季度？哪些增量是有必要的，又该怎样控制不同长度的增量？

7）提供常用分析工具，但也要允许数据一次性大量进入某个数据汇总表用于个性化分析。数据透视表是很强大的分析工具。

8）最后，考虑如何追踪实际能耗。每个装置和公用工程的能耗都各不相同。一个能源管理项目应主要关注节能问题，因为这是可控的，而不是在费用上，因为价格是波动的，但项目必须要能够解释自身的价值。考虑装置的人员付出、数据精确度之间的平衡和总能耗。价格是否包含在能源数据库内或从外部追踪是你需要考虑的问题。

（4）基准评价

对每个单元和装置的历史数据进行比较可有助于确定节能目标，但在确定类似工艺的比较方法时内部视图是非常有效的方法。在第5章中对几家公司提供的机密基准评价方法进行了讨论。对基准能源使用，采用的工艺和竞争企业的工艺之间的任何结构性差异的了解，都有助于装置和机构设定较为现实的目标。

另外一个可获得有价值"基准评价"信息的来源是每个工艺的原始设计数据，或在经过大修后的设计更新数据。工艺的运行能耗达到或接近其设计指标吗？

2. 目标设定

能源目标主要针对改进问题，能源目标可以反映出企业关心的很多问题。如果竞争位置很重要，那么能源目标可以针对减小公司能源性能和竞争企业的基准能源性能的差异。公司可有能力和愿望成为在能源性能方面的定步器，能源目标能够反映出公司对改变能源状况的承诺。一些公司鼓励员工参与到"大型风险性挑战目标"，相信大的视野会带来更大的成果。不同工艺或装置会有不同的节能点和节能成本。可以根据实际情况对目标进行调整，但在那种情况下必须对节能目标进行有效宣传，不让人产生节能只是其中某些装置的责任的想法。最好是为所有装置设定相同的节能目标，对那些节能点较少的装置在节能方面表现不佳也不追责。

无论选择的目标是什么，都应该包括节能的预期改变成果和规定时间。

3. 节能点的确认

我们已经确定了项目的人力资源。这些人员拥有提高能源使用的技能和好点子，但他们在使用更为专业化的能源工具和方法上更有效率。本书的第二部分对节能技术和工具进行了详细的讨论。对此本章进行简要概述，重点是将资源集中到使用工具和确认节能点上来。

（1）装置能源评论

一般来说，找到并开始实施节能措施最有效的方法是将所有相关方都集中到一个房间里对其企业进行结构性讨论。认真准备和主动参与的投资者是成功的关键。对装置最佳的能源评论是让装置人员自己制定计划，自己的管理人员进行支持。

与企业能源负责人合作收集装置能源数据、基准数据、工艺流程图（PFD）和主要设备参数。美国能源部（DOE）企业能源剖析（ePEP）工具提出的问题有助于收集企业所有相关能源和设备信息，剖析工具可以确认很多可能产生节能效益的区域。能源小组和厂区能源负责人可使用剖析工具撰写装置能源评论。可在 https://ecenter.ee.doe.gov/EM/tools/Pages/ePEP.aspx 免费下载企业能源剖析软件。

正式的能源评论可以是由具有经验的内部人员（如能源小组成员）或外部咨询专家主导，并应加入工程、操作和维护方面的人员。这一团队应通过工艺流程图对工艺单元进行"巡视"，记录设计与操作和表现方面之间的差异。主要能耗单元的工作效率是否达到或接近其设计效率？所有热回收设备是否清洁，是否正常工作？是否有短时间的操作变化被忽略或变成长期的能源消耗？团队还可以讨论企业能源剖析软件给出的节能方向。第25章将讨论工艺评论和改善。

团队还应该实地考察装置单元寻找并记录可能的节能点如蒸汽泄漏，疏水阀失灵，冷、热区域的保温缺失或损坏，压缩空气泄漏等。

整个团队或团队的一部分人应该将记录汇总，然后估测每个确认的节能点的节能效果、所需费用、时间、资源。预测数据不需要太精确，但应该是合理可论证的。将节能点分类——可使用现有资源立刻开始的、资金项目、周转项目以及维修项目——汇总成一份粗略的装置工作方案。每份评论的结尾都应该包括一份装置能源管理的报告，内容包括能源目标的价值、费用、实施时间、预期成果比较。

（2）能源工具概述

能源工具的来源可包括公开资源和商业资源。其中一些工具操作简单，另一些则需要进行培训或认证。我们在进行工艺仿真、加热炉仿真、蒸汽或冷却水评估、能源管理实践评估时不可能使用商业能源工具。许多设备和服务商出于销售预测或收费的原因，很乐于对企业所使用的他们的系统进行调查。对蒸汽疏水阀的调查就是一个好的实例（第13章）。

我们主要推荐一些免费的公开资源：美国能源部的免费工具套装可在线或下载使用，全部工具套装可参见 https://ecenter.ee.doe.gov/Pages/default.aspx。

根据需求的变化所提供的工具也随时间进行更改。参照美国能源部的描述在本书写作期间可使用的一些工具讨论如下：

1）蒸汽系统建模工具（SSMT）：该新在线工具可为你目前的蒸汽系统创建3压头的基础模型。该模型中包括一系列可调性质对输入变化进行模拟，因此可用来反映组件之间的相互影响，以及哪种变化可以最大程度提高系统的总效率和稳定性。SSMT替代了早期的表格式建模工具蒸汽系统评估工具（SSAT）。

2）工艺加热评估和调查工具（PHAST）介绍了提高加热设备热效率的方法。该工具有助于工业用户调查使用燃料、蒸汽、电进行加热的工艺加热设备，确定能源最密集型的设备。该工具可用于控制在不同操作条件下的主要能源使用区域的热平衡，同时测试"可能"状况下的不同选项以降低能源使用量。

3）泵系统评估工具（PSAT）是一款免费在线软件工具，可帮助工业用户对泵系统的运行效率进行评估。PSAT使用现有的水力学会标准的泵性能数据和MotorMaster+数据库的电动机性能数据来计算节约的能源和费用。该工具还可以让用户存储和回收文件、默认值以及系统曲线，与其他用户共享分析数据。

4）其他：美国能源部还为风机和压缩机系统、电动机、太阳能提供评估工具，并为能源管理提供指导。

3E Plus® 是另一种可免费下载的工具，由北美绝缘材料制造商协会（NAIMA）开发。在用户输入操作条件下可使用该程序计算出工业保温材料的最经济厚度。用户可以使用内置的通用保温材料的热工性能关系或其他材料的电源电导率数据进行计算。

（3）良好的工程实践

新工艺的能效设计是确保工艺运行效率的最佳方法。工艺工程师定期优化操作压力、蒸馏回收和费用。工艺工程师通过分析（第26章）优化热回收和费用，并对新的热交换技术进行评估。他们还能看到压降带来的能量损失。当对一个工艺变化进行预测时，工艺工程师应花费一定时间查看对能源的影响，有必要的话重新优化公用工程系统。尤其是在能耗单元在整个工艺或反应条件下处于瓶颈时大幅度的能效变化也会为工艺方面带来新的节能点。

类似的，机械工程标准和实践都表明在选择设备时需要考虑寿命周期成本，并应预测电机效率、决定修理还是更换、预防性维修以及保温和耐火标准。

（4）能源优化

工艺侧先进过程控制包括能耗和能源约束，因此通过先进过程控制和优化可改进公用工程系统。如果在各自压力下的锅炉效率、蒸汽效率、泵驱动器以及不同蒸汽需求得到优化时复杂蒸汽系统的运行效率会更高（第19章）。

4. 节能项目实施

本节推荐了一些节能措施实施方法用于降低能源实际消耗。对新节能项目的推荐最重要的是要找到"长在低处易摘取的果实"。初期免费或费用低，节能效果好可从几个方面提高能源项目的可信度：使用人力资源用于节能、证明节能是可行的、操作还可以继续优化、能源团队现在和将来都会好好利用项目资源。首先要寻找废弃物和改变操作的简单方法。在发现所有无资金节能措施后，寻求资金投入更易找到能源效益，简单易行的项目可用来为长期项目做资金投入。

总之，节能项目应和其他项目一样采用企业中已有的工艺和步骤实施。由于能源使用容易"漂移"，需要集体采取一些额外措施来记录和保护新设备、项目或运行方案。

（1）操作变化

厂区能源负责人应该鼓励维修和操作人员更改操作。通常几个装置的维修要求和项目是相似的，能源小组应主动寻求公司政策和资金支持。

（2）资金

能源项目所面临的资金限制、过程和其他任何项目都一样，甚至还要和其他项目竞争经费。有时能源项目局限在一个"能源仓"里发展。确保其他小组了解并参与能源项目的进展，以便在项目调整中考虑到所有相关改进和替代用途，同时其他项目调整也考虑到能源的作用。在对工艺进行调整或解决瓶颈问题时更易开展节能项目。还要确保要正确了解项目收益的风险性。前面已讨论过，能源项目一般比其他项目的损失风险要低，如果能源价格或生产能力下降，项目收益就会减少，但只要装置单元在运行就一直产生能耗——因此，对大多数能源项目来说，能源项目收益不可能是零。

（3）汇报和了解成果

及时与节能项目进行沟通是维持对项目的支持和了解装置的工作成果的关

键，也是保证每个装置按时完成目标的关键。可使用能源数据库或单独的记录来撰写进展报告。单元、装置、板块、企业的报告最好采用统一的格式。某些装置可能会以不同方式汇报相同内容。

　　通常节能目标采用一年能源使用量的百分比来表示。追踪节能量相对简单，不考虑每个装置的基础使用量，均采用统一标准。图1.3显示的是三套装置的节能效益情况。尽管装置的运行不是能源价格波动的原因，但能源成本是真实需要考虑的问题。在一段时间内将节能效益转化为节约成本是一件令人开心的事。追踪节能项目的价值如图1.4所示。

　　如果选择追踪能源价格（装置或公司平均），可将任意时间段的累计节能效

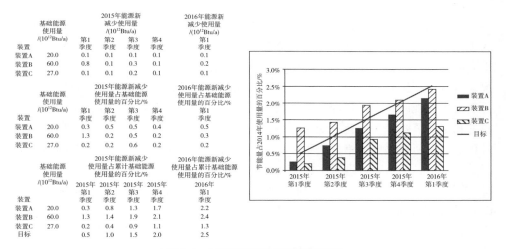

装置	基础能源使用量/(10^12Btu/a)	2015年能源新减少使用量/(10^12Btu/a) 第1季度	第2季度	第3季度	第4季度	2016年能源新减少使用量/(10^12Btu/a) 第1季度
装置A	20.0	0.1	0.1	0.1	0.1	0.1
装置B	60.0	0.8	0.1	0.3	0.1	0.2
装置C	27.0	0.1	0.1	0.2	0.1	0.1

装置	基础能源使用量/(10^12Btu/a)	2015年能源新减少使用量占基础能源使用量的百分比/% 第1季度	第2季度	第3季度	第4季度	2016年能源新减少使用量占基础能源使用量的百分比/% 第1季度
装置A	20.0	0.3	0.5	0.5	0.4	0.5
装置B	60.0	1.3	0.2	0.5	0.2	0.2
装置C	27.0	0.2	0.2	0.6	0.2	0.2

装置	基础能源使用量/(10^12Btu/a)	2015年能源新减少使用量占累计基础能源使用量的百分比/% 2015年第1季度	2015年第2季度	2015年第3季度	2015年第4季度	2016年能源新减少使用量占累计基础能源使用量的百分比/% 2016年第1季度
装置A	20.0	0.3	0.8	1.3	1.7	2.2
装置B	60.0	1.3	1.4	1.9	2.1	2.4
装置C	27.0	0.2	0.4	0.9	1.1	1.3
目标		0.5	1.0	1.5	2.0	2.5

图1.3　三套装置的节能效益追踪

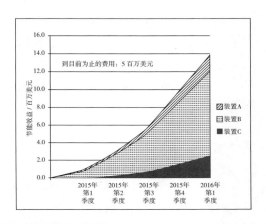

装置	总累计节能量/(10^12Btu/a)(使用半周期) 2015年第1季度	2015年第2季度	2015年第3季度	2015年第4季度	2016年第1季度
装置A	0.03	0.10	0.20	0.20	0.38
装置B	0.38	0.80	1.00	1.20	1.35
装置C	0.03	0.08	0.18	0.28	0.33

装置	装置平均能源价格/(美元/MBtu) 2015年第1季度	2015年第2季度	2015年第3季度	2015年第4季度	2016年第1季度
装置A	2.13	2.45	2.31	2.76	2.61
装置B	1.85	1.95	2.00	2.25	1.85
装置C	2.00	1.84	2.10	2.20	2.40

装置	节能项目效益/百万美元 2015年第1季度	2015年第2季度	2015年第3季度	2015年第4季度	2016年第1季度
装置A	0.05	0.30	0.76	1.56	2.55
装置B	0.69	2.25	4.25	6.95	9.45
装置C	0.05	0.19	0.56	1.16	1.94
总计	0.80	2.74	5.57	9.68	13.95

图1.4　三套装置累计节能效益追踪

益和该时间段的能源价格结合起来。可以计算出每个时间段的节能效益。也可以总结出每个时间段的项目成本和净节能效益，或者简单汇报累计节能效益相关的总成本费用。

5. 再评估和更新

正如数据通过分析变得更为清楚，每个装置更多的节能潜力在探索过程中变得更加清晰，而节能项目在投用后其效力才会看得更清楚。本着项目不断改进的精神，应该定期停下来调整节能方法和预期，重新定位能源消耗。第2章和第3章对在已发展成熟的成功项目中如何进行再评估和更新进行了深入的讨论。

以下是一些需要深入思考的要点：

公司的运行状况和目标应怎样相互作用？运行状况和目标或实现目标所采取的工作有关系吗？一方面，如果大多数装置的表现超过了目标，那么目标可能定得太低了些。在实现目标的过程中做了多少工作？公司可以对额外的成果进行庆祝，也应该把视野放得更高一些。另一方面，如果大多数装置达不到目标，那就需要考虑其他问题，是目标太不现实，还是回报小于预期？装置获得足够的节能服务和工具了吗？公司对节能目标进行人力资源和资金支持吗？在持续调整目标过程中思考所有这些因素，进行必要的讨论对好的建议进行奖励，对节能项目进行资源支持，重新审视进展缓慢的原因。

继续开展节能项目的潜力是什么？提出了成功项目和活动吗？在低成本的节能效益和需要对工艺花费一定成本进行改造带来的节能效益之间的平衡点在哪里？有实施节能项目和活动所需的经费吗？值得为每个单元或装置单独开一个能源项目，包括成本和最后的能源效益，以及实施时间安排吗？

项目团队的最佳表现是怎样的？对最佳实践活动进行记录、分享和采纳了吗？团队成员努力程度如何？与团队交流寻找最适合成员的工作方法以及哪些成员们的感受未受到重视，团队成员在更好完成工作时最需要的是什么？

在寻找和实施节能计划时资源利用得当吗？你的能源团队里的成员适合工作吗？存在技术或管理差距或可应用的新资源吗？为实现目标有足够的资金和维护预算吗？

五、结语

我们已经讨论了"怎样做"能源管理项目启动和维持，第一部分剩下的章节我们将对一些企业成功的能源管理项目、基准评价技巧以及常用的能源管理体系进行探讨。在第2部分我们将重点讨论"做什么"：有关节能技术和工艺的专业技术帮助，特别会重点关注在过程工业中的能耗大户。

参考文献

1. U.S. EPA (2004) Unit Conversions, Emissions Factors, and Other Reference Data. Available at http://www.epa.gov/appdstar/pdf/brochure.pdf (accessed November 2004).

第 2 章　陶氏化学公司：能源管理实例研究

Joe A. Almaguer

一、陶氏化学公司概况

总部：密歇根州米德兰市。

CEO：安德鲁·利韦里斯。

资产（2013年）：570亿美元。

节能成果：1990~2013年生产每磅产品的能耗减少40%。

关键能效战略成果：从1990年开始，陶氏的能效战略已节约了5800×10^{12}Btu/a能源。因能耗降低减少了270亿美元的成本费用和3.08×10^8t二氧化碳当量排放。减少的能耗和温室气体排放，相当于4800万户家庭的能耗。

本章的数据及更新得到气候和能源解决方案中心（前称皮尤全球气候变化研究中心）的授权：

1）节能项目已持续10年，接下来的10年会继续强化目标。

2）大幅降低现有的高效能源密集型制造设备的能耗。

3）为公司的能源单元提供资金，提供能效及相关技术和操作服务。

二、能效战略概述

对于大多数公司来说能源仅占一小部分成本，但对于陶氏化学能源则无小事。公司一半的资金都花费到了能源上，主要包括作为能源原料的天然气和液态天然气。并非所有能源都应用到了公司的运行上；实际上陶氏购买的能源的三分之二都用作原料，通过化学工艺转化为多种产品。其他30%的能源则用于企业的运行，这使得陶氏可被称为世界上能源最密集的企业之一。陶氏的能源密集型特点再加上连续运行、24×7的操作模式，使其能效战略与其他能源使用量中等的企业略有不同。尽管陶氏的某些能源战略更适用于其他能源密集型企业，但许多应用元素也适用于其他很多类型的企业。其中包括陶氏组织项目有效运行、设立详细汇报系统以及促成不同业务部门之间的合作以达成节能目标。

陶氏的能源运行规模巨大。公司的能源购买（包括原料）基本上等于澳大利亚的能源账单的总和，相当于美国进口的原油的10%。陶氏的自由港得克萨斯厂址规模很大，在墨西哥湾岸区占地数平方英里，占得克萨斯州能源消费量的1%以上。

能源在陶氏极为重要，在陶氏专门成立了单独的业务部门。能源业务部门向其他业务部门销售电、蒸汽和天然气。该部门还在全球、美国国内、得克萨斯州的能源市场上发挥重要作用，向全球买卖能源。陶氏在自由港得克萨斯厂址的发电量为1000MW，相当于最大规模的发电厂。从其高科技控制中心的彩色显示屏和装满开关的控制面板的全景可知，陶氏的能源买卖涉及其生产装置之间，以及得州电网运行商和得州电力可靠性委员会（ERCOT）。陶氏的发电系统全部接入ERCOT，使得陶氏可与其他大型发电厂一样运营。电网运行商时刻监测市场状况和陶氏的运行，对电力配送做出决策。在极少数的情况下，当ERCOT的价格都高的话，陶氏会选择短期关闭一个或多个生产装置，向电网销售自发电，这是因为在此状况下销售电力要比生产化学品利润更高。

能源在陶氏发挥着重要作用，这种能源业务上的高超技巧也传递给了终端用户。当能源占用了生产成本的很大一部分时，降低单耗是一件事关企业生存竞争的问题。陶氏是首先设定可测量的具体节能目标的公司之一。公司在1995年就设定了到2005年每生产一磅产品的能耗降低20%的目标。陶氏突破了该目标，到2005年时降低了22%的能耗。不过从2002年到2007年由于天然气价格暴涨，陶氏的能源费用从80亿美元增加到270亿美元。尽管价格作用抵消了节能方面的工作，但与不采用能效战略的能源费用相比，陶氏还是节省了约80亿美元。

在能源价格不断上涨的背景下，2006年陶氏的CEO安德鲁·利韦里斯仍提高了节能目标，每生产一磅产品要再削减25%的能耗。陶氏能效目标的单位是lb/Btu，因此用作原料的天然气（不会在生产过程中排放温室气体）不包括在目标内。不过出于成本的考虑，陶氏正在探索原料使用更为高效的方法。图2.1显示了迄今为止陶氏公司的节能目标和进展。2008年的能源使用量显示单耗有所增长，这主要是由于经济减缓导致的减产及持续效应。

2015年的能源目标宣布方式表明了陶氏对提高能效的承诺。安德鲁·利韦里斯选择在华盛顿特区举办的一个特别活动上发表了脱稿演讲，而不是简单地在密歇根州米德兰的总部开个新闻发布会，以显示其对相关数字和技术的深刻了解。陶氏在能源方面的杰出表现及其CEO个人的参与程度表明能源在该公司的优先地位。节能承诺加上公司的其他可持续性目标的更新可在陶氏官网上查看。陶氏官网将"可持续性"列在顶部菜单内，因此访问者可以很轻松地查看公司节能目标的进展情况。

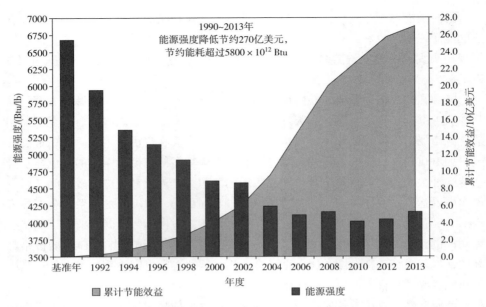

图2.1　1990~2013年陶氏的能源强度表现（Courtesy of The Dow Chemical Company）

安德鲁·利韦里斯继承了陶氏领导层对能源创新的传统，这一传统可追溯到赫伯特·H·陶在1897年开始生产漂白剂时算起。随着在20世纪早期赫伯特·H·陶发现现代间歇式化工生产工艺和商业模型，他认识到当时的能源技术限制了其生产规模。乔治·威斯汀豪斯是燃气发电汽轮机的先驱，与陶氏合作创立了专用电力和蒸汽技术，推动了陶氏的商业模型的发展。陶氏的领导层和公司雇员在一个世纪后仍对这个故事记忆犹新反映出陶氏公司对能源创新对公司的作用的深刻了解。

三、能效和陶氏的气候战略

由于能源使用是陶氏运行中的重要影响因素，能效和温室气体减排因此有着密切的联系。陶氏的目标是维持所有温室气体排放低于2006年的水平，因此公司的发展不会增加其碳足迹。

陶氏的能效和化学品管理大幅降低了公司的温室气体排放足迹。从1990年起陶氏已减少了超过3.08×10^8t温室气体排放。陶氏还将继续致力于管理陶氏的碳足迹，并将为消费者提供解决方案，帮助其管理其碳足迹。图2.2显示了其温室气体排放目标。

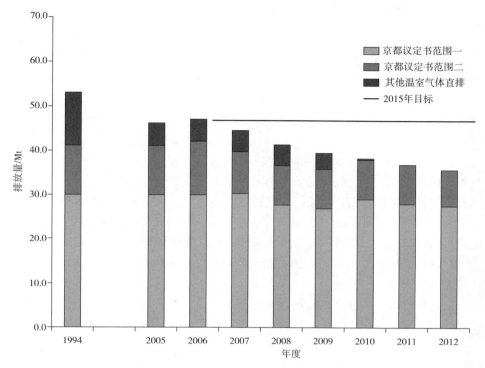

图2.2　2005~2012年陶氏温室气体排放量（Courtesy of The Dow Chemical Company）

四、内部运行

　　尽管各部门相互之间联系紧密，陶氏的业务部门仍根据产品类型分类：烯烃、氯化物等。能源在陶氏运行中占很大一部分，拥有自己的业务部门。能源业务占陶氏总资产的10%，使其成为继烯烃部门之后的第二大部门，氯化物部门列第三。能效和技能（EE&C）项目领导团队不包括在能源业务部门中，总计有40余人：有26人是各种业务部门的负责人，14人是厂区负责人，还有一些人来自大型独立装置。和许多公司一样，陶氏并没有安排多人全职从事能效工作——区别于公司能效经理乔·阿尔马格尔。当乔·阿尔马格尔对此进行解释时，EE&C团队的矩阵型特点使估算公司的能效工作所需的劳动力成本成为一个"零和"的矛盾。大多数EE&C成员需要解决大量能源在内的工作；能源某些天可能占用他们的全部时间，其他时候则无须为此工作。在能源上花费的时间一部分为EE&C团队的定期会议和汇报，一部分为因某生产厂或装置操作变化或项目投资所采取的工作。

五、EE&C 项目的运行方式

了解陶氏专用的操作用语有助于理解 EE&C 项目的运行。由于陶氏大规模生产的特点，且涉及多种化工产品，其生产中心称为"生产厂区"，在厂区内运行的有数个独立"装置"。装置一般根据生产的产品命名，因此在一个生产厂区内可能设有一个烯烃装置、一个氯化物装置、一个发电装置等。比如在得克萨斯生产厂区建有 60 个装置，陶氏在美国境内则共拥有 310 个装置。

由于陶氏 95% 的能源使用来自其最大的 14 个生产厂区，因此这 14 个厂区的负责人提高不同装置之间的能效方面发挥了重要作用。举例来说，所有主要厂区都有长达数英里的复杂蒸汽系统；在得克萨斯厂区，从动力装置到远处的生产装置之间的蒸汽管线有 4mile（1mile = 1609.344m，下同）。蒸汽系统需要日常维护，尤其是蒸汽输水阀，这种阀门设备将凝结蒸汽从管线中移除，从而保证蒸汽的流动。厂区的 EE&C 负责人一般都会制定一份厂区范围内的蒸汽疏水阀维护合同。各装置由于大型合同的成本、效率以及运行效率利润的原因一般都会签署这一合同。厂区负责人在企业文化方面还发挥重要作用，他们需要与装置操作人员建立良好的关系，向他们提供帮助和信息，在实现能源目标的过程中倚重他们。

能效团队成员和大多数成功的能效项目一样，在与生产装置操作人员和其他厂区工作人员积极合作时都面临各种挑战。参与公司的数据汇报系统则相对简单些，大多数情况下在该系统中陶氏已经根据能源业务的架构方式处理了计量和财务信息。陶氏已长期使用一个集中汇报系统，还可以加入新的能源汇报元素。在每个业务部门和运行装置中使用了更详细的监测和汇报系统。能源的度量因此成为一个高一级的集中信息指示器；更碎片化的信息保留在独立的业务单元和厂区。尽管能源业务在陶氏和其他业务都是一个业务部门，但它由于拥有核心数据，因此可以在更高一级的层面上进行追踪能源管理。设定更高的能源管理目标可激励业务单元和装置人员更为关注碎片化的操作数据，寻找实现目标的方法。那些操作方式更为多种多样的公司可能需要经历更久更复杂的过程来建立合适的数据汇报系统。每个公司都必须找到集中和分散数据之间的平衡。

陶氏与其他公司分享了说服生产经理考虑改变操作方式和技术的困难和挑战。生产人员主要关注产品质量、生产量、设备和系统的可靠性。通过改变操作或维护步骤或使用新技术来实现节能，是对那些铁定法则的挑战。陶氏通过其技术中心消除了部分能源团队和生产装置之间可能发生的利益冲突。每个业务部门都有一个技术中心，拥有专业的生产技术专家和 EE&C 专家。每个技术中心的主任都要向业务领导层进行汇报。因此这些技术中心创造的团队不仅专注于开发技术和运行解决方案，还会与生产人员建立信任关系从而与 EE&C 团队合作。从这个角度看技术中心人员参与开发、测试、验证然后实施新的实践和技术是关键，也体现出EE&C团队高度交互性的特点。定期举行电话会议、进行网络发布、互发电子邮件、访问站点都可以建立信任，有助于技术信息的传播。

陶氏的EE&C团队是更大一级的陶氏可持续发展团队的一部分。EE&C的团队成员来自不同业务部门和大型厂区，如图2.3所示。在每个厂区设置一名EE&C团队成员有助于在厂区内由不同业务部门运行的装置之间的协调合作。

业务部门EE&C团队

厂区EE&C团队

- 章程
- 领导层
- 员工
- 计划
- 角色

EE&C 全球负责人	业务部门A EE负责人	业务部门B EE负责人	业务部门C EE负责人	业务部门D EE负责人	业务部门E EE负责人
厂区1 EE负责人	装置A1	装置B1	装置C1	装置D1	装置E1
厂区2 EE负责人	装置A2	装置B2	装置C2	装置D2	装置E2
厂区3 EE负责人	装置A3	装置B3	装置C3	装置D3	装置E3
厂区4 EE负责人	装置A4	装置B4	装置C4	装置D4	装置E4
厂区5 EE负责人	装置A5	装置B5	装置C5	装置D5	装置E5

图2.3　陶氏能源团队（Courtesy of The Dow Chemical Company）

图2.4对EE&C的结构进行更深入的探讨，显示了EE&C在某给定业务部门范围内的运作方式。每个业务部门的EE&C团队负责人受各自业务部门的技术中心负责人的领导。团队负责人与各装置的人员进行业务上的合作。举例来说，每个烯烃装置都分配一人与烯烃装置EE&C团队负责人合作。技术中心负责提供工程和技术支持，开发生产设备和辅助设备的新规格，并与装置操作人员合作改善和维护运行状况。

图2.4　业务部门EE&C团队组成结构（Courtesy of The Dow Chemical Company）

六、数据收集和汇报：全球资产利用汇报系统

陶氏EE&C项目的一个关键环节就是建立在公司的全球资产利用汇报系统（GAUR）上的能源数据收集、汇报以及会计系统。GAUR从安装在每个装置的多个计量点和分计量点收集能源数据，汇总为一个总值（单位Btu），然后报告每个装置数值（单位Btu/lb）。在一份典型的GAUR报表中专门有一行列出每个汇报设施的能源使用、生产情况、生产每磅产品的能源使用量。竖列则表示季度和年度的数据，可以快速查看不同时间的性能表现。装置操作人员、业务部门负责人、EE&C成员以及公司成员都可以查看这些信息。

虽然GAUR报告看起来很简单。研发GAUR中总值的计算方法却不简单。一名陶氏资深工程师经过长期的痛苦研发将不同的能源商品进行了转换，将能量流置入陶氏的复杂运行中转换为一套标准的以Btu为单位的当量算法。计算温室气体当量增加了另一层计算复杂度。陶氏使用大量初级（原）能源，但也将其转化为中间产物形式如蒸汽和电力。统计输送给每个装置的不同能量流的能量值、转化和运输过程的损失，涉及复杂计算，陶氏会建立一套正式流程确保信息传递的稳定性和质量。

由于陶氏购买的能源绝大多数都是天然气，所有能耗都折算成天然气的当量（Btu），通过调整后可反映出真实世界的能效和能源转换中的损失。通过这一方法针对在某个装置中有多少天然气以及或将用于产生装置所用的能耗，全公司的工作人员都可以使用同一种计量单位。这种方法还反映了每种能源形式的实际工作能力。因此可估算出某种节能措施可以节约多少天然气当量。EE&C团队可以借助这一方法对主要能源的能源效应进行准确计算，并对节能量做出更精准的预测。公司清楚天然气的价格，因此将所有能源都转换为天然气当量单位就可以比较不同装置、厂区、能源市场之间的能源管理和节能量。

GAUR报告提交到业务部门和公司层面，构成可持续性季度报告中能源生产数字的基础，上传至陶氏官网。GAUR数字还被用于内容更为详尽的内部报告中。除了基础能源和生产数字，内部报告还对实际表现和目标进行评估，对数值进行讨论，并对低于正常水平的表现提出改进建议。这些报告会上交到业务部门领导层以及装置操作人员和厂区负责人，成为进一步讨论和工作的重点。

七、陶氏的节能方法

陶氏实现节能目标的方法与其他许多公司略有不同。陶氏与其他公司相比，资本更为密集，劳动力密集程度则较低。如果驱车行驶在陶氏的一个厂区内，可

能很长时间也见不到一个人，而在大多数企业中则到处都见得到人影。陶氏的运行方式是典型的持续生产模式——化工装置的24×7运行模式。一些企业所使用的停工"无成本"降低能耗的方法因此在陶氏很少使用。

陶氏装置操作人员依赖能源和其他装置的指示器持续获得的数据来决定其操作是否正常。对能效的大幅提高主要通过更改工艺技术来实现，偶尔通过操作调整或维护。举例来说，陶氏位于得克萨斯自由港的轻烃（LHC）-7装置因对其乙烯加热炉生产能力的更换和改造，在2009年获得美国化学学会（ACC）2008责任关怀®能源效益奖。陶氏引入了5座能效更高的新型大容量先进加热炉更换了现有的10座加热炉。该投资的动因是为了达到氮化物排放规定，但在节能、提高收率、公司可持续发展以及设施使用寿命方面均获得了意外收获。通过该投资，LHC-7装置的能效提高了10%以上，节能超过2000000MBtu/a，相当于超过1.7万户家庭的年用电量，每年减少二氧化碳排放10.5×10^4t。

在大西洋对岸的比利时安特卫普，陶氏与巴斯夫于2009年合资开办了世界上第一个商业规模的环氧丙烷（PO）装置，装置采用两家公司共同开发的创新富氧化氢制环氧丙烷（HPPO）技术。新装置每年生产超过30×10^4tPO用于聚氨酯，能耗减少了35%，废水减排高达80%。

八、为能源项目寻找资金

尽管以上这些项目的能效收益大，也带来一些商业利润，但在目前的经济形势下即使是像陶氏这样的大型企业，这些项目的资金也很难到位。

陶氏的资金预算必须为许多优先项目服务，实现能源目标就是其中之一。陶氏在项目投资上使用了各种财务准则，包括折扣现金流、净现值、内部收益率。各业务部门根据其业务的竞争力和标准，使用自己的分析和优先化方法。在很多情况下，投资是维持或提高竞争力的关键，被放在首要地位；这迫使EE&C团队在能源相关投资方面扩大业务范围，从竞争力角度记录共同利润。比如，一项能效投资计划可能不能满足单一的回报标准，但如果通过这一投资可使公司在某特定市场具有竞争力，避免丢失特殊客户或市场份额，考虑这些问题有助于计划的通过。

从某种意义上来说，能源长期以来都是陶氏的关键问题，因此能效在数字令人信服时具有很强的竞争力。陶氏期望在评估能源项目过程中碳价格预测成为最关键因素。但由于碳价格还没在能源市场上出现多久，除了欧洲以外，碳价格只对大型资金项目产生物质影响，碳价格有望超过能源成为工艺主要变化的驱动力。陶氏确实有一些设施受欧盟排放交易体系的管辖。该交易体系给出的碳价格成为陶氏加入能效评估项目的附加成本。

陶氏已经关注尝试不动用资本通过合同能源管理进行融资，但公司发现合同能源管理的商业模型很难适应自己的运行模型。能源服务公司一般要求长期合同来实现其财务结构的正常工作，而大多数企业则不愿意签署长期合同。合同能源管理还需要很长时间的偿还期才能使节能量超过投入，这是因为必须将包括直接资金成本在内的所有开发成本、利息成本以及其他"经费"因素算进还本付息中。另外，在陶氏复杂的工业运行中，可能难以建立节能计算中对关键基准能源使用的计算方法，因此无法签订长期合同。陶氏的合作公司如约翰逊控制公司，在合同能源管理方面业务广泛，但更倾向与这些公司签署传统销售或费用基础上的特种技术和服务合同。

九、追求提高运行效率与资本投资

为提高能效筹集资金所面临的挑战主要是提高运行效率。陶氏一直持续于这方面的工作，但EE&C团队成员还知道在连续生产环境下的能源和产品产量的绝对规模限制了改变运行方式的相对影响。陶氏借助技术中心的工程专家和其他EE&C团队成员使用一种最近30年以来在工业圈进化出来的夹点分析法。夹点法（详见第26章）是通过计算出在技术上可行的能源目标，然后通过优化热回收系统、能源供应方法以及工艺运行条件来降低化工工艺中的能耗。在夹点分析法中，工艺数据一般用一系列能量流和热负荷及温度的关系来表达。这些数据结合装置中所有的能量流，绘制出复合曲线，一条代表热流，一条代表冷流。热流和冷流复合曲线之间最接近的地方被命名为夹点温度或夹点。可通过找出夹点来开发出各种热回收或热传递解决方案。

陶氏工程师不断发挥其创造力结合装置中各种能源和物流来发现新的能效方法。举例来说，在得克萨斯厂区，在某工艺中产生的副产物是氢气。EE&C成员通过实验将这些氢气与天然气燃料在燃气轮机中混合，其混合度可达到燃气轮机的上限。

EE&C团队还从外部输入方面寻找节能的新方法。团队中有一个外部能源和环境专家的专门小组提供技术和战略支持。陶氏还参与了许多国家项目：美国环保署的能源之星伙伴计划、美国能源部（DOE）装置合作关系、美国节能制造委员会、节能联盟、美国节能经济委员会（ACEEE）等。陶氏资助了各种国内和国际能源项目如有关国际能源管理项目标准ISO 50001的开发。

十、供应链

陶氏位于能源供应链的顶部：公司购买原材料，将其转化为大宗材料，然后在一些业务部门为商业或消费市场生产产品。在这种情况下陶氏及供应商几乎没有需要进行节能的地方，其节能战略主要集中在内部运行的碳足迹上。陶氏未正式分析过其供应商的能源或碳足迹。在能源领域中，陶氏有60%的成本用于能源上，绝大多数是天然气，与陶氏生产工艺中的能源转换产生的碳足迹相比供应过程的碳足迹相对较小。不过陶氏仍在其可持续性承诺中重点关注了供应链问题。比如在陶氏的可持续性化学承诺中，陶氏致力于减少对水资源的影响，寻找天然气可再生资源如沼气或甘蔗。前文所述安特卫普的HPPO装置，节约的水比能源还要多。在陶氏佐治亚州道尔顿厂区则使用了沼气。

十一、产品和服务

通过使用陶氏的产品所减少的排放量对降低人类活动总的碳足迹做出了重要贡献。生命周期评价记录了陶氏绝热产品所减少的排放是陶氏总的直接和间接京都和非京都温室气体排放量的七倍。陶氏的绝热产品品牌 STYROFOAM™，用于减少家庭和商业的能耗。厚度 1in（1in = 25.4mm，下同）、大小为 1ft^2（1ft = 0.3048m，下同）的陶氏的 STYROFOAM™ 绝热材料可减少每座房屋的 1t 的 CO_2 排放量。陶氏建筑用绝热材料每年可减少数亿吨的二氧化碳排放量。陶氏主动资助各种项目和政策，鼓励提高建筑、工业、交通、公用工程领域的能效，并持续为客户开发高效产品和其他解决方案。

十二、结语

陶氏是少数几家不仅设定并实现了为期10年的能效目标的公司之一，而且还继续设定下一个更雄心勃勃的10年目标。这种对"需要长期投入"的承诺展示是一项成功的可持续项目的标志。自一个世纪前赫伯特·H·陶开启化工批量生产以来，陶氏一直致力于能源问题，制造环境中能源是生产的一个关键因素，陶氏还对此设定了目标并实现了目标。这意味着节能并不像某些最近才意识到这个问题的公司想的那样容易实现。陶氏有效利用其能源业务部门的能效团队，在各个业务部门和职能部门之间建立了一个由专家和厂区负责人组成的团队，保证能效项目顺利进行。

陶氏在能效领域的成功关键包括以下重点：

1）展示企业领导层的承诺。在陶氏，CEO明确做出公开承诺，要实现公司的节能目标。

2）构建适宜的组织结构实现对项目的制度化和领导。这包括具备多种职能和明确责任范围的团队。

3）建立稳健的测量、追踪、汇报系统。管理人员可对工艺过程进行监测，找出潜在问题。

4）设立明确的目标，在初始目标实现后过一定时间进行回访。

5）对公司内和外部投资人宣传公司的核心价值之一是确信能效的重要性。

6）对实现节能创新的人员和部门进行奖励。

参考文献

1. Prindle, W. (2010) *From Shop Floor to Top Floor: Best Business Practices in Energy Efficiency.* Center for Climate and Energy Solutions. Available at http://www.c2es.org/ energy-efficiency/ corporate-energy-efficiency-report (last accessed February 27, 2014).

第3章 伊士曼化学公司能源管理项目：只有好是不够的

Sharon L. Nolen

伊士曼化学公司长期以来一直致力于推广和提高能效。众所周知能耗对化学工业非常重要。由于成本压力和保持竞争力的需要，多年来在工艺和能效改进方面能源一直都是共同目标。除了成本压力外，伊士曼的可持续性发展目标是通过环境管理、社会责任和经济增长来创造价值。通过提高能效这些目标和成本问题都得到了解决。

2010年伊士曼公司设置了一个野心勃勃的降低能源强度的计划，计划产品单耗（MBtu/kg）在10年内减少25%，该计划列入了美国能源部（DOE）的"建筑更美好、企业更美好"的项目。伊士曼认识到想把能源项目提升到一个新高度需要作出改变。从那时开始伊士曼的能源项目取得了巨大进展，得到了国内的认可。

本章将讨论伊士曼公司在能源方面采取的工作，这些工作是将好的能源项目变为国内关注和认可的优秀项目过程中的主要步骤，包括获得2013年度能源之星®伙伴奖和2014年度能源之星伙伴持续卓越奖。还没有其他化工企业获得超过一次这一奖项，也没有哪家获得持续卓越奖这一最高奖项。

一、简介

很多人都很熟悉吉姆·柯林斯的著作《从优秀到卓越》。柯林斯介绍了11家公司通过各种方法进行改变最后成为卓越的企业。在伊士曼公司，管理者通过探讨优秀和卓越之间的差距激励鼓舞员工为将来而奋斗。这种反省式的评价方面可适用于许多领域，包括能源项目。

2010年伊士曼通过采取多种措施已有一个很好的能源计划。公司和部分厂区均设有能源团队，有实施了几十年的能源政策，完成了多个能源项目。其中一些项目获得了美国化学学会（ACC）的能效奖。截止到2010年伊士曼已连续17年获得这些奖项。

伊士曼在本世纪初开展了一项共同研究提高能效的项目，并将这些研究结果放入一个数据库中。该研究产生了一长系列有潜力的项目。美国能源部进行现场培训和评估来提高对DOE工具的使用技术和知识，并确定其他的节能点。

在伊士曼两个最大的生产厂区还拨款实施了提高绝热和照明效率、减少蒸汽泄漏的项目。管理层普遍支持，尤其是在这两个占了公司能源使用90%以上的厂区。特别是在田纳西州金仕堡伊士曼的最大厂区，厂区经理具有长期发展的眼光，在几年内拨款几百万美元来改善那些无快速回报直接迹象的能源消费的计量方式。这一远见有助于今后提供有价值的数据。

不过在2010年发生了一些变化。伊士曼决定实现彻底的改进，并向DOE的"建筑更美好、企业更美好"项目作出公开承诺，以2008年伊士曼成为能源之星伙伴那一年为基准，10年减少能源强度25%。突然之间过去被认为是够好的，现在却有所不足，难以达到目标。

二、专门技术支持

众所周知在一个成功的能源项目中需要专门技术支持。随着伊士曼的能源项目在2010年进行改进公司成立了一个执行领导团队。该团队有11名成员，包括2名执行小组成员以及其他环境、可持续性和工程组织方面的资深经理。全球的能源项目经理与领导团队每个季度举行一次会议，由领导团队提供支持、询问挑战性问题。这种高层级的支持有两大好处：资金投入和基于数据的决策。

1. 资金投入

在2010年伊士曼并没有专门资金拨给能源项目。尽管有多个好项目已证实节约了能源和金钱，由于其他优先级的问题，这些项目一般都很难和其他项目竞争。领导团队在看到无资金支持的项目及预期回报的列表后，立刻同意向能源项目投入420万美元。随着项目完成更多高回报项目得到确认，2年内预算增加到每年800万美元。

尽管预算是完成更多项目的基础，预算也增加了对能源项目的兴趣。生产人员又认识到另一种资金项目还接触到了能源团队。因为动力发生了变化，能源团队的成员现在受邀进行指导而不是被认为是额外负担。

2. 基于数据的决策

在2010年之前，伊士曼大多数的能效处理工作都是厂区层面上完成的。随着执行团队成员的介入，他们对能源团队提出了挑战，开发了定量信息用于确认影响能源强度测量的主要因素、评估每一因素的大小，并对目标进展进行评价。

能源强度数据分析所产生的一种工具可用于对资金投入设立优先级别，并对目前的计划和能源强度目标之间的差距进行评估。从该工作中得到的最重要的一点就是对蒸汽泄漏进行维修要比想象中更为重要。这一分析的价值已获得验证，每个影响能源强度的因素大小都在领导团队对项目每年发表的评论中进行更新。

3. 特别联系

同一时期，伊士曼成立可持续发展委员会，执行领导团队成为这一委员会的一个分支，执行团队在委员会中有特别代表。能源问题是全委员会的热门讨论话题。能源保护甚至被加入全体执行团队的年度战略讨论中去。

三、战略和规则

尽管能源项目是基于基本战略和规则所建立的，仍有许多非书面的、一致同意或普遍了解的战略和规则。因此由新成立的执行领导团队负责战略文件的编写。实践证明这一工作对于能源项目来说是一种极为重要的沟通工具，也是做决策时的重要检查步骤：

1）方法；
2）外部资源；
3）认识；
4）方案；
5）项目。

以上的每一点，包括其开发和实施过程，都将会进一步详细讨论。

开发指导规则作为参考可以确保所有与能源有关的决策与既定方向一直保持一致。指导规则如下所示：

1）确保公用工程信息的准确性；
2）将运行效率提到最高程度；
3）将能效纳入资金投入的决策中。

之前提到，在金仕堡的厂区管理层主动决定在重要位置加装计量表。这对确定实际能源使用有着极大帮助。此外，通过能源调查可对分摊成本的准确性进行核查，还可更正计量表的安装位置。最新的建模已经可以预测在某个产品层面上的能源使用量，其精确度与产品数量和运行日期有关。相信生产经理更愿意做出好的能源决策——他们只需要正确的信息帮助他们实现这一目标。

对动设备进行测试，以确保设备的每一部分都在运行曲线上的最佳效率点上运行。这类设备包括了蒸汽轮机、泵、冷却机、压缩机。每年对动设备进行测试，将测试结果与之前的进行比对。如果设备的表现不如设计预期，就可以进行维修来恢复运行状态。

众所周知发现高能效设备和工艺的节能点大多是在设计阶段而不是后期改进阶段。根据DOE改进电动机和驱动系统性能的原始资料，电费占了电动机整个生命周期成本的96%，剩下的是资金成本（3%）和维护成本（1%）[3]。因此，对能效的考虑对机器驱动相关的所有权总成本有很大影响，涉及优化尺寸的高效电动机的使用和电动机的正确维护。

1. 重要目标所使用的定义明确的可审计方法

伊士曼的首要目标是在10年时间内降低能源强度25%，其他还要实现的目标包括维持能源项目组合的最低回报和追踪能源消耗。尽管伊士曼已经开展追踪能源强度工作多年，现有的测量方法仍存在几个缺陷。

（1）缺少定义

尽管一个能源数据可通过生产量分开，在两个数值中应包括的内容仍没有明确定义。以下为一些研究出来的定义：

1）能源测量包括由伊士曼购买的任一燃料资源或能源。金仕堡所使用的能源资源包括煤炭、天然气和电力。余热产生的能源并不包括在测量范围内。例如化工工艺中产生的余热所发的蒸汽。尽管从可持续角度看可再生能源是有积极意义的，其使用与能源强度测量无关。

2）商业软件使用的特定层级与生产密切相关。伊士曼的大型厂区与其他拥有小型厂区的化工企业相比，前者的信息无法与后者相比较，后者在每次一种产品离开一个厂区到另一个厂区进行加工时都会进行生产核算。使用伊士曼业务管理体系内的特定级别可确保不论厂区大小在整个公司内部的测量保持一致。

DOE的指导帮助确定能源和生产的具体定义。

（2）频率不一致

2010年之前伊士曼是以年为基础收集企业数据。而获得的有限数据不足以追踪趋势、提供任何一种分析以及使用提高能源强度的方法。

（3）出错概率

过去所有数据最开始都是从各个厂区的某个工作人员那里产生的。因此出错的概率非常大。不仅是定义模糊，而且数据是从哪里获得的都不清楚。工作人员工作发生更换时也没有明确的交接步骤。现在除了在一些小规模厂区有些例外情况外，能源强度测量出的大多数数据都是从线上商业软件直接获得的，因此极大消除了出错的可能性。

随着可持续性发展的优先性日渐显现，与一个公司的成功密切相关，对股东也产生影响，测量的准确性也愈发重要。伊士曼的能源强度测量相应地受内部审计的影响，结果令人满意。目前在伊士曼的对外可持续发展报告中有相应内容体现[4]。

2. 外部资源的使用

有许多资源都可以帮助企业开发一个新项目或扩大现有项目。其中就包括美国环保署能源之星的能源管理指南[5]。对能源项目进行重新组建后，伊士曼在2010年使用该指南对现有项目存在的差距进行了确认。在解决这些差距的工作中，伊士曼发现其他能源之星合作伙伴经常愿意通过基准评价以及在能源之星网站、能源之星会议和网络研讨会上提供实践经验分享好的点子。

此外，能源之星还同时提供一名辅导教师（其他公司的能源经理）和一名技术顾问；两者都提供了很大帮助；他们对现有的全球能源项目进行评论，并针对改进措施提出建议。能源之星和DOE举办会议，各公司可通过正式的演讲和网络途径分享信息。此外，DOE还提供了现场培训和评估。伊士曼充分利用了这些资源，认识到其中的价值远超成本。

3. 员工意识

尽管能源工作以前的重点是项目的完成和采购人员、工程人员、维护人员和技术人员的参与，但主动的参与意识也可能带来一定益处。可利用一些资源来提供帮助。能源之星在提高员工参与意识方面具有极大的优势作用。可根据能源之星合作伙伴的需求提供员工家庭和工作场所的宣传能效的海报和小册子、儿童活动书籍和展示活动。能源之星具有认知范围广、形象正面的品牌优势，因此可以在公司的员工意识培训活动中关注度会迅速增加。

伊士曼了解到其他公司会针对员工举办能源展会，提高员工在家的能源意识。在参观过其他公司的能源展会意识到这一展会的价值后，伊士曼2011年在公司最大生产厂区和公司总部举办了第一届能源年度展会。展会利用能源之星的资源，由当地公共事业和零售商布置的展位展示家庭用的高效产品。对于当地公共事业部门和公司来说这是一项双赢的项目，他们不仅可以轻松参与，还可以通过主动向客户提供信息来获利。

伊士曼还了解到其他公司还组建有绿色小组，为那些对保护环境有兴趣的员工分享信息。能源之星提供了一个绿色小组名单[6]，为这些团队的发展提供了一个基本框架。在伊士曼，任何人有兴趣的话都可以加入一个绿色小组。以厂区为单位每月一次的内部通讯可在公司范围内分享。内部通讯以邮件的方式发送给绿色小组成员，他们需要与其同事分享这些信息并在工作区域进行张贴。张贴的内容一般包括提高能效的点子、厂区内可回收利用物或其他节能点、家庭节能活动建议。考虑到员工的工作负担，与绿色小组成员的联系限定在每月两次，内部通讯一般每月只发送一次。在所有厂区的工作人员都可看到厂区的内部通讯。尽管一些内部通讯的内容只对特定区域有效，但其他内容则可以广泛适用。

伊士曼使用能源之星承诺书[7]来提高员工意识。这一承诺书的设计是让个人承诺在家节能。内容包括安装使用节能灯泡或节能设施或在不需要的时候关灯。承诺书以邮件方式发送给绿色小组成员，登载在公司内部通讯上，在10月能源意识月的推广活动中餐厅和大厅的人工服务台也能拿到。该活动获得了国内承认，成为2012年和2013年的"Top 5承诺"，提高了员工参与能源项目的兴趣和热情。

尽管伊士曼的能源主要应用在生产过程中，人们也意识到办公建筑的能耗也是节能的目标。伊士曼使用能源之星的组合管理[8]来追踪能源使用强度。该项目操作简单，需要输入的数据很少：区域、使用人数和电脑数量、每月能耗。伊士曼最初主要集中在那些装置围墙外的建筑，其能耗需要单独核算。组合管理提供一个以百分比表示的月度分数，代表与美国境内的其他类似建筑相比的该建筑性能。

这项工作从全球能源经理和能源工程师所在的小型办公建筑开始做起。组合管理分数达到75以上表明该建筑在类似建筑中达到前四，可获得认证。该建筑的初始分数为39分令人沮丧。不过在2013年随着建筑成为能源之星认证建筑，组合管理分数达到92分、节能57%后，所有项目的实施以及要求员工关闭所有不必要的电源和设备都证明这些努力是值得的。伊士曼在2013年共获得三项能源之星建筑认证，其他建筑里的人员现在也要求加入这一认证。尽管一些建筑没有单独计量表，无法进行认证，节能小贴士也同样适用。加入能源之星的建筑对战可提供更多沟通和强化的机会。在伊士曼两栋同样大小的建筑之间的竞争可提高员工对节能工作的热情。实际上，在这三栋办公建筑的节能性大幅提高后，其中的两栋在2013年的全国建筑竞赛中名列第9名和第10名[9]。

尽管这些案例集中在鼓励普通员工参与上，特定的组织是否应该参与到能源项目中来也值得考虑。比如营销传播组织就是很有利的合作联盟。他们使用统一的图形推广年度能源之星的获胜者，并将相关新闻和标识放入公司的通讯中。在讨论过某些产品可以通过高效周转降低库存的可能性后，生产计划同意考虑库存的能耗及费用。

即使已经参与其中的团体组织也能够为节能做出更大贡献。伊士曼的技术团队中有一个工艺过程效率小组，专门在现有的化工工艺设计中寻找有突破性的点子。蒸馏被视为是能源密集度很高的工艺，小组有一项任务就是找出一系列有实践价值的项目。最后技术团队开发了"能源信仰"，是通过对设计工艺进行思考，在项目早期找到的节能方法。

除了提高员工的意识以外，通过对成果进行庆祝可获得进一步的认同。举办团队的庆祝活动可认识ACC的获奖者，在能源之星认证建筑中工作的员工以及能源团队成果。每位厂区的能源经理都单独收到一份由执行团队成员签名的信件，对其在获奖能源项目中的贡献表示认可。伊士曼还使用现有的表现奖为个人做出贡献及时发放现金奖励。

4. 能源方案

在重启能源团队之前，某些与生产无关的节能工作最好不要在每个生产区域内进行而是进行集中处理。这些工作包括更换照明设备、修理泄漏、增加保温。两个最大的厂区都有专门解决这些问题的项目，生产人员也很乐意让维修人员承担这些任务。尽管这些项目运作良好，但仍然有提升的空间。这些项目被分隔在两个厂区中，相互很难交流经验，需要对此进行一些改进。

（1）识别和分享最佳经验

识别最佳经验的一个最好例证来自对蒸汽泄漏的维修。在一个六西格玛项目中通过分析蒸汽泄漏的维修数据改进装置的蒸汽系统后，在金仕堡装置的一个区域中发现的泄漏点与其他区域相比最少。从该区域可了解到几条关键经验：在泄漏发生后，不能只修补泄漏点而是需要更换整条伴热线。在更换伴热线后，建筑材料从铜换成了不锈钢。最后由一个维修协调人员负责修补泄漏点。过去十年间，该区域的泄漏点减少了98%。这些经验现在经过宣传已经成为项目的一部分。

（2）其他方案的识别

尽管对泄漏的修补采用集中标准化的方法更经济，但还是取决于采用相同管理方法的其他方案是否可行。这些方案包括蒸汽疏水阀、电动机和HVAC。

（3）评价

在对所有方案进行识别后，利用调查问卷对每个区域的每个厂区的进展进行评价。调查结果用于确认问题的共同点，对改进的需求，以及每个厂区的最佳实践经验，然后通过全球能源团队进行大范围分享。

5. 能源项目

潜在节能项目的数据库随着对节能方法的确认进行更新。环境条件和能源价格发生变化时对该数据库定期搜寻选择最好的项目。典型的项目包括对高能效设备进行升级及热回收的利用。尽管节能方案范围广泛可适用于多个厂区，但节能项目的专业性和限制性还是只适应特定工艺区域。不过从长远角度看其他厂区的类似工艺还是可以从成功项目中获益。

四、与其他方案的联系

能源项目一般都可以带来一些其他好处。强调这些好处将这些好处与公司其他方案联系到一起，可能为能源项目获得额外的支持。安全问题对伊士曼极为重要，"一切都是为安全"项目就是最强的体现。一些能源项目可以提高安全性。比如，改用高效照明设备增加了照明，从而使得工作环境更为安全。升级后的照明设备更换频率下降，因此员工也减少了登高更换灯泡的时间。一次性集体更换照明设备的战略比起一个个更换也更符合公司提高生产率的举措。在可减少更换灯泡所需的工作包括维修许可证、获取工具和供应、安全操作所需的锁定/挂牌方面，一次性集体更换照明要比一个个等灯泡坏了再更换可减少 $\frac{6}{7}$ 的工作量。

此外，至少是在伊士曼，与新成立的可持续性发展机构有联系很有益处。可持续性发展机构与业务部门联系紧密，而能源项目则与生产部门的关系更密切。与其他机构的相互联系和了解对双方都有益。可持续性发展机构的主任是能源项目的支持者，能源项目经理也参与他们的团队会议和讨论。

五、延续性

20世纪70年代的天然气短缺以及对石油供应中断的威胁引发了伊士曼和许多其他公司的关注。对公司的未来发展产生了重要影响。伊士曼对煤气化进行投资，以减少对国外石油的依赖。公司还因此首次任命了多个能源经理，制定了第一条能源政策。

在过去几十年中，对能效的兴趣和关注随着能源供应和价格发生变化。我们对此进行回顾时，会清楚地发现，之前的能源项目有很多优点。当时能源经理是全职的、岗位向厂区管理者汇报。在某些时期还有专项资金用于节能项目，但许多好的经验并没有延续下来。

未来，随着能效不仅仅与成本相关，好经验延续下去的可能性变得更大。这是伊士曼可持续性发展承诺的关键之一。希望我们学习过去的经验，未来的项目可以持续稳定运行。

六、发展

尽管伊士曼很自豪展示其获得的三项年度能源之星合作伙伴奖，必须认识到还需要继续努力发展提高。随着有越来越多的厂区加入，伊士曼希望能源项目有更多增长。随着公司的发展，提高能效的可能性也越来越多。伊士曼的目标是将3年内收购的厂区加入能源项目。随着2012伊士曼历史上最大一笔对首诺的收购，两套能源项目有机会进行合并，从而产生一个总体更好的能源项目。尽管首诺的能源项目中涉及的厂区不多，其他厂区在意识到项目的价值后也主动要求加入。制定促进这一过渡的整合战略也适用于任何未来的收购。

伊士曼还考虑将能源项目的范围扩大到其他自然资源如水上。在许多项目元素中增加自然资源后其效率变高。

七、成果

伊士曼的努力获得了回报。能源强度自2008年以来增加8%。如果那时能源强度一直保持不变，基于目前的生产和能源价格，我们在2014年在能源上就会多花费2900万美元。

八、结语

从2010年开始，伊士曼有意开始将现有表现良好的能源项目转换为表现更为优异的项目。尽管在工业中认为能效工作只是技术挑战，但一个稳健的能源项目必须广泛需要多个内部机构人员的支持和投入。本章中讨论的多个项目可能不会有突破性的表现，实施起来也很容易。但维持项目的进度和影响需要大量的付出和一定的规则。无论选择实施一项好的项目还是优异的项目，几乎所有项目在某种程度上都可从相互学习上获益。

致谢

伊士曼的企业能源项目的成功来自公司各个层级和厂区员工的努力。特别感谢田纳西产气能源协调员 Lisa Lambert，为公司项目的发展做出巨大的贡献。

参考文献

1. Nolen, S. (2014) Energy management: when good is not enough. *Proceedings of the Thirty- Sixth Industrial Energy Technology Conference*, New Orleans, LA, May 20–23, 2014.

2. Collins, J. (2001) *Good to Great*, HarperCollins, New York.

3. Lawrence Berkeley National Laboratory and U.S. Department of Energy Office of Energy Efficiency and Renewable Energy Industrial Technologies Program (2008) *Improving Motor and Drive System Performance: A Sourcebook for Industry*. National Renewable Energy Laboratory, Golden CO, p. 39. Available at http://www1.eere.energy.gov/manufacturing/ tech_assistance/pdfs/motor.pdf (accessed June 3, 2014).

4. Eastman Chemical Company (2013) *Sustainability Report: Science and Sustainability— Positive Progress*. Eastman Chemical Company, pp. 8–10. Available at http://www.eastman.com/ Literature_Center/Misc/2013ProgressReport.pdf (accessed June 3, 2014).

5. ENERGY STAR *The ENERGY STAR Guidelines for Energy Management*. U.S. Environmental Protection Agency. Available at http://www.energystar.gov/buildings/about–us/how–can–wehelp–you/build–energy–program/guidelines (accessed June 3, 2014).

6. ENERGY STAR *ENERGY STAR Green Team Checklist*. U.S. Environmental Protection Agency. Available at http://www.energystar.gov/ia/business/challenge/bygtw/Green_team_checklist_ FINAL_4.pdf (accessed June 3, 2014).

7. ENERGY STAR *Pledge to Save Energy*. U.S. Environmental Protection Agency. Available at https://www.energystar.gov/campaign/takeThePledge (accessed June 2, 2014).

8. ENERGY STAR *Use Portfolio Manager*. U.S. Environmental Protection Agency. Available at http://www.energystar.gov/buildings/facility–owners–and–managers/existing–buildings/ useportfolio–manager (accessed June 2, 2014).

9. ENERGY STAR *Battle of the Buildings: 2013 Wrap-up Report on Trends & Best Practices*. U.S. Environmental Protection Agency, p. 4. Available at http://www.energystar.gov/buildings/sites/ default/uploads/tools/2013_NBC_report_FINAL.pdf?63bd–346a (accessed June 3, 2014).

第4章 通用磨坊公司能源管理的成功故事

Graham Thorsteinson

一、概况

通用磨坊公司能源项目的发展是从由一名公司经理全部负责到由以厂级为基础的能源工程师专门负责能源项目。这个新的能源团队增加了通用磨坊公司的竞争优势，而且还在继续快速成长。通用磨坊公司：

1）2013年和2014年谷物部门每年节能收益670万美元；

2）2013年谷物部门生产每磅产品的能耗减少6%；

3）在所有部门实施每年超过2000万美元的节能计划；

4）实施上百个能源项目；

5）开发内部所有权能源持续改进（CI）工艺和工具；

6）获得2012年和2013年度能源工程师协会国际青年能源专家奖；

7）从2008年到2013年佐治亚工厂每磅产品能耗降低29%，此外节能收益500万美元。

能源项目为何发展得如此迅速？答案简单来说就是成果。对这一问题的拓展可为启动一项成功能源项目带来许多有趣的想法。如图4.1所示，当强有力的领导层再加上合适的人员、集中工艺和创新技术，就会获得丰硕的成果。本章将讨论在每个领域中发展成功的能源管理项目所需要的战略。

图4.1 通用磨坊公司的能源项目战略：由强有力的
领导层推动选择正确的人选、集中工艺和创新技术

二、背景

通用磨坊公司是全球领先的食品公司之一，在6大洲的100多个国家设有分公司。雇员超过4.1万人，生产的食品和零食品牌有100多种，包括Cheerios、Yoplait、Nature Valley、FiberOne、Green Giant等，供应给全世界消费者。

通用磨坊公司的目标是从农业活动到全球运行持续减少公司的环境足迹，尤其是减少自然资源消耗和获得可持续原料用于通用磨坊产品。

随着成熟的成本竞争的食品工业中能源价格上涨，对降低能源使用的需求大幅增长。通用磨坊持续显示自己作为一个全球制造业领导者在能源领域中发挥重要创新作用的能力。

三、能源管理项目的共同挑战

尽管厂级的能源管理人员一般也会负责能源预算，但一般只占其总目标很小的一部分。厂内其他人员也会利用一小部分时间来支持降能耗的工作，工厂内所有人员的行为都会影响到能源的使用。这种资源化模型导致所有人的目标都不能与能源管理真正连接起来，进度也非常缓慢。由于没有领导来维持节能项目的短期成果之前获得的部分收益也丢失了。由于缺少能源资源化，公司能源经理很难保持项目持续发展。

对于那些没有厂级能源工程师的公司能源经理，在工厂里推动新的能源实践就像推动一条绳索上坡。一部分获得牵引力，但多数没有。如果只有一个人负责多个装置的节能工作，进展就会非常缓慢。每个装置中需要了解的能源使用细节范围太大，无法推动能源使用持续减少，为收集汇报和能源合同所用的数据占用时间过多。

装置大量的能源审计工作都需要经费。如果负责人不在，产生的节能方法永远也无法实施。能源经理可以给外来工程师实施的资金项目拨付资金，可以带来巨大的短期收益。不过没有负责人负责的话，这些收益就无法维持。能源经理一直处于每几年就会做相同的节能工作的循环中。外部能源审计存在的另一个问题一般集中在照明、加热、通风、空调（HAVC）、变频驱动器以及热水上。商业建筑中的能源消耗集中在这几种方式上，但工业用户的能源负荷则要大得多。大多数能源消耗都发生在工艺过程中，而内部人员是最了解工艺过程的。通用磨坊公司在使用外部工程力量实施能源项目时，发现聘请对特定设备领域有深厚技术水平的专家要比那些只会给受培训的能源工程师讲授常识的专家要有价值。

低能效损失一般很少人关注，每月为能源账单付账后没有疑问或分析。企业人员一般认为企业的能源使用仅限于生产产品，人对能源使用的影响不大。公用工程建筑（蒸汽、压缩空气、制冷、热水等）可靠性很高，工厂运行时这些公用工程的供应免费还不限量。最典型的一个例子就是浪费压缩空气来冷却或传送产品。这导致许多能源管理项目的一个主要问题出现：只关注公用工程的建筑和高效生产。在公用工程生产过程中使用的能源一般不会发生变化。公用工程的生产很重要，但大多数能源损失都来自企业运行过程中公用工程的使用。

四、人员

通用磨坊公司发现设置厂级专职的能源工程师可以解决以上问题。厂级能源工程师在其年度工作目标中能源管理占优先地位。能源工程师将监督公用工程效率和运行中的能源使用。聘用能源专业人员势在必行。食品生产与其他行业相比能源强度并不高，但能源专业人员仍可以取得比其薪水多数倍的节能收益。每年即使有5%的节能收益就可以降低相当可观的成本费用。

好消息是这些能源专业人员可能已经是公司的雇员。通用磨坊公司并没有聘用新的能源工程师而是优先对现有的工程师进行调整。项目目标针对的是那些有改变意愿、有创新能力和技术领导能力的工程人员。实际上，新任职的能源工程师大多数之前都没有能源、环境或公用工程经验。有去发现低效问题并找出创新解决方案的意愿更为重要。应该鼓励他们绕过前进道路上的障碍，尤其是那些最常见的"我们已经这么做30年了"的情况。通用磨坊公司开发了一个强有力的培训项目配合标准化工具使用可以让新能源工程师快速上手工作。外部机构如能源工程师协会也有培训项目。

由于通用磨坊公司拥有一个专职能源工程师团队，公司的能源经理因此不必再亲自实施多个企业的项目，而是可以专注于能源战略、突破性创新、寻求资金和支持以及在不同企业之间的实践经验标准化。通用磨坊公司发现与每位能源工程师共享公司从上至下所有项目目标是最佳方法。能源团队成员相互支持确认和分析解决方案。总之，经过培训的专职能源工作人员以团队方式进行管理，可节约大量能源。

五、步骤

只安排人员去解决问题是不够的，他们需要遵循一条标准化节能的步骤来扩大成果，有很好的能源管理标准化方法［例如ISO 50001（第6章）和能源之星指南（第7章）］可以借用。尽管如此，通用磨坊公司采用的方法更为引人注目。

该方法结合了公司现有节能项目管理体系的经验和概念，无论是操作人员还是公司的副总裁都可以使用CI标准工具和语言来了解步骤过程。

和其他所有项目一样，在通用磨坊公司的节能步骤中首先是公司和厂级的节能承诺书。通用磨坊公司在企业没有做出以下承诺之前不会启动节能项目：

1）安排专职人员从事工作；

2）向创新能源测试、分计量表、能效项目分配资金；

3）所有领导层工作目标中都设置节能目标。

在企业承诺了以上的先决条件后，将遵循以下系统性步骤：

1）开发每个装置运行能源使用的分配方案；

2）开发针对能耗大户的技术方案；

3）实施改进措施；

4）通过对能源的实时监测维持节能效果。

企业的能源分配以Btu为计量单位。举例来说，电力消耗可能来自照明、压缩空气、制冷、泵和风机、电动机和HVAC。在热能消耗方面，使用天然气产生的热能范围涉及HVAC、热水、每个加工装置使用的蒸汽或天然气。在这些领域内，有上千个装置操作的能源计量点采用计量表进行测量或根据铭牌数据进行估测。

通过能源分配可清楚确认高能耗区域。通用磨坊公司为高能耗区域开发了自己的节能工具。应用范围包括锅炉和蒸汽系统、制冷系统、压缩空气、工业干燥、照明、电机、泵、风机和HVAC。能源工程师可以借助工具从自己系统输入数据、控制和操作。节能工具自动识别关键区域，甚至可以计算出每个区域的节能量。这使得企业可以优先安排最有节能收益的方案，无须每个区域都安排能源工程师。根据其他企业的解决方案和实践经验搭建相关能源工具。

这些能源工具可促使最佳的实践经验在企业之间传播，能源团队也可以根据已有的节能措施实施情况追踪项目的进展。在使用能源工具设定节能目标后，能源经理将多年累积的实施方案结合起来作为项目实施的指导。

将已经实现的节能成果维持住是最后一步。这一步的目标是从每月查看一次能源账单改成实时管理能源。尽管如此，由于生产混合对能源使用的影响最大，监测能源使用数据在不覆盖生产数据的情况下很难看出企业能源的真实使用情况。为解决这一问题，通用磨坊公司开发了一个能源汇报方案，可以根据每个计量表（从分计量表到计费表）的实时生产数据识别目标能源使用量。这使得我们可以计算出每个企业的节能量和受天气影响的节能目标。设置节能目标可以使"能源组成"成为生产的一部分：物料输入和能源共同生产出有用的产品。在操作过程中使用这种方式可对组成废弃物采用相似的能源管理模式。

以上这些日常管理体系在装置运行在优化能效范围外时会发出警告信号。还会鼓励生产操作人员投入能源管理，在生产交接会时对每个装置运行中的能源管理进行快速总结。操作人员的参与对维持节能成果极为关键。由于对操作的了解程度最高，操作人员还最有可能产生创新性的节能方法。

图4.2显示了在某工业干燥机蒸汽使用过程中采用的一项节能工艺成果。通用磨坊公司开发并实施了干燥机改进计划。这些改进计划是一个整体，都涉及4M（人、机器、材料和方法）因素。换句话说，针对能效对维修项目、运行、操作人员培训、新设备和控制进行了优化。对独立装置操作计量的蒸汽计量表（非集管流量计）证实了节能量（图4.2）。该装置运行新的能源基线是基于每种产品设立的。干燥机的使用受到了监测，重点关注节能措施，节能效益接近10万美元。

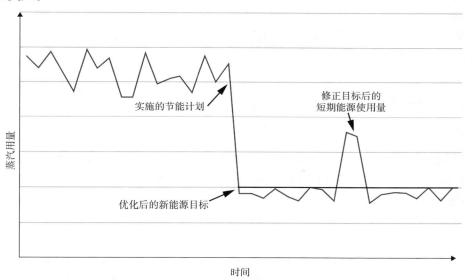

图4.2　工艺干燥机中的蒸汽用量显示了工艺的运行状况，能耗大户大幅降低能源使用所采用的节能措施。采用分计量用于维持节能效果

六、技术

采用成熟方案的形式化结构并不会限制创新相反还会产生激励效应。这种结构模式由于不需要多个工程师对同一个问题进行调查从而节约了时间。在通用磨坊公司，每年都会召开一次创新进展的会议。在会议上能源工程师通过头脑风暴产生新的有创新的点子、控制方法和技术，甚至涉及加工系统的基础设计和产

品。公司鼓励能源工程师从外部进行比较，并了解可以使用的新技术。尽管如此，一些能源项目过度依赖外部创新。通用磨坊公司对已经确认的能源损失向内部创新性解决方案提供资金。

通用磨坊公司采用严格的过程确定这些创新方法的优先级别。每个企业都分到一定资金资源对某个创新方法进行调查，定期举行会议检查创新工作的进展。如果某个创新方法获得成功，其采用的解决方案和计算方法会被加入官方节能工具中，这会给在相似运行条件下所有其他能源工程师增加新的实施方案。新方法的价值在公司内几处相似运行条件下实施会成倍增加。为确保不在不必要的节能方法上浪费精力，通用磨坊公司将时间和经费集中到针对一个装置优化操作的创新方法上来。一旦确定了解决方案，装置的成功案例就会进行多次复制。过去不同企业在对类似的装置运行和公用工程的控制方法也有所不同。现在，在集中开发最佳方法后，就可以将最佳解决方案推广实施到所有企业去。这种创新/可复制的战略可促进能源团队继续获得数倍于其收入的节能收益，公司才会继续给能源团队投入资金。

七、今后的挑战

即使能源管理项目的人员、工艺、技术都到位了，项目仍有可能出现阻碍。在节能效益能否持续上资金投入是一个重要因素。许多能源项目的节约成本都缺乏公司最低投资回报率（ROI）。举例来说，在目前天然气较低的价格下，先进的低等级热回收解决方案就不如前几年那么吸引人。尽管如此，随着能源价格不断上涨，每年对非资金项目进行重新评估变得重要起来。为了确认过去的想法在新的能源价格下是否值得投入资金，通用磨坊公司会在其能源损失工具中及时更新能源价格。由于项目日志的存在，未来等待能源通胀的项目运作力度增强。

了解公司项目的回报率如何计算的也很重要。我们经常会错误考虑加速折旧、回扣、能源通胀、动机，因此导致计算出的ROI要低于实际回报。其他ROI计算器也会将节约收益限制到10年范围，尽管许多能源解决方案如热电联产的有用资产生命要长得多。更改公司使用的ROI计算器面临很大挑战。尽管如此，这些都是精确计算带来的重要附加收益，财务团队需要对能源项目进行了解，尤其是那些缺乏投资需求的项目。能源项目的另外一项附加收益来自新产品或其他降本方法相比节能收益高所带来的信心水平。受这一信心的鼓舞和达到公司可持续发展的目标的激励，通用磨坊公司持续优先安排能源项目。

除了对能源项目进行资金投入外，对公司全体员工进行关键能源损失的教育对大多数公司来说也是一个提高节能机遇的领域。能源培训对操作人员来说非常重要，这样他们才会真正懂得他们日常的决定是如何影响能源成本的。维护部门出现的问题如保温不好、气体泄漏和蒸汽疏水阀故障也会带来许多能源损失。这些地方在停工期间的优先级别较低，因此确保维修部门得到一定物质激励对节能工作是非常关键的。让维修人员成为负责基层能源管理的非正式负责人将会获得巨大红利。

新产品的研发团队是另外一个需要进行节能教育的部门。研发团队开发企业将生产数年的新产品。能源密集实践经验更易植入到新工艺和实践中，但一旦产品定型的话进行更改就面临更多挑战。定期的能源会议则可为新产品团队提供动力。

对项目工程团体进行能源教育也很有必要，这样他们可以将最新的能源标准植入到新的资金项目中。在一条新的生产线旁边安装一个重新设计的能源密集设施很常见。这迫使能源团队寻求资金改进全新无折旧资产项目。对新项目来说分计量费用较低，应该包括在安装时间内，后期进行校正的难度则要大很多。为克服这些挑战，通用磨坊公司在其表彰项目工程工具中设立了对关键能源损失的评价。

八、结语

1）能源管理的投资回报非常重要。
2）集中工艺可以带来可持续收益。
3）创新会激励工作人员和工艺的发展。

一个能源管理项目需要满足以上三点才能成功。厂级和公司级的领导层将这一模型变为现实。正如通用磨坊所发现的，当能源项目开始节省数百万美元时，动力会驱使项目快速发展。

第5章 能耗基准评价

Mark Eggleston

一、什么是基准评价

基准评价指的是对不同类型的资产或实践活动进行比较，找出其中最高效或最经济的。许多不同类型的分析被称为基准分析，但标准实践的进行是基于对实际运行数据而不是预测值来进行统计对比。

基准评价一般用来描述对商业化运行的研究，有时还需要对不同工业领域进行比较。比如在比较不同业务中出现的高位参数如库存/销售比、发货时间、顾客满意度等都需要进行了解。这些研究更多是叙事性的而非统计性的，但也可以显示出不同工业领域的差异。

基准评价还指对公司操作细节的测算和公开评估。举例来说，位于得克萨斯州墨西哥湾区某种类型的企业在给定工资的情况下预计使用八名倒班操作人员。而在欧洲同样类型的企业工人工资不同工作时间更短的情况下，也预计要使用八名倒班操作人员。而在中东或亚洲，由于工人工资更低，就需要更多操作人员。对成本和操作进行预测时的主要问题是准确性。准确性低的话，基准预测就不能为商业决策提供可靠信息。

某些基准评价使用的是公开数据，这些公开数据采用的基准年限很长，对比程度非常高。有时以上介绍的预测方法可以结合从独立运行的公司或公开出版物收集的新旧公开数据。这些研究并不能为商业决策提供强力支持。不过在特定工业范围内对数据进行比较可以为该领域中的生产商在推动成果或提高竞争力时提供有价值或"真实"信息，无须保密。

1. 机密性

过去对同时拥有两个或三个相似企业的过程工业公司的分析是比对技术和经济细节来完成的。这些研究很有裨益也可以准确反映出差异，但同时又会产生机密性的问题。如果某个区域的直接竞争对手对运行数据进行比较，可能会引起政府竞争管理机构的关注。20世纪90年代欧洲已逐渐淘汰了这些研究方法，现在已经很少有人再使用。

目前在发达国家内部使用的反垄断准则内容相近，而西方公司设在当地的合资企业一般仍然要遵守美国或欧洲的竞争法。目前一般要求在任何一个对比组合中至少需要包含四家公司，以避免泄漏任何一家公司的数据点。这一准则背后的考虑是任何运行企业都可首先从对比组合中提取出自己的数据，只留下三家公司的数据，但很难进一步分解数据。而如果对比组合中仅有两到三家公司，一旦公司将自己的数据提取出来剩下的数据可能就会被破解从而准确揭露其竞争对手的数据点。

目前的工业基准分析最好是在机密条件下遵循精确定义，使用至少四家类似业务公司的有效输入数据对实际运行数据（非预测值）进行比较。分析结果一般是一套与生产商自己的数据进行对比的平均值和统计，以报告的形式返还给各个生产商。这些对比数据，尤其是竞争对手的身份被透露时，可以为关键性商业决策和接下来的改进措施提供强有力的支持。

有几家营利性机构已经为全球不同行业提供信誉好、订阅程度高的基准分析服务。在本章的最后将讨论几个关键工艺部门的能源基准分析经验。

2. 数据敏感度

不同类型的运行数据的机密程度各有不同。定价、资金投资计划、未来运行计划的对比显然是政府竞争管理机构最为关注的对象，实施的标准也最为严苛。

竞争对手之间的商业机密问题一直存在，经济数据如固定和可变成本、利润率、人员配备以及运行活动都是敏感问题。甚至为了遵守反垄断法则，对一般的工业活动不会进行基准分析研究，以避免揭示竞争对手的准确数据。如果生产商感到他们的输入数据不会得到保护，他们不会同意参与基准分析研究。参与的一个条件就是对机密性进行保护，如果机密性不能得到保证，那么基准分析研究就作废了。一般情况下参与的企业都不允许实际基准分析结果进行公开出版。

能源的基准分析对许多公司来说敏感性没那么高，尤其是所用参数由有限的组合构成时，比如仅有化石燃料、电力和蒸汽消耗。自20世纪后期以来各地区的政府机构均要求能耗数据保持透明，以推动节能工作。实际上不同工艺的能耗数据都可从政府和工业组织的公开出版物上查到，作为实施能源控制项目的指南。

二、为什么要进行基准分析

进行基准分析的最主要原因是推动商业进步。一项可靠的基准分析研究可以显示一家生产商与其竞争对手之间的排名，并指出可以进一步提高的地方。每个商业领域都面临有限的资源，因此必须以最佳的可能方式实施。

良好的商业活动一般包括制定年度预算，内容包括在当前商业周期内应该实施的改进方案的成本。一项战略性改进计划可能包括长期目标，一般以3或5年为基准，定期——每季度或每年进行回顾。设定商业业绩目标最可靠的方法包括对目前业绩的评估及与地区或全球范围内的领先竞争对手进行比较。

经过对生产商自己和重要竞争对手的基准分析产生可靠的通过验证的结果，可为制定改进计划提供最可靠的基础支持。

对离散参数准确的基准分析结果再加上基于领导标准的货币缺口计算，可从经济角度证明改进措施的可行性。采用缺口计算可验证资源分配或资金投资的货币合理性。对资源和所需时间进行切合实际的预测，得到的数据可用于年度预算周期和长期商业计划当中。

能源基准分析的另一个原因是政府授权。全世界各地的政府机构批准各种能源基准项目来推动能源保护和节能措施。尽管节能项目的经济效益对生产商应该可以产生足够吸引力，在全球范围内由于多种原因能源已经变得政治化。一些政府考虑降低能源消耗甚至超越了正常的经济回报，是社会的主要目标。其结果就是特许工业能源基准分析项目。

三、采用能源基准分析推动节能计划

能源消耗和成本在能源密集行业中是所有工业基准的重要组成部分。在能源密集行业中5%~10%的总运行成本来自能源输入。

尽管能耗中包含固定参数和变量，最直接的基准分析方法是将能源视为可变投入。这种简化方法假设在某工业领域中大多数企业都是以超过50%的生产负荷进行正常运行，能耗与生产率的变化关系为线性关系。一个典型的生产厂即使在生产负荷较低时仍然消耗大量能源。当企业在高速运行时能源利用率最高，其他许多运行参数也是如此。

能源效益一般以一个简单方法表示，如J/t、美元（英镑、欧元或日元）/t。

节能计划可以显示出每年一个特定的节能目标，单位是J/t或美元/t。目标消费量可以每年制定，然后与不同能源组分的预期成本一起作为长期商业计划的投入。通过采用节能措施和资金成本改良可预期带来运行成本降低，可在适当时候纳入节能计划中。

不论能源基准分析参数的来源是从覆盖一个行业所有领域的综合基准分析研究还是从授权政府项目中得来，都需要得出节能目标。特别是如果某生产商的能源管理特别差，应该开始对原因进行调查，并寻找节能途径。以下是调查涉及的范围：

1）如果目前企业使用的是上一代技术对技术所进行的更新；

2）如果企业是基于之前的能源成本较低的情况进行的设计，现在已不再适用，对能源进行优化的情况；

3）直接节能方案如绝热、泄漏控制等；

4）日常操作中忽视能源优化。

节能计划中包括对根本原因的调查和改正，可大幅降低能耗和运行成本。

四、基准分析方法

已经使用的基准分析方法有：

1）全球或地区调查；

2）最优方案报告；

3）能源审计。

在各种政府授权的能源基准分析项目中都包括对运行和安装的能源审计，但二者一般不被视为是基准分析方法，因此本章中不予考虑。

1. 能源调查

全球或区域的能源调查是能源基准分析中最严格的方法，因此总是被优先使用。全球调查包括全球任意地方的生产厂，涉及不同年代和技术。由于世界各地的能源成本差异很大，在某个地区能源效益高在其他地区可能就只是平均水平甚至更差。欧洲和日本的能源价格几十年间都很高，在这些地区的生产厂的能效就要比那些建在能源成本较低的地区的企业要高。另外安装节能设备、精心操作减少能源使用量也会起到作用。

区域能源调查可以在某种程度上避免历史能源价格的问题，因此在某些情况下被视为是更公平的比较方法。但同时也就失去了与全球最佳标准的比较。

进行全球或区域调查的第一步是编制一份调查产品的生产厂家名单。如果运行数据已经存在，就可以作为启动点。在其他情况下，需要与厂家联系请他们提供运行数据。除非在所选择的区域内所有厂家都由政府指派配合调查，那么调查就是自愿的，一些公司会拒绝参与。那些老的小的厂家因为知道没有竞争力，一般会选择不参与调查。由于研究是自愿参加的，因此会排除一些区域，因为这些区域内的生产商不愿意参加调查。还可能产生沟通之类的问题，特别是如果当地权威机构已经做了公开比较，那一些生产商就失去了参与的兴趣。因此，在某些区域内主要参与调查的厂家可能经常会终止，只留下那些规模较大更为现代化的厂家作为代表。充分利用标准化行为和工程判断技术差异、厂区大小、地区因素。

2. 最优方案报告

在某些政府授权的能源基准分析项目中，几乎没有厂家同意参与一项绝密的基准分析调查。在这种情况下，需要采用一种特殊方法来收集公开和许可信息，为厂家能效做出一份合理的评估。特殊指南必须得到政府机构的同意。在这些案例中，对项目中涉及厂家的最优实践方案报告有时会替代基准分析研究进行发布。

五、可比技术

需要决定类似工艺所使用的可比技术。一般来说，最低标准是进行比较的工艺具有类似的原料、产品和副产品。

进行比较的工艺即使投入产出相似，也可能会产生技术上的问题，必须由生产商和权威机构进行协调。有时即使副产品有所不同，如果股东同意采用同一基准，也可以进行比较。

举例来说，如果一些企业生产的产品系列与另一些企业的产品系列相比更为复杂，所需的能源输入可能就更多，这些潜在的差异必须解决。

在某些情况下，可能会产生技术上的代际差异，因此必须有处理方法。如果一项能源密集工艺已经面临淘汰，那么采用这一技术的企业可能需要单独进行或进行调整。

其他工艺可能在实施时在本质上就有所差异。如果进行基准分析的话就必须谨慎处理这些情况，比如仅仅是因为都生产同一种产品，就认为使用的都是相似的技术，其中一些技术可能能效更高、成本更高。而由于老厂的布局不同，通过改造也无法降低某种能源的使用，因此可能会无法对某种能源进行技术上的比较。

六、确定边界

进行统一的基准分析的最重要的一步是确定工厂边界。为得到统一的结果，不是所有的工艺步骤都会得到应用。被排除的典型工厂区域可能包括原料准备区、公用工程区域、产品包装或下游加工、对副产品的收集或进一步加工。每一步都必须落实以确保类似的生产设施同比可以进行比较。

有一个较好的方式是在数据收集仪器安装前通过与几个主要生产商一起对草图进行审核，对工厂区域的工艺草图进行基准分析。这样的草图可以显示边界内哪些设备要进行基准分析，哪些工艺和操作不算在内。

由于进料和进料质量受来源影响有所不同，有必要排除掉初始纯度、研磨、加热或冷却操作等来得到进料条件的统一。在某些情况下，条件上的一点微小的变化不会对能效有很大影响可以忽略。类似的，产品纯度和条件的一些工业标准条件应该保持一致。

必须认真考虑副产品的工艺，特别是不同工厂生产的副产品不同的情况。举例来说，如果某些工厂对副产品进行液化或压缩处理进行单独销售，由于不是所有工厂都使用这类能源密集工艺，因此应该排除。

由于某些工厂的公用工程在界区内，而另外一些工厂则使用外购或集中供应的方式，因此公用工程的生产区域一般要全部排除。目标一般是评价生产设施的能效而非公用工程生产的能效。因此，公用工程主要组成部分化石燃料、蒸汽、电力要单独进行计量。在某些工艺中还要考虑排除冷水或制冷以及蒸汽热传递过程。在确认数据时必须仔细核查作为锅炉燃料或工艺进料的化石燃料或尾气，避免二次计量。

七、本地因素

必要考虑到本地因素。不过应尽量减少修改和调整的数量，以保证基准分析和结果更为简单。举例来说，极热或极冷等气候因素都可能会增加能耗。公用工程发生异常如供应中断就可能是一个本地因素。在基准分析的初始阶段经济状况很差也可能会导致运行效率低下，从而能效较低。原料或其他供应中断也会导致运行时断时续，能效低下。

在考虑每种可能的技术、产品和本地差异时存在一定风险，可能会导致基准分析行为极为复杂，混淆了工厂表现的实际差异。与从更为复杂的分析中得到的效益相比，基准分析的研究总是一个妥协的过程。

八、输入数据的确认和验证

进行基准分析的一个关键问题是对输入数据的定义，以及在数据收集过程中对数据的确认和验证。应该对每个输入变量做出统一详细的定义。在生产商收集数据时，对定义问题进行快速解答可以促进数据收集过程，减少错误的发生。对简单错误的核查可以植入到数据收集仪器中。

一旦数据被提交，就需要仔细对输入数据进行确认和验证。第一轮次的核查是基于对数据内部一致性的检查，物料和能量达到平衡了吗？蒸汽的温度、压力、流量与焓值和总能量数据一致吗？

一旦生产商的数据显示与一个合理标准达到一致，就可以上传到其他生产商共同的数据库进行异常值检查。举例来说，"你可以确认汇报的蒸汽高消耗量是否是出现了重复计量？"或"你使用的是蒸汽轮机而不是电动机作为旋转驱动吗？"之类的问题都很有必要。

一旦内部一致性和数据库异常值检查的问题得到解决后，初始数据就被打印成册发送给参与的生产商做最终核查。任何最终的评论和变更都会在最终的报告中体现。

如果出于某些原因，生产商无法验证或解释数据库内的一些输入数据，数据可认为是不正确的，在没通过验证前这些数据必须被排除掉。

九、汇报结果

一家公司的能耗报告可被用于显示"能呈现出来的最佳业绩水平。"但统计工具还非常有利于用来防止某一生产商数据发生泄密情况。

如果数据库中的数据足够多可以保证机密性，能源基准结果可分为四组显示。有时政府监管机构会采用一种特殊方法，但一般会使用两种标准化方法：

1）根据企业的数目进行简单分组。举例来说，如果在数据库中有20家企业，每个分布分位显示5家企业。这种方法适用于所有企业的规模相似的情况，无须根据规模进行调整。

2）另一种更严谨的方法是使用加权平均和加权标准偏差来计算分组，使用加权因子如每年生产吨数（见图5.1和表5.1中的统计公式）。这种方法弥补了企业规模的差异。

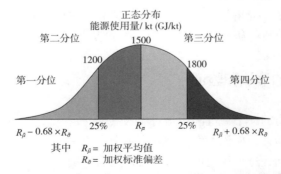

图5.1　计算分位数时对不同规模的企业的加权平均值和加权标准偏差补偿

表 5.1　加权平均数和加权标准偏差的统计公式

R_μ = 加权平均值	统计公式	
	$$R_{\bar{\mu}} = \frac{\sum_{i=1}^{N} W_i R_i}{\sum_{i=1}^{N} W_i}$$	
R_σ = 加权标准偏差		
	$$R_{\bar{\mu}} = \sqrt{\frac{\sum_{i=1}^{N} W_i (R_i - R_{\bar{\mu}})^2}{\sum_{i=1}^{N} W_i}}$$	
$R_{25\%} = R_{\bar{\mu}} - (0.68 \times R_\sigma)$		N = 采样的企业数
$R_{75\%} = R_{\bar{\mu}} + (0.68 \times R_\sigma)$		$W_i = i$ 企业的加权因子
		$R_i = i$ 企业的公制因子

十、能源密集工业的基准分析经验

1. 金属行业

钢铁工艺的标准化程度很高，在能源基准分析方面很有经验。其他金属加工行业虽然种类多样，但所用设施较少，与天然矿石的关系很大。基准分析经验很分散。

2. 石油炼制

在全球的石油炼制行业中已有多年能源基准分析的实践。每家炼油厂的工艺和设施都各有不同，因此一种基于原油蒸馏基础工艺的方法被广泛接受。已经产生了多种经验和数据。

3. 石化产品和塑料制品

早已进行过基准分析的石化产品和塑料制品生产范围越大，就能为更多产品建立可靠数据库。产地有限或应用多种技术生产的产品需要最佳实践报告这样更为专业化的分析方法。

4. 工业化学品和化肥

许多大规模生产的工业化学品和化肥早已进行过基准分析，已建立了可靠数据库。与石化产品相似，对一些专用材料的基准分析需要采用最佳实践报告。

5. 水泥、玻璃、纸浆、造纸

这些能源密集工艺已标准化，在不同区域研究中已经进行了基准分析。

6. 食品

对食品的基准分析面临的问题是工艺差异大，生产的食品范围广。由于食品行业总的来说能源密集度较低，因此数据库较少。

十一、未来发展方向

可以假设未来对能源密集的工艺进行基准分析会越来越多。能耗问题已经政治化，许多国家的政府在向选民展示节约能源和经济利用上都感到了压力。生产商在与业内比较降本减耗时也感受到了压力。

在资金紧张时，能源仅被视作是另外一种经济投入，节能项目比提高加工量、环境安全、产品质量项目要面临更大的阻碍。有时在新厂的资金进行最终审核时，由于节能设备可能在资金到位后再加，因此会减少节能设备的安装。能源基准分析有助于保证某设计基础的经济合理性，确保其竞争力。随着政府试图管理对这一稀缺商品的需求，经过授权的能源基准项目持续增加。基准分析推动了节能项目的增长，提高了参与行业的能效，降低了生产成本。

第6章　能源管理标准

Kathey Ferland，*Paul E. Scheihing*，*Graziella F. Siciliano*

一、简介

　　国际标准化组织（ISO）作为制定和发布各种推荐性标准的主要国际组织，对全球商品、服务、良好实践的规范产生巨大影响。ISO 50001:2001，能源管理体系——使用需求指南于2011年6月通过，是能源管理体系的国际标准。在ISO 50001通过前曾有各种国家或区域的能源管理标准[1]。IOS 50001消除了国家或区域能源管理标准之间的差异，使得在多个国家拥有生产企业的大型公司可以更为方便实施其内部的能源措施。本章将重点介绍ISO 50001标准和基于该标准的相关项目。

　　自20世纪80年代中期起随着ISO 9001质量体系在1986年以及ISO 14001环境管理体系在1996年的发布，ISO管理体系已在许多组织中实施[2]。ISO系列标准都是推荐性的；各个公司会根据自身情况采纳不同的标准。

　　ISO 50001、ISO 9001、ISO 14001的建立都基于"计划—执行—核查—处理"（PDCA）循环，即所谓的戴明循环。图6.1描述了能源管理背景下的PDCA循环。

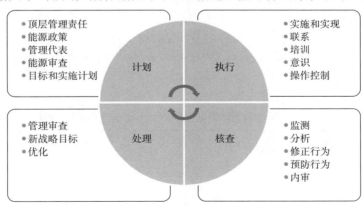

图6.1　**计划、执行、核查、处理的循环**(Copyright 2012, FW8100—CC-BY-SA-3.0 (http://creativecommons.org/licenses/by-sa/3.0)—via Wikimedia Commons, unaltered)

图6.2基于标准发布的年份对ISO 9001和ISO 14001的认证数进行了比较。影响ISO 9001标准认证通过的因素包括客户压力、质量提升、降低成本、企业形象、政府要求[2]。早在1991年ISO 9001就已经成为"很多公司的实际需求"[2]。在ISO 9001和14001标准发布6年后，两个标准的认证路径已经产生了差异。ISO 50001标准认证目前还仅有2年的数据因此还无法预测它的发展路径，是会类似曲棍球棒（ISO 9001）还是更为平缓的直线（ISO 140001）？

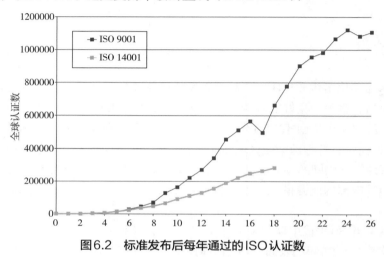

图6.2　标准发布后每年通过的ISO认证数

表6.1列出了基于2014年1月德国联邦环境署环境管理资深科学官Reinhard Peglau给出的时间系列数据（通过与DOE EERE先进制造办公室的个人联系）所作的ISO 50001根据地理意义上的区域划分的认证数。

德国在ISO 50001标准认证中占据领先地位。认证目前主要由欧盟国家推动，这些国家的认证数占了总数的85%。2014年1月Peglau所作的报告中说全球总共有超过2870个ISO 50001认证[1]。"国际背景"一节对各个国家如何通过ISO 50001认证进行了讨论。

表6.1　2014年1月全球各地区获得 ISO 50001 认证数占比[3]

地区或国家	认证占比/%
北美洲	2
非洲	0
中南美洲	1
欧洲（不包括德国）	33
德国	52

地区或国家	认证占比 /%
东亚和太平洋	7
中亚和南亚	4
中东	1

二、ISO 管理体系基础

如上所述，ISO 50001 以及 ISO 9001 和 ISO 14001 管理体系标准均建立在 PDCA 循环的基础上。这三个标准体系共享一个组成类似的框架，如都包括对文件控制的要求、内审、管理审核等。这种相似性让各种组织机构可选择将 ISO 50001 管理体系与现有的 ISO 管理体系结合起来，早期通过认证的机构一般都采用这种方式。不过管理体系也可以分别实施。是否将 ISO 50001 与现有管理体系结合的理由和方式是一个组织机构决定实施 ISO 50001 时必须做出的决定之一。

三种 ISO 标准还有以下共同特点：

1）标准为某组织机构完成能源目标指定工艺过程。标准自身并不提供产品或服务的指标。比如某高能效制造工艺可能生产一种低能效产品——白炽灯泡。

2）标准中除某组织需要遵守标准（即能源、环境或质量）所述主题中的法律要求外，并未设有想要达到的目标门槛。这就涉及不断改进过程的核心。通过 PDCA 不断循环的过程，一家组织机构确认了改进其管理体系的方式，然后可能会立即处理或在接下来的循环中实施。不过在这里，ISO 50001 与其他标准出现了差异，该标准还需要一个组织继续提高能源管理体系的产出，即能效收益[4]。在 ISO 9001 或 ISO 14001 中并不要求提高管理体系产出。

3）所有产业部门、组织均适用这三个标准。例如 ISO 50001 所要求的能源管理团队根据组织的复杂程度，人数可以是 1 个人也可以是 10 个人[4]。如果某产业部门需要专门的标准，该产业部门可开发更适用于本产业的标准。举例来说，TS 16949Q 是基于 ISO 9001 的专门用于汽车工业供应商的质量管理标准。

4）认证是通过一个独立委托机构或审计的分散系统来完成的。这导致 ISO 管理体系的最大争议：不同委托机构要求的认知差异[2]。这一问题在美国开发 ISO 50001 对审计员的测试要求时已经被提及，在本章后面将继续讨论。

各组织机构可选择第三方参照这些管理标准，利用独立委托机构对其表现进行认证（前面已经讨论过）。不过也可以选择直接实施标准，省去第三方审计的费用。在这种情况下，可以说这个组织遵守了标准。

ISO 50001 标准包含了 ISO 50001、ISO 9001、ISO 22001 食品管理体系标准之

间的对比[4]。2012年ISO宣布已完成了附录SL的编制工作，将所有将来修订或出版的ISO管理体系标准统一起来。这一工作对标准的结构、文本、条款都产生了影响[5]。

1. ISO 50001

参照ISO管理体系标准的背景，我们现在开始讨论能源绩效标准。该标准的意义在于"使组织机构建立提高能源绩效必需的体系和工艺，包括能效、能源使用和能耗。实施这一国际标准是通过对能源的体系化管理来减少温室气体排放和其他相关环境影响以及能源成本"[4]。

之前已经提到，ISO 50001与ISO 9001和ISO 14001的区别主要在一个关键元素上。作为PDCA循环的一部分，这个关键元素要求组织机构改进其管理体系和能源绩效。不过ISO 50001标准并不会指定改进能源绩效的具体内容。相反是由组织机构自己根据其能源政策来制定目标。基于ISO 50001的国家项目如美国能源部的卓越能源绩效®（SEP™），则要求3~10年内达到最低程度的改进目标，参见"美国相关背景"一节。

ISO 50001标准包括了大量关键概念用于理解标准要求。在能源绩效方面并没有特殊概念。不过了解该标准中是怎样阐述这些概念还是很重要的。如下所示。

2. 重要能源使用

ISO 50001标准对主要能源使用（SEU）的定义是"能源使用占大量能源消耗和/或具有改进能源绩效的很大潜力"。在这一定义中由组织机构确定重要性的标准[4]。这一定义增加了组织机构实施的灵活性，因为认定某一个能源体系、一个工艺过程或一条生产线为SEU会引发以下行为：确认和计划高效操作控制和维护活动；评价SEU对组织机构实现其目标能力的影响；设想相关能源服务、产品、设备的采购过程；确保与SEU有关的人员的竞争力、培训和意识；进行监测、测算和分析。如你所设想的一样，开发、实施、记录（如有必要的话）这些过程可能需要大量组织机构的资源。拥有多个能源体系且资源有限的组织机构会发现从已有的SEU开始比较好，或者有必要的话，在接下来的ISO 50001循环中指定不同的SEU作为目标或政策变化。举个例子，关于如何将其他考虑因素纳入SEU选择的讨论，可参考美国能源部的电子指南2.0版第二级第2.5.3步，其中描述了法律要求（减少温室气体排放）或商业计划优先项目（减少没有能源消费），可作为选择SEU的附加标准[6]。

尽管SEU的概念很有意义，在那些能源管理体系很成熟的组织机构中也可能已经以其他的名义实施，ISO 50001将这一概念更进一步。该标准正式将SEU与能源管理体系的其他五种要素包括运行控制和维护活动，宗旨和目标，采购过程、竞争力、培训和意识，监督、测算和分析，有机结合起来。在增加SEU指定灵活性的同时，提供了系统化的方法用于SEU管理。

3. 能源基准年

能源基准年是由一个组织机构根据代表该组织机构能源使用和消耗的数据周期所设定的[7]。这一数据周期可用来统计影响能源使用和消费的变量如天气、季节、商业活动周期等条件[7]。该组织机构采用这一基准年与后来的能源绩效进行比较，对其能源绩效进行评价。该基准年可在一系列明确条件如工艺、操作模式或能源体系发生改变时进行调整[7]。

4. 能源绩效指示器

对从基准年到汇报年能源绩效指示器（EnPI）的变化进行比较是标准的核心。能源绩效指示器是对绩效的定量测量，可从简单度量到采用多个变量的复杂模型。通过这一方法可测量出相较于基准年绩效的改进程度。一个组织机构根据其复杂程度和需求可使用多个能源绩效指示器。可根据设施、生产线、工艺、装置等不同组织层级选择不同的能源绩效指示器。这种灵活性可使组织机构同时选择不同能源绩效指示器，满足不同层级的不同需求。一些能源绩效指示器主要针对管理（每年装置的能耗），另外一些能源绩效指示器则为公用工程管理人员提供定期反馈，确保能源系统按预想运行（例如，压缩空气系统采用kW/Nm^3）。借助能源指示器可解答两个问题：与目标相比一个组织机构的运行状态如何以及与目标相比这一体系目前的表现如何。后者的能源绩效指示器可为操作人员提供信息，可以一旦发现问题立刻修正系统性能，从而达成进一步的目标。这是一个非常复杂的课题，一方面，如果一个组织机构没有现成的设备对某个生产线或工艺进行测量、记录和分析，那么数据收集和处理的成本就会比较高。另一方面，如果一个组织机构在考虑到产出的前提下开发自己的能源绩效指示器，由于这一信息会影响其绩效，就可以使用这一信息管理其绩效。

5. 其他相关的ISO能源标准

2014年所开发的其他50001标准系列都属于能源审计（ISO 50001:2014）：对提供审计的机构要求以及能源管理体系的认证（ISO 50003:2014）；能源管理体系的实施、维护、改进指南（ISO 50006:2014）；使用能源基准年和能源绩效指示器测量能源绩效——通用原理和指南；对一个组织机构的能源绩效的测量和核实——通用原理和指南（ISO 50015:2014）[8]。尽管这些标准可能只提供一些简单的通用原理和指南，对组织机构首次实施标准还是很有帮助的。

三、美国相关背景

卓越能源绩效（SEP）是由美国能源部负责管理的一个能源管理项目，该项目通过增加了一个核查步骤拓展了ISO 50001的领域，以确认工业设施的节能收益。SEP是一个自愿认证的项目，展示工业设施在能效的持续改进和对ISO 50001标准遵守方面的收益。组织机构即使还没有寻求SEP或ISO 50001认证也可采用SEP框架来提高能效。

SEP基于ISO 50001通过追踪工艺过程的能源绩效度量，对能源使用和消耗进行分析及划分优先顺序。SEP由美国国家标准学会（ANSI）和美国国家标准学会——美国质量学会（ANSI-ASQ）国家授权委员会（ANAB）进行授权。SEP认证需要由ANSI-ANAB授权认证机构对两项要求进行核查：

1）符合ISO 50001标准；
2）符合针对SEP的ANSI/MSE50021标准的能源绩效提高水平。

SEP为能源绩效测量和第三方核查提供计划支持，同时还为公司管理和向股东显示持续提高能源绩效时提供可靠数据。图6.3显示了ISO 50001标准的要求和SEP之间的关系。

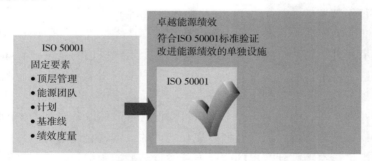

图6.3　ISO 50001和卓越能源绩效（U.S. Department of Energy）

1. 迄今为止的 SEP 成果

2014年1月有17座设施获得了SEP认证。其中的9座设施的管理者与美国能源部合作，分享其节能成果并分摊SEP实施费用。图6.4显示的是这9座设施每季度的节能平均百分比与每季度基准能耗的平均值的关系。在Therkelsen等[9]的报告中可查看各个设施的节能成果，当各设施接受首次SEP培训时为第一个季度。在首次SEP培训前（从 –Q4 到 –Q1），以正常的能源绩效每年四个季度平均增长3.6%为基准。节能百分比在第1到第4季度的一年中增加到平均7.4%，在第5到第6季度平均为17.7%。经过SEP培训后的第一年到第二年节能百分比的提高与设计和实施其能源体系（EnMS）所需的时间、设施吻合。之前实施的提高能源绩效的行为不仅可以维持节能成果还有进一步的收益。这是一个全面发挥功能的能源管理体系的特点。

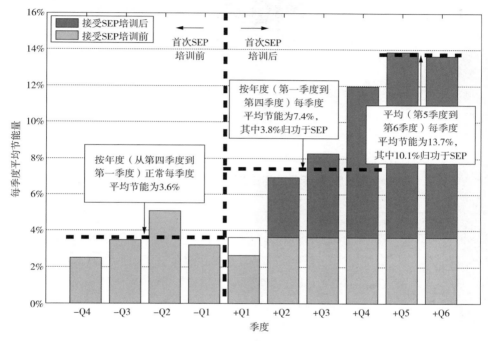

图6.4　接受SEP培训前后的节能情况[9]

　　图6.5 显示了实施SEP项目的平均费用，其数据基于对上述9个设施的分析。每个设施的平均费用为31.8万美元。第一个SEP认证设施的实践经验在其他设施或公司内部进行交流学习，之后的项目实施费用预期可以减少。

　　图 6.6 显示了 SEP 的投资回收期与企业能耗的关系。每年能耗超过 0.3×10^{12} Btu 的企业的投资回收期为总SEP成本回收后2年或更短。美国能源部与各行业合作开发一项企业SEP认证，可进一步降低成本。表中白银、黄金、白金认证显示的是通过节能，企业的基准能耗降低的百分比，白银为5%（最少）、黄金为10%、白金为15%以上。

　　目前还没有对ISO 50001标准的实施成本和收益的定量分析。不过对SEP项目的分析可为这一问题提供一些思路。SEP项目在两个方面比ISO 50001的要求还要高：

1）审计能源绩效数据，即使绩效的最小增长也能显示。

2）开发全设施通用的能源绩效模型，通过特别统计测试。

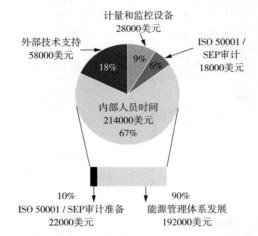

图6.5 展示项目实施SEP项目的平均费用[9]

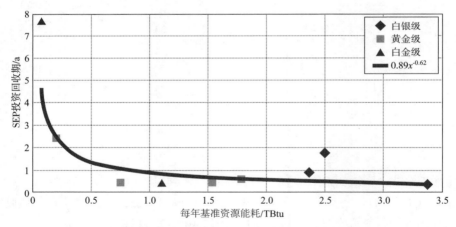

图6.6 SEP投资回收期和企业能耗的关系[9]

9座设施的数据收集中包括ISO 50001标准中不存在的这些成本。在同样的设施中，实施SEP的成本比获得ISO 50001认证的成本要高。本研究中对成本和节能收益的最佳分析，得益于实施达到了国际标准的能源管理体系。

上述成本中的67%与内部员工实施项目的时间有关。这一成本估算与实施之前的ISO标准所需的时间预测一致，根据相关组织机构的复杂程度，从0.5~2.0全时约当数不等。

2. 劳动力资格

随着SEP项目的开展，美国能源部和其他项目股东总结出项目的成功实施需要一套行业内或提供能效服务的咨询公司都很难找到的技能组合。实施项目的人员需要了解工艺能源使用和消耗的特点，并能应用这类知识满足ISO 50001能源管理体系标准持续改进方法的要求。佐治亚州理工学院创建的能源管理专家学会（IEnMP）为SEP方案和其他能源管理体系相关活动提供个人认证服务[10]，由IEnMP颁发的认证包括以下领域：

1）工业部门能源管理体系的认证从业者（CP EnMS）：CP EnMS认证人员有资格帮助各种设施实施ISO 50001标准和SEP项目的附加要求。2015年2月有91人获得了CP EnMS认证资格。CP EnMS认证资格得到了ANSI/ISO/IEC 17024的授权。

2）SEP首席审计员（SEP LA）：SEP LA负责带领SEP审计团队对某组织机构是否符合ISO 50001标准以及某设施是否符合SEP附加要求进行审计。这些附加要求记录在《ANSI MSE 50021：卓越能源绩效——能源管理体系的附加要求》中。2015年2月，有11人获得SEP首席审计员资格。SEP LA参与ANSI/ISI/IEC17024授权审核过程。

3）SEP绩效核查员（SEP PV）：SEP PV是SEP审核团队不可或缺的成员，其职责是确定是否一个候选设施达到或超过由SEP项目规定并记录在《ANSI MSE 50021：卓越能源绩效——能源管理体系的附加要求》中的能源绩效增长的最低水平。能源绩效增长水平必须根据SEP工业测量和核查协议进行记录。2015年2月有20人获得了SEP绩效核查员资格。SEP PV参与ANSI/ISI/IEC 17024授权审核过程。

四、国际相关背景

从历史上来看，在全球范围内政府政策和项目都是能源管理体系实施的推动者[11]。实际上，自从ISO 50001发布后的几年内，有多个国家就已经颁布了新能源效率政策和项目，参考和推动ISO 50001标准。这些国家包括美国、韩国、德国和南非等。以ISO 50001为基石，联合国工业发展组织（UNIDO）与多个新兴经济体和发展中国家合作开发了国家能源效率战略。

1. 官方推动能源管理的工作

由官方推动的能源管理实施工作不仅要满足本地工业的需求还不能超出当地

政策范围，其中涉及一系列工业竞争力、能源、可持续发展的政策目标。政府可以把工业企业采用能源管理体系作为强制性政策或法规，或者设计激励机制鼓励工业企业自觉采用能源管理体系。政府除了创造关键推动力如法律法规或激励机制，还提供技术支持、设计传播工具和资源、大力支持人才培养项目为市场培养高素质能源管理专业人员来增强工业企业成功实施能源管理体系的能力。

各个国家都在通过强制和自发项目推动工业企业实施能源管理体系。表6.2比较了5个国家的项目和政策。

表6.2 5个国家实施过的能源管理项目

国家	项目	参与方式	描述
中国	万强企业计划	强制	实施该项目的关键是能源管理，需要工业企业设定节能目标。为实现目标，当地权威机构要求设置项目支持工业企业实施《中国国家能源管理体系标准》（GB/T 233331），2012年该标准经过修订更符合ISO 50001标准
丹麦	工业能源效率协议	自愿	自愿参加的公司需要实施ISO 50001标准，由于获得税收优惠，需要确认和实施节能措施
德国	可再生能源资源法案	自愿	得到ISO 50001认证的公司有资格获得税收优惠
瑞典	能效提高项目（PFE）	自愿	有资格的能源密集型公司通过实施ISO 50001标准，并确认、实施和核实了节能措施成果，就可以获得税收优惠
美国	卓越能源绩效（SEP）	自愿	认证项目需要参与公司得到ISO 50001的认证，其能源绩效项目得到验证

中国推行的是一项持续进行的强制性能源管理项目，要求工业企业与当地政府密切合作，同时设置企业和当地的节能目标。这一项目的第二阶段是"万强企业计划"，作为中国"十二五"规划的一部分于2015年开始实施。"十二五"规划一定要实现的节能目标是670t碳当量（MTCE）。"万强企业计划"的目标是实现"十二五"目标的37%，即到2015年节能250MTCE。能源管理是这一扩大项目的关键要素，需要当地政府建立支持工业企业实施《中国国家能源管理体系标准》（GB/T 233331）的项目，该标准于2012年经修订后更符合ISO 50001标准要求[12]。

直到最近，瑞典一直在推行一项自愿加入的能源管理体系，该体系于2005年制定，其设计意图是为符合欧盟要求，将能源管理定位为降低工业成本的战略，产生了针对能耗大户用电的能源税和新能效法律。能源密集型产业的能效项目（PFE）向加入该"五年计划"的能源密集型产业提供税收优惠政策，促使其满足能源管理体系标准的认证要求。自2011年起瑞典开始采用ISO 50001作为国家标准，将 ISO 500001 的认证作为 PFE 的核心要求。2014 年 1 月，自愿加入 PFE 的公司的能源使用量已占瑞典能源密集型产业部门的 90% 以上。

在德国，根据德国可再生能源法案，得到 ISO 50001 认证的公司可以获得税收优惠[1]。德国的大量税收优惠政策有效激励了工业企业获取 ISO 50001 认证，2014 年全球约 52% 的认证来自德国企业。

2. 国际合作提高全球参与

各国在采用各种手段推动能源管理体系标准如 ISO 50001 的发展的同时，通过参加国际论坛还持续寻求最佳实践经验。ISO 流程的使用仍然非常活跃，在 2011 年衍生出 ISO 50001 标准后，继续开发出来一系列相应的标准和指南，支持能源管理体系实施经验的国际交流合作。ISO 的技术委员会共有 242 人组成，来自 55 个会员国和 16 个观察员国。

在清洁能源部长级全球卓越能源绩效合作伙伴（GSEP）国际论坛上各成员国分享他们的专业技术知识，确认和评价能源管理体系的活动、机遇、战略和最佳实践经验——与工业企业和其他股东开展密切合作。目前该论坛的活动包括促进成员国之间在项目设计、实施和评价上的技术交流；确认提高人才能力的知识技能；收集传播能源管理体系实施数据；建立一个向全球公开的免费资源工具箱，帮助企业实施能源管理体系[14]。

3. 劳动力资格认证

想获取资格认证的组织机构需要审计员既具备工业流程知识还需要了解能效的技术要求。GSEP 的政府专家组通过创建全员认可的 ISO 50001 首席审计员国际认证流程来增加在市场环境下的合格审计员人数。该项目将于 2015 年中启动[10]。

此外，GSEP 认识到知识和培训的匮乏是成功实施能源管理体系的潜在障碍。GSEP 的一份文件中列出了组织机构成功实施能源管理体系所需的技能、知识和人员类型[15]。在组织机构考虑实施能源管理体系时这份文件是宝贵资源，不仅包括了组织机构需要的技能和资格，还给出了文件和工具的链接。

五、结语

谈论 ISO 50001 的适用范围有多大还为时尚早。目前推动第三方认证成为国际公认的能源管理标准的推手有很多。一些国家将能源管理标准作为工业上强制使用的政策或法规，还有一些国家则采用激励机制鼓励企业自愿采用能源管理标准。那些提供财政激励的国家已经成功提高了国内企业的认证率。在少数情况下，一个设施实施 ISO 50001 的成功经验会带来对标准认证的更大认同。与资格认证是商业行为还是政府要求无关，ISO 50001 系列标准将为能源经理在寻找装置或企业能源管理上的最佳实践经验方面提供工作方案。

致谢

有多人参与了本章内容的撰写。特别对 Robert Auerbach 协会的 Robert Auerbach 表示感谢，感谢其提供的宝贵见解、审查和评论。

参考文献

1. Kahlenborn, W., Kabisch, S., Klein, J., Richter, I., and Schürmann, S. (2012) *Energy Management Systems in Practice, ISO 50001: A Guide for Companies and Organisations*. Federal Ministry for the Environment, Nature Conservation and Nuclear Safety (BMU), Berlin, June 2012, p. 12.

2. Corbett, C.J. and Kirsch, D.A. (2001) International diffusion of ISO 14000 certification. *Productions and Operations Management*, 10(3), 327–342.

3. Reinhard Peglau, Senior Scientific Officer on Environmental Management, German Federal Environment Agency (2014), Global Certifications to ISO 50001 (via personal communication with DOE EERE Advanced Manufacturing Office).

4. Reinhard Peglau, Senior Scientific Officer on Environmental Management, German Federal Environment Agency (2014), Global Certifications to ISO 50001 (via personal communica– tion with DOE EERE Advanced Manufacturing Office).

5. ISO (2011) *ISO 50001 Energy Management Systems: Requirements with Guidance for Use*. International Organization for Standardization, June 9, Section 4.2.1c, p. 5.

6. Warris, A.M. and Tangen, T. (2012) Management makeover: new format for future ISO management system standards. *ISO News*. Available at http://www.iso.org/iso/home/ news_index/news_archive/news.htm?refid=Ref1621 (accessed on Jan. 30, 2014).

7. U.S. Department of Energy (2015) *DOE eGuide for ISO 50001*. Available at https://ecenter.ee.doe.gov/Pages/default.aspx (accessed February 17, 2015).

8. ISO 50001 *Energy Management Systems: Requirements with Guidance for Use*, Section 4.4.4, pp. 6–7.

9. ISO Standards Catalog (2014) Available at http://www.iso.org/iso/home/store/catalogue_tc/

catalogue_tc_browse.htm?commid=558632&published=on&development=on (accessed Feb, 6, 2015).

10. Therkelsen, P., McKane, A., Sabouni, R., Evans, T., and Scheihing, P. (2013) Assessing the costs and benefits of the superior energy performance program. *2013 ACEEE Summer Study on Energy Efficiency in Industry*, July 23–26, 2013, Niagara Falls, NY. Available at http:// aceee.org/files/ proceedings/2013/data/papers/5_030.pdf

11. Institute for Energy Management Professionals (2014) *IEnMP Overview 2014*, February 13, 2014.

12. Goldberg, A., Reinaud, J., and Rozite, V. (2012) *Energy Management Programmes for Industry: Gaining Through Saving*. International Energy Agency (IEA) Policy Pathway Series, IEA and Institute for Industrial Productivity, April, p. 5.

13. Institute for Industrial Productivity (2011) *CN-3b:Top-10,000 Energy-Consuming Enterprises Program*. Available at http://iepd.iipnetwork.org/policy/top–10000–energy– consuming–enterprises–program.

14. Global Superior Energy Performance Partnership (2013) Models for driving energy efficiency nationally using energy management. *ACEEE Industrial Summer Study 2013* (finalized April 2013, published June 2013), p. 8.

15. Clean Energy Ministerial Available (2015) at http://www.cleanenergyministerial.org/.

16. Energy Management Working Group (2013) *Knowledge and Skills Needed to Implement Energy Management Systems in Industry and Commercial Buildings*. Global Superior Energy Performance Partnership, November 2013.

第7章　过程工业中的环境保护和能源绩效影响因素

Elizabeth Dutrow

美国环境保护署（EPA）开展了能源之星项目，与各行业持续合作，为提高工业过程的能效提供工具和最佳实践经验的同时，给各行业带来经济效益、改善国内环境质量。本章回顾了能源之星发展的历史，对该项目为过程工业提供各种类型的工具和战略进行了阐述。能源之星项目开发的特别能源管理工具的更多信息参见 www.energystar.gov/industry。

一、能源之星简介

20世纪90年代早期环境保护问题成为焦点：在污染发生之前进行预防，环保主义者和各行业认识到经济发展和环境保护必须协调一致才能获得更大的发展。

对温室气体排放破坏地球气候的关注日益增长，美国环保署为此建立和管理了多个市场为基础的环保项目，用以降低温室气体排放对气候的影响。这些项目的设计是基于对化石燃料燃烧产生的二氧化碳、煤炭开采、天然气管线和沼气中的甲烷等温室气体排放的考虑。美国环保署对各种排放来源的周边条件进行了评价，然后在市场范围内组建了减少温室气体排放和控制的项目，克服了各种障碍采纳各种低成本高效益的解决方案。

二氧化碳排放占美国经济的很大一部分。解决化石燃料燃烧产生的二氧化碳排放问题的有效方法是通过采用高效技术和能源管理实践经验来提高能效。采用高能效技术面临的一个障碍是用户在市场中很少接触到相关技术，对相关技术的效益和风险也知之甚少。

20世纪90年代早期到中期，美国环保署推动了绿色照明项目[1]，该项目在市场上的成功在于直接与企业合作为高效照明创造需求。当时照明大约占美国电力销售的20%~25%。虽然已经有了新的高效照明技术，但购买量很小，也没有大量上市。美国环保署邀请各大小企业、政府、其他组织自愿承诺对自己设施的照明进行调查，并将建筑面积的90%的照明升级，既可以提高节能效益，同时又不会影响照明质量。在绿色照明项目的巅峰期，超过1000家组织机构承诺安装高效照明设备。通过绿色照明项目，美国环保署推动企业选择高效照明设备，为消费者带来廉价、高效照明设备，帮助美国照明市场转型。

在绿色照明项目成功的基础上，1992年美国环保署设计了能源之星项目，帮助企业和消费者选择了一种新产品——个人电脑。个人电脑在1992年还没那么普及；不过，当时已预测企业和家庭对个人电脑的需求以及相应的用电和供电设备相关的二氧化碳排放都会大幅增加。当时对个人电脑的电耗管理技术已经存在，但并未被制造商广泛使用。

美国环保署面临的一大挑战是鼓励美国市场生产高能效的个人电脑。美国环保署与电脑制造商合作建立商业案例，鼓励生产和购买节能产品，确认个人电脑的能效指标，为符合能源之星指标的产品设计能源之星标识，告知市场有符合能源之星标准的电脑不仅性能优越，还节能环保。

市场的反响很好。电脑制造商接受了能源之星的能效指标，并为其产品申请能源之星的称号。美国环保署、电脑制造商、零售商、公用工程、各州等都传递给消费者和企业购买具有能源之星标识的电脑的好处。购买大量电脑的企业选择由能源之星认证的产品，可以避免高额的能源账单。个人消费者则在购买电脑时询问是否有能源之星标识。

在个人电脑市场中，能源之星变成了节能和环保的象征，可为消费者做决定提供客观可靠的信息。因此购买高能效电脑更加方便、风险更小。

自1992年开始美国环保署对能源之星项目融资，将其打造为高能效、环保、节能的国家标志。超过80%的美国公众了解认可能源之星的品牌。美国环保署继续为能满足严格能源绩效指标的产品颁发能源之星称号；现在还有70多个类似的称号。与产品制造商、零售商、公用工程、州能源办公室、公益基金管理机构等的合作进一步扩大了能源之星这一国家品牌的优势。

二、不仅是生产产品

美国环保署并未将能源之星的影响限制在生产产品上。美国经济中的建筑和工业部门消耗了大部分能源，产生了大部分的二氧化碳排放。美国能源信息署（EIA）在其报告[2]中称2012年建筑部门（商业和住宅）能耗为37.5quad（1quad = 10^{15}Btu），其工业占30.8quad，与其能耗相关的二氧化碳排放分别占美国总排放的38%和28%[3]。图7.1显示了2012年美国各主要经济部门的能耗占比。

提高这些部门的能源绩效取决于能否采用降低能耗的方法。研究表明商业和工业企业均具有大幅降低能耗的潜力。举例来说，麦肯锡公司检查了具备节能可能的地方，得出的结论是有"非常多的节能机会"[4]。

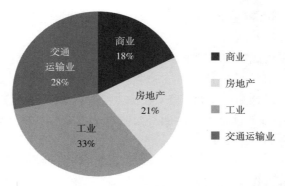

图7.1　2012年各主要经济部门的能耗占比（含电力消耗）[2]

三、提高过程工业和商业部门能效的战略

能效的提高取决于能否确认能源绩效的优劣。在商业和工业部门（C&I），能耗主要来自建筑或制造工厂以及在设施内部的操作运行。美国环保署和消费者一样也需要帮助选择高效电力设备，他们发现在工商业部门有许多公司很难确认能源绩效的好坏。美国环保署通过能源之星帮助企业做出正确的能源决策，改善能源使用方式。

美国环保署的战略重点是影响大多数组织机构的建筑和工厂内的能源管理的三大因素：

1）缺乏如何提高设施能效的信息；

2）缺乏有效的能源绩效测量工具；

3）缺乏对能源管理和创造价值之间联系的了解，企业高层不参与对公司整体的能源管理。

美国环保署推荐通过开发启用能源管理体系，将能源管理贯穿所有操作，可同时降低成本和获得环保效益。能源之星项目通过成功的能源管理战略将能源管理的基本兴趣转化为工作[5]，致力于通过下列方法提高商业和工业市场的能效：

1）吸引企业高层的关注，建立公开承诺，确保持续改进所需的资源；

2）建立客观可信的打分系统，对设施的能源绩效进行评估，对节能效益进行核查，了解最佳绩效水平。

3）通过具体部门的指南，确定在设施中应采取的行动来降低能耗；

4）对外宣传所取得的成果；

5）扩大能源之星工商业的合作伙伴网络，可带来能源管理更多新的创造性技术。

美国环保署战略中的一个要素是基本能源管理项目的框架，即能源之星的能源管理指南。指南反映了能源之星工商业合作伙伴在能源管理上的最佳实践经验（图7.2）。项目的推动是为了获得高层管理的承诺、制定目标和企业政策、建立企业和单一厂区的工作计划、确保项目进展与计划一致、吸引高层管理对项目的关注、认可厂区和个人的成就。通过美国环保署在工商部门的工作，能源之星能源管理指南已经成为美国境内及海外各种组织机构构建能源项目的基础，最近还被用来指导国际能源管理标准ISO 50001的开发工作。

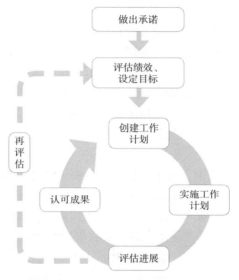

图7.2 能源之星能源管理指南（www.energystar.gov/guidelines）

能源之星能源管理指南中的每一步都有特有的工具和资源推动企业沿着既定的步骤前进。举例来说，一家工业公司希望确认应该进行的工作时，可以从网站上下载工业企业使用指南，指南中解释了如何降低生产过程和压缩空气、电机、蒸汽等常见装置系统的能耗。

许多人都认可这样一个前提即无法测量即无法管理。直到1999年美国还没有可以测量建筑和工厂能源绩效或能效的可靠方法。美国环保署采用国家建筑绩效数据建立了美国的办公建筑的能源绩效模型，制作了一个数学模型对建筑的能源绩效评级。建筑的所有人或管理人员第一次可以使用模型确定某个建筑的能耗与类似建筑的比较结果[6]。为降低基准比较分析的难度，美国环保署设置了能源之星投资经理[*]，建筑管理人员可在安全的在线环境下测量和追踪能耗和水耗，并对单个或整个投资项目中建筑的绩效进行基准分析。针对生产工厂，美国环保署直接与制造行业合作，为不同生产部门构建能源之星工厂能源绩效指示器

（EPI），对整个工厂的能源绩效进行基准分析。

美国环保署对全国工厂和能源绩效评价体系使用户能够在之前不可能达到的水平上对能源进行管理。企业使用能源之星来确认提高单一设施的能效、设置能源绩效目标、学习其他高效设施的经验、获得正面认可。

美国环保署在工商部门采取的战略冲破了阻碍提高能源绩效的三大障碍：提高能源绩效的方法、能源绩效的评价标准、缺乏企业承诺。能源之星指南及其能效绩效的基准分析体系解决了工商业市场对能源管理工具的需求。打破第三个障碍需要一套不同的工具。

企业承诺意味着能源管理将遍及所有行业的所有层级。美国环保署早就认识到人才是能源管理和绩效提高的关键因素。美国环保署的目标是能源管理覆盖从机构的领导层到基层的工人。不论哪个层级的人员都必须采用和维护良好的能源管理实践方法，甚至有必要改变原有的行为模式。

从综合角度看，美国环保署使用能源之星品牌鼓励公司进行能源管理。许多公司使用能源之星指南并扩大到公司的全球范围，在能源之星的平台基础上建立了自己的能源体系。

在工厂或建筑的层面上，各组织机构可以根据熟悉的能源之星品牌来判断能源绩效和所使用的能源管理工具的水平。工厂和建筑的能源绩效达到全国顶级水平时就有资格得到能源之星称号，可以展示得到高度认可的能源之星横幅或旗帜（图7.3）。建筑的能源绩效必须使用美国环保署的组合管理工具进行验证，而相关的能源之星工厂能源绩效指示器只适用于制造工厂。

图7.3　能源之星资格标识（U.S. Environmental Protection Agency）

在企业的管理层面上，美国环保署使用能源之星帮助管理层了解他们在管理能源危机时所发挥的作用。高层管理人员一般认识不到一个能源管理项目的战略价值，也不了解实施能源项目相比其他投资项目较低的风险性和固定的回报。《前方的能源战略》[7]一书是专门写给高层管理人员的指南。美国环保署鼓励高层管理人员对企业的能源前景进行计划，支持企业要采取的行动，推动企业内部的能源绩效提高、将能源投资项目与其他项目分开推动能源投资实施，再加上自身的积极参与。

美国环保署能源之星年度合作伙伴奖的最高级别是企业能源管理水平认证为优异[8]。各组织机构的能源管理必须覆盖公司各个层级，能源管理项目包括能源之星能源管理指南中所述的所有能源管理类别。美国环保署年度能源之星合作伙伴被允许使用年度合作伙伴的标识（图7.4）。

图7.4　能源之星年度合作伙伴标识（U.S. Environmental Protection Agency）

四、提升能源绩效和改变行为模式

一个国家品牌可以改变能源绩效的行为模式、推动节能发展吗？美国环保署的工作证明这是可以的。

在装置层面上，参与的工业企业的不定期反馈表明制造行业对能源之星认证的评价非常高。一家企业的能源经理汇报了他为推动企业改进以获得能源之星认证（能源绩效在行业内全国领先）所付出的努力。这位能源经理称每家装置都获得了能源之星认证，但他发现继续推动企业争取更高的目标就很困难。美国环保署对这一行业的能源绩效进行研究，发现整个行业的能源绩效曲线都发生了移动，需要对企业能源绩效指示器进行升级[9]。新的能源绩效指示器模型需要使用新数据重新定基线，由行业进行审核，然后再提供给该行业使用。

从企业的角度看，美国环保署经常听取企业能源经理的意见，他们的上级领导已经设定了要获得能源之星年度合作伙伴荣誉的目标。很清楚的是，不能忽略正面认可的价值在影响一家组织机构的所有层级上的作用。

五、石油炼制和石化部门等过程工业的独特资源

根据美国环境信息署的数据，美国制造业部门大部分的能耗发生在过程工业部门（尽管部分能源返回到生产过程中，大部分都作为生产运行的燃料）。图7.5显示2010年这些部门消耗了超过50%的制造行业的能源使用量。

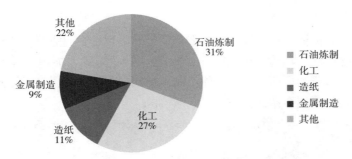

图7.5　2010年各行业的能源使用占比[10]

根据图7.6所示,1995~2011年炼油行业能耗下降幅度不大。Worrell[11]报告称炼油行业能耗2011年为3.1quad。

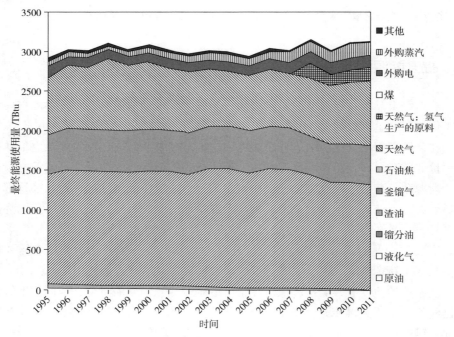

图7.6　美国石油炼制行业1995~2011年总能耗[11]

美国环保署与石油炼制和石化行业进行了能源之星工业焦点项目的合作。工业焦点项目鼓励一个工业部门范围内的生产商寻找提高能源效率的障碍,并设计工具和战略帮助企业减轻障碍的影响。

为管理信息上的障碍,为这两大工业部门制定了能源指南,确定改进能源管理的方法。能源指南中对需要汇报的节能收益、成本费用、每个范围的实际能源效率的细节进行了介绍。需要能源使用管理方法的公司可使用该指南来确认提高能效的可能方式。炼油行业的节能方法见表7.1。

表 7.1　石油炼制行业的改进措施[11]

多领域交叉技术	工艺相关选择
电机	火炬气回收和管理
泵	电力回收
风机	氢气管理
照明设备	蒸馏
联产	过程加热器
锅炉和蒸汽系统	换热器
压缩空气	能源管理

美国环保署与新兴行业合作时，为查看设施的性能表现，需要解决能源绩效测量工具的短缺，开发了一种统计模型，即能源之星装置EPI，公司可以使用该模型判断单个装置的能效。美国环保署利用装置的实际数据，对整个行业的装置的能源绩效建模，产生了一个能源绩效打分工具，可为全国范围内的装置的能源绩效评分。经过行业的测试和评价，能源之星EPI最终得到传播使用。

在石油炼制部门内，存在一个私有系统（由HSB所罗门联合公司运营）对炼油厂的能源绩效进行评分。全球有上百家炼油厂加入了该系统，会得到和能源之星EPI结果相似的能源强度指数（EII®）。因此美国环保署无须专门再制作一个炼油EPI（迄今为止，美国环保署已为玻璃制造、食品、水泥、纸浆和造纸、钢铁、金属铸造、制药、汽车制造业开发了不同的EPI）。在第5章将进一步讨论基准分析。

为推动炼油能源绩效的提高，美国环保署认可了所罗门联合公司指定的顶级规模炼油厂的能源绩效。自向炼油厂颁发能源之星认证后，美国的炼油厂获得了39项能源之星认证。在这些炼油厂中，马拉松石油公司获得的认证最多，其旗下的6家炼油厂共获得了31项认证[3]。

能源之星年度合作伙伴奖通过认可企业能源管理的卓越程度来推动企业对能源的认识程度。从2009年到2011年，太阳石油公司（Sunoco）因其全面的能源管理持续获得能源之星年度合作伙伴奖。太阳石油公司的能源管理项目覆盖其炼制、化工、零售/市场销售、生焦工艺中（见方框7.1）

六、网络化：基准分析的另一种形式

在美国环保署与石油炼制和石化企业合作早期，为能源经理建立了一个定期沟通网络，可以在无竞争压力的环境下分享实践经验。网络化的基本原则很明确：不谈论机密信息，只讨论对提高设施性能有用的能源管理实践经验和技术。

能源经理参加能源之星网络化论坛，每年积极参加与本行业有关的能源管理战略、战术、技术的讨论。网络化是成功的因为公司认识到尽管任何项目的特殊细节可能不可以分享，但一个项目在一家企业的成功表明该项目也可能适用于另一家企业。此外，一般公司的关注点通常只到项目级别的短期技术行为。向那些实施中期战术性和长期战略性能源管理实践的企业学习会扩大能源经理对能源项目的视野。相关的各种讨论议题和问题见表 7.2。

表 7.2　能源之星焦点之石油炼制和石化能效论坛上讨论的各种能源管理措施

技术类	战术类	战略类
低位热能回收	维持节能收益	确保高层管理自主性
锅炉优化/明火加热炉优化	厂级内部能源团队	能源、水、废弃物管理的可持续性发展
余热回收	确保项目资金	在项目设计中考虑能效
变频驱动	企业级能源团队	延长投资回收期
火炬优化	与操作人员合作	向能源项目分配资金
保温和二次保温	装置评估技巧	向上级管理部门汇报关键能源绩效指示器情况

技术类	战术类	战略类
原油预加热	蒸汽系统管理	对能源和碳排放影响的资金项目进行评价
在装置使用能源打分卡节能	厂级和工艺流程的基准分析	企业能源项目的长期价值
操作人员在能源管理方面的付出	厂级能源项目的作用	企业级能源项目的价值
冷却塔的能源管理	内部专家辅助能源评价	能源项目的多年规划
通报能源绩效预测	厂际网络化	建立能源文化
在装置停工期降低能耗	维持能源管理的常规措施	管理各个不同行业的能源

七、结语

　　美国环保署能源之星的使用范围覆盖了大部分的美国市场，可用来判断家庭、建筑、制造工厂的能源绩效水平，帮助消费者和企业在保护环境和节约成本上做出正确选择。能源之星品牌的力量吸引工业企业的参与，通过能源之星，美国环保署为石油炼制和石化等工业企业提供了学习能源管理的途径。在能源之星的所有应用中，教育和市场对高能效产品的选择、能源管理改进方法、最优实践、能源绩效服务都提升了这一品牌的价值。

参考文献

1. U.S. Environmental Protection Agency (1993) *Introducing ... the Green Lights Program*. EPA 430–F–93–050.

2. U.S. Energy Information Administration (2014) *Monthly Energy Review*. DOE/EIA–0035. Table 2.1: Energy Consumption by Sector. Available at http://www.eia.gov/totalenergy/data/monthly/archive/00351402.pdf (accessed February 2014).

3. U.S. Energy InformationAdministration (2014) *Energy Kids: Energy Sources, Recent Statistics*. Available at http://www.eia.gov/kids/energy.cfm?page=stats (accessed February 18, 2014).

4. McKinsey & Company (2009) *Unlocking Energy Efficiency in the U.S. Economy*.

5. U.S. Environmental Protection Agency (2003) *ENERGY STAR: The Power to Protect the Environment Through Energy Efficiency*. EPA–430–R–03–008.

6. U.S. Environmental Protection Agency (2010) *Celebrating a Decade of ENERGY STAR Buildings, 1999–2009*.

7. Global Business Network (2007) *Energy Strategy for the Road Ahead*, Global Business Network, San Francisco, CA.

8. U.S. Environmental Protection Agency (2014) *Partner of the Year Profiles in Leadership*. Available at http://www.energystar.gov/buildings/facility–owners–and–managers/industrialplants/ earn–recognition/energy–star–partner–year–award–0 (accessed in February, 2015).

9. Nicholas Institute for Environmental Policy Solutions (2010) *Assessing improvement in the energy efficiency of U.S. auto assembly plants*. Duke Environmental Economics Working Paper Series, Working Paper EE 10–01. Available at http://sites.nicholasinstitute.duke.edu/ environmentaleconomics/files/2013/01/Duke–EE–WP–1.pdf (accessed March 11, 2014).

10. U.S. Energy Information Administration (2013) *Manufacturing Energy Consumption Survey 2010*, Table 1.2. Available at http://www.eia.gov/consumption/manufacturing/data/2010/pdf/ Table1_2.pdf (accessed March 2013).

11. Worrell, E. (2015) *Energy Efficiency Improvement and Cost Saving Opportunities for Petroleum Refineries. An ENERGY STAR Guide for Energy and Plant Managers*. U.S. Environmental Protection Agency.

part
2

第二部分
能源管理技术

第8章 工业能效技术

Alan P. Rossiter

工业能效的第一定律：没有万能灵药——能源使用的优化没有单一方法或技术。任何综合能源管理项目都包含多种不同要素，需要多个领域的专家、软件、设备，要一名能源经理对所有领域了如指掌是不切实际的。大多数能源经理的角色是管理资源——多为人力资源——即完成企业能效目标所需的专家。

我们可以从几个不同角度来看可提高能效的地方。举例来说，可根据以下几点分类：

1）部门；

2）时间范围；

3）设备、设施系统、工艺过程。

许多公司愿意进行部门分类，是因为这种方法可以将管理区域集中在自己公司内部，便于实施提高能效的工作。根据时间范围分类，则有助于确定节能措施实施的先后顺序。最后，根据设备和系统分类重点在实际使用的设施、软件、人力资源，需要进行识别、开发、实施每种类型的能效活动、项目或计划。

考虑以上所有三种分类形式有助于能效项目的开发、决定需要包括哪些要素、需要哪些人参与。本章将首先对部门分类进行详细讨论，然后对时间范围和设备系统分类进行简单介绍，并对不同分类体系之间的关系进行探讨。本章最后对本书第二部分中的其他章节进行了总结，每部分讲述一个或几个能源管理中的重要设备或系统。

一、部门分类

通常可以通过四种不同改进方式提高能效：改进操作、有效维护、改进工程、新技术。在大多数大型企业中，这四种方法对应管理区域的不同部门——操作、维护、工程、研发。对每个部门的改进方法讨论如下。

1. 改进操作

在向项目进行资金投入之前，需要确保现有设备得到了重复利用。以下的几个案例中列举了炼油厂中的流化催化裂化（FCC）装置[1]。

    装置管线将从上游工艺来的"热直供进料"直接送分馏塔或送到冷却器或水箱进行循环生成"冷进料"。进料被用来与分馏塔的泵循环换热，因此在泵循环侧线和进料侧线之间的温差要足够大才能进行换热。为了确保温差能够满足泵循环流量的要求，进料要通过冷却器和水箱进行循环，然后作为冷进料（图8.1）。

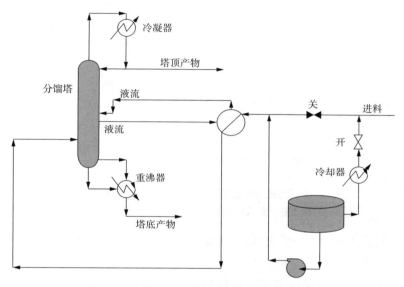

图8.1 热进料通过冷却器和水箱与泵循换热

    作为能效研究的一部分，采用了几个项目来回收进料中的热量，并降低冷却器中的热消耗。一种选择是细化工程。在这一点上，现有的泵、进料及换热器之间的管线需要进行仔细检查。对设计规格进行审查并与目前的操作数据进行比较，且即使进料是"热直供"的方式，使用现有的换热器就可以达到所需的泵循环流量，即无须通过冷却器和水箱冷却。装置测试证实了这一结论。因此，操作步骤进行了更改，"热直供"路线现在已成为正常的操作步骤（图8.2）。通过这一改进提高了进料进入分馏塔的温度。因此反过来降低了重沸器的流量，在没有对设施进行投资的情况下每年可节约60万美元。

    该案例中强调的重点是操作实践时间久了就不易更改。即使因为使用了新原料、产品结构、生产量发生变化等各种因素对装置要求发生变化，操作人员依然可能会固守装置最早开发出来的一套流程。另外通过对特殊问题的反应操作实践也可能会发生变化。举例来说，阀位在天气条件异常时可能会变化，但异常情况过后阀位就可能停留在新位置上。调整后的阀位成为正常阀位，可能会维持数年不变，直到有人对此产生疑问。第25章将进一步讨论该类案例。

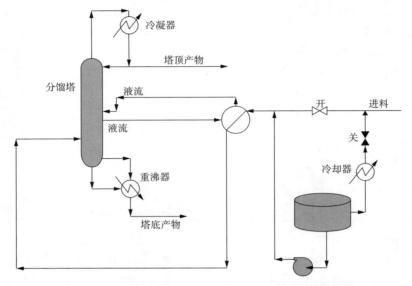

图8.2 进料经过冷却器的"热直供"路线（热量仍可从泵
循环交换出去，重沸器负荷降低，每年可节约60万美元）

当我们意识到操作条件欠佳时，我们的自然反应是为了优化操作而调整工艺步骤（如上面案例中改变阀位）。但这并不是好的选择，只能做短期更正。下轮操作班次极有可能会再改回来恢复到原有设置参数。当装置的生产量、进料纯度、产品结构、常温条件发生变化时，今天的最佳阀位明天就可能不再是最佳。因此，我们需要不止一次调整来确保我们从现有设施中得到的收益最大化。

还有一些补充操作步骤如下：

1）调整操作步骤记录；

2）增加对操作人员的培训；

3）增加控制阀；

4）启用实施优化系统；

5）启用能源绩效监测系统和关键绩效指示器（KPI）。

第4条和第5条所列举的专门技术将在第19章和第27章分别进行详细讨论。

2. 有效维护

现有设施的收益最大化的另一个含义是确保设备得到正确的维护。由于本书的主题是能效，因此我们主要关注的是对能源使用影响最大的设备和系统维护。

换热器就是其中之一，尤其是换热器是预热系统的一部分时更是如此。换热器清理项目对维护热能回收系统尤其是炼油厂的原油预热系统的性能非常重要。炼油厂在这一领域的管理现在变得越来越复杂精密，清理技术的改进和对换热器进行清理的时间间隔的评估工具也更为先进，在第11章和第12章将进行详细讨论。

不过，在人员沟通发生问题时，最佳清理方法和最适宜的清理时间间隔都没有什么意义。以下案例描述了维护发生问题的情况[1]。

在对炼油厂的原油预热系统进行研究的过程中，有一台换热器发生了故障，这是很常见的情况，因为换热器经常需要进行维修。然而记录显示这台换热器已经停运了三个多月。进一步的调查显示该换热器曾在几个星期内被进行了清理。维修监督员提醒班组监督员清理工作已经完成，但班组人员忙于其他工作，这台换热器因此在该班组下班前都没有重新启用。而班组监督员没有告诉下一班组启动这台换热器。由于没人关注后续，这台已被清理干净的换热器就这样停用了两个半月。

当装置经理得知这一情况后，仅几个小时换热器就恢复了工作。在换热器停用过程中的能耗损失超过了10万美元。

在这一案例中，关键问题是沟通出现了中断。需要采用更完善的系统来追踪装置内维修工作的状态。一个简单的电子提醒系统就可以提醒操作人员恢复换热器的正常运行。

除了换热器以外，还有几种关键系统和设备需要注意维持高能效运行。其中包括加热炉和锅炉（第9章）、输水阀（第13章）、保温系统（第16章）、压缩机、泵、燃气轮机。

3. 工程方面的改进

添加和升级装置设施可以大幅提高能效。这些项目都需要工程人员进行确认、评价和设计的大量工作。比如在不同规模和类型的项目条件下都存在改进的可能：

1）简单改变管线；
2）局部的保温项目；
3）更换电驱动系统（如按照变频电驱动）；
4）增加换热器、蒸汽轮机、蒸馏塔或其他主要设备。

有很多已经制定好的方法可以用来确认和筛选改进方法。举例来说，针对热能回收可使用夹点分析（第26章）对蒸汽平衡的评价也是确定蒸汽系统效率低下及开发处理项目的好方法（第18章）。不过在很多情况下，找到改进可能的最佳方式涉及各种工艺回顾、知识分享以及头脑风暴（第25章）。

4. 新技术

工程方面的改进一般使用已有的设备类型，对确认的问题采用已验证的解决方案。与此相反，加入了新技术的解决方案通常需要经过研究和/或开发进行验证。因此，采用新技术的改进方案所需时间和技术及投资上的风险要高于工程方面的改进。

尽管如此，在过程工业中能效的大幅提高部分就来自技术革新。例如催化剂的改进使得一些工艺可在较低的极端温度和压力下进行，转化率和选择性也提高了——所有这些变化都会降低能耗。通过技术革新，一些影响能源使用的关键设备如换热器和蒸馏塔得到了改进，还应用了一些市售的新型设备来改进工程。

在大多数公司里，新技术的开发都归属于研发部门。大多数设施或厂区的能源经理都只关注现有设施的性能和工程改进，因此在开发新技术方面不会发挥多大作用。然而在过程工业中一些企业没有能效研发项目，企业的能源经理一般都会与企业的研发有密切关系。

二、时间范围的分类

大多数成功的能源管理项目都要经历一系列实施阶段（第1章）。这些项目的启动阶段一般都相对简单、成本较低、活动风险较低，然后随着能效文化在公司内发展成熟就开始进行更具挑战性的活动。由三阶段组成的"时间范围"分类以下。

1. 短期阶段："快击"活动

在能源管理项目的早期阶段，获得厂区人员的认可、获取支持、产生早期成果、获得信任是非常重要的。

目标和期望值之间的对接非常重要，对可轻松提高能效项目的确认和实施也是如此。最有可能的就是技术支持相对较少成功可能性很高的项目。这些项目的产出投入比高也容易被看到，比如修理蒸汽泄漏、关闭不需要的设备、提高加热器效率、安装照明设备等。这些项目大多归入在部门分类的"操作改进"和"有效维护"门类下。尽管维护费用会非常大，但几乎不需要资金投入。

2. 中期阶段：核心项目要素和计划

能源关系项目一旦建成并获得一些信誉后，就是时候启动一些更有挑战性的要素了：

1）启动厂区内的维修项目（蒸汽泄漏、疏水阀、压缩空气等）。

2）启用绩效监测系统和关键绩效指标。

3）利用非现场人员开展能源调查，以产生新想法和新思路。调查团队可包括同一公司其他厂区的人员、咨询专家、供货商、外公司的同行。

4）系统性地评价和实施有潜力的资金项目思路。

5）将能效概念纳入维修计划的讨论以及所有资金计划中。

这一阶段的活动需要大量人员，他们可以与部门分类中的所有类别相对应。

3. 长期阶段：持续性

许多能源管理项目失败的原因是缺乏后续。需要持续活动来确保项目早期阶段的收益，并推动持续改进的文化。以下是一些关键因素：

1）采用更严格的工具和更大的目标来维持和改善绩效监测系统和关键绩效指标。

2）确保对能源相关的维修工作持续投入资金。

3）对项目早期中断的分项目进行再评估，并继续寻找新的思路方法。

4）对"改变游戏模式"的大型项目进行探讨，包括联产、在相邻厂区间互供燃料和蒸汽、与其他公司的合资项目。

5）对新技术的实施区域进行评估。

在该阶段的活动也对应部门分类中的所有类别。

三、设备、公用工程系统、工艺的分类

在考虑能源管理活动如何与一家企业或设施内现有的机构挂钩时采用部门分类可以起到一定作用，采用时间范围分类也是个好方法，可以直观地看到整个项目活动的先后顺序。不过涉及单个要素活动时，我们需要关注设备、公用工程系统和工艺的分类。

设备（如换热器、泵、加热炉）的任何一部分、公用工程系统（如蒸汽系统和燃料气系统）或工艺系统（如蒸馏系统、反应器、回收系统）都可以通过工程或技术进步实现操作的优化、维护和物理性质上的改进。在大多数情况下，所有推动某个给定设备或系统改进措施的技术知识基础都是相似的，由同一个学科内容专家或专家小组负责。换句话说，如果你在寻找一个能源管理项目的资源——特别是人力资源时——关键问题就是"这个项目要处理的是哪种设备或系统？"

因此假设说，如果一个能源经理希望检测一个加热炉的性能、改善其维护情况、探讨升级其物理设计的方法，所有的改进都最有可能由同一个专家或专家小

组来负责推动。比如由专家对明火加热炉进行评估可以发现，由于黏滞式烟囱挡板的存在，明火加热炉的安全富氧量仅为3.5%。作为这一发现的成果，富氧量的中间操作目标就可以设定为3.5%。不过如果可以改进挡板的话，专家就可以将富氧量减少到2%，这就带来了维护活动。最后，专家也可以决定是否在加热炉内增加对流管束。采取这一措施可以降低烟囱温度，带来大量节能收益。最终产生一个资金项目对加热炉进行升级。

四、内容回顾

本书第二部分接下来的几章内容可分为三大类：设备类型、公用工程系统、工艺改进。考虑到过程工业的门类繁多，不可能覆盖到所有设施，但最常见的类型都有提及；章节标题中没有提到的多种设备和技术（如蒸馏塔、电机、控制）都在文中有所讨论。

这几章探讨了对现有设施进行评估需要考虑的关键因素，以及一些确认节能点的系统性的和非系统性方法。还介绍了一些可确保设备长期高效运行的可行技术。主要关注点在设备、系统、生产工艺运行需要的辅助公用工程，还包括一些非工艺问题如照明和空间加热、通风设备、空调（HVAC）。章节列表如下：

设备

第9章：加热炉和锅炉能效

第10章：提高热能传递和能效

第11章：换热器清理方法

第12章：换热器结垢监测和清理分析

第13章：蒸汽疏水阀可持续性管理项目的成功实施

第14章：蒸汽泄漏的管理

第15章：动设备：离心泵和风机

第16章：工业保温技术

公用工程系统

第17章：热能、电力和蒸汽的价格

第18章：蒸汽集管的平衡和蒸汽/电力系统操作的管理

第19章：蒸汽和电力系统的实时优化

第20章：炼油厂燃料气的管理和能效

第21章：制冷、冷却器、冷却水

第22章：压缩空气系统的效率

第23章：照明系统

第24章：加热、通风、空调系统

工艺

第25章：确认提高能效的工艺改进方法

第26章：夹点分析和过程热集成

第27章：能源管理关键绩效指示器（EnPI）和能源仪表盘

我们相信，无论你目前对能源管理的经验水平有多少，你都会发现这些章节所讲述的信息都有用处，可以帮助你提高能源管理项目的计划和实施能力，从而实现你的能效目标。

参考文献

1. Rossiter, A.P. (2007) Back to the basics. *Hydrocarbon Engineering*, 12(9), 69–73.

第9章　加热炉和锅炉的能效

Bala S. Devakottai

一、简介

在任何制造工厂中，能耗都占运行成本的大头。今后25年全球能耗预计将每年增加1.4%，从200×10^{15}Btu增加到300×10^{15}Btu，如图9.1所示[1]。运行工艺设备、生产蒸汽、照明、加热、空调都需要能源。石化和炼油工业都是能源密集型产业，消耗了25%的能源。

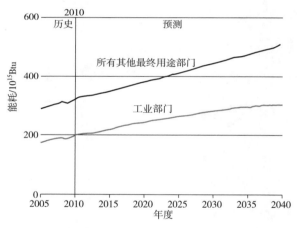

图9.1　能源需求预期[1]

在过程工业中加热炉和锅炉是大多数工厂都不可缺少的一部分。加热炉一般用来处理烃类进料，一般还设有对流管束来生产蒸汽。锅炉则只用来生产蒸汽。在很多过程工厂中，加热炉和锅炉的燃烧负荷是最大的单一能源输入。单独的加热炉和锅炉都是能源密集型的，因此设计和运行这些设备处于最高能效是很重要的。不过有很多锅炉是在接近恒定的条件下运行的，而加热炉的运行变化很大。

石化工艺的一个主要产品类别是乙烯和烯烃，用于生产塑料和多种衍生产品。在烯烃装置中超过60%的能耗来自加热炉。烯烃加热炉属于工程工业中的燃烧设备的最大一类，其燃烧室和过程的温度要高于其他过程加热炉和锅炉。

在本章中我们将主要讨论烯烃加热炉的影响因素。我们还会讨论所有类型的加热炉和锅炉都适用的高能效设计、改造、维护、操作的原理，以及一些设备类型的特有问题。

二、节能降耗的推动力

考虑到加热炉和锅炉的物理容量以及进行设计时原料、产品、燃料的价格，加热炉和锅炉的设计要尽可能降低燃烧的热效率，增加能源再生。尽管现在的加热炉和锅炉能效都很高，许多正在运行的装置都建于20世纪70年代，能效一般都不高。燃料和加热炉材质的成本以及锅炉的容量、加热炉炉管、保温以及防泄漏都发生了很大变化。对老旧加热炉和锅炉进行改造的理由是：

1）降低主要操作费用；
2）减少二氧化碳和氮化物的排放；
3）遵守法律法规；
4）维持资产的经济效益。

三、热效率

API 560[2]中对热效率的简单定义如下：

热效率 = 吸收的总热量 / 总热量输入

吸收的总热量 = 总热量输入 — 总热量损失

热量损失可能来自辐射段炉壁、对流管束段炉壁、烟气（图9.2）。进入燃烧室的空气量超出安全和有效燃料燃烧范围会加剧烟气的热量损失。

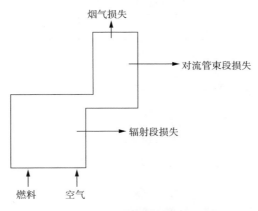

图9.2　影响热效率的因素

由于锅炉生产蒸汽的原因，燃料转化为蒸汽的效率有时也指锅炉效率。公用工程锅炉的效率可使用美国机械工程师学会（ASME）制定的工业标准——电力测试标准4（ASME PTC 4）。

在对效率进行对比时，需要注意效率是采用高热值燃料还是低热值来进行计算的。在美国，锅炉效率一般使用高热值进行计算，而在欧洲一般使用低热值，因此产生的效率数值更高。高热值是燃烧产生的热力学热值或所有燃烧产物之间的焓差，包括在标准温度下〔一般为77℉（25℃）〕的凝结水、燃料。低热值需减去凝结水蒸气所需的蒸发热——假定烟气中的凝结水中的能量无法回收。

1. 烟气损失：烟气温度

根据现在的标准，20世纪60年代和70年代早期修建的加热炉的效率都不高，烟道温度一般在400~500℉（209~260℃）。图9.3显示了在燃烧室顶部氧气含量为2%、炉壁的热损失为1.5%、两种不同燃料混合物——摩尔百分比为90%/10%的甲烷和氢气以及20%/80%的甲烷和氢气的典型操作条件下的热效率〔低热值（LHV）和高热值（HHV）与烟道温度的关系）〕。如图9.3所示，加热炉总热效率在燃料气组成有很大差异时没有发生多大变化。

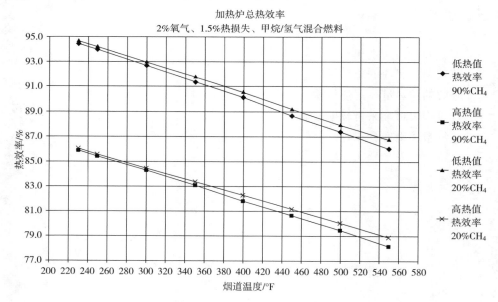

图9.3 热效率和烟道温度的关系

从烟气中吸收的热量受限于热交换区域（在下部分进行讨论）和加热炉部件使用的金属材料，一般与燃烧产物的酸性组分的凝结温度即酸性气露点有关。

现在的加热炉的净效率（LHV）多数超过了94%，烟道温度超过230℉（110℃），烟气清洁，水的露点温度为212℉（100℃）。很少量的硫也会大幅增加露点温度，如图9.4所示。

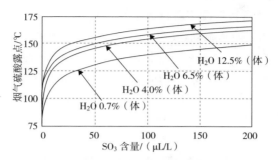

图9.4　硫酸露点与SO₃含量的关系（Courtesy ChemEngineering,
chemengineering.wikispaces.com. Used with Permission）

烯烃或其他类型的加热炉的设计都会在装置原料和公用工程温度和燃料气组成的限制范围内尽量降低烟道温度来提高加热炉的效率。经济效益和各侧线温度决定了烟道和工艺进口温度。举例来说，如果进了进入顶部的对流管束时温度为230℉（110℃），在权衡增加热量回收的表面区域的成本和回收热量的效益后，烟道温度最好设在260~270℉（127~132℃）。

锅炉烟道温度一般在320~500℉（160~260℃），最佳效率在85%左右。锅炉效率的最大限制来自烟道损失，一般超过10%。许多老旧锅炉的烟道损失高达20%~30%。

2. 热效率的其他要素

在这一部分我们将讨论烯烃加热炉设计的不同要素对长期提高热效率的作用。烯烃加热炉是过程加热炉设计的一个极典型案例，烯烃加热炉的大多数改进技术都可应用到过滤和其他过程加热炉上去。

（1）保温和密封

燃烧室是加热炉的心脏。在烯烃加热炉中，这里是裂化反应发生的地方，烃类原料在此发生热裂化生成有价值的产品。裂化过程是高度吸热过程，必须输入大量热量，将烃类裂化为更轻的组分。反应发生在辐射段炉管内部，通过烧嘴燃烧燃料为反应提供辐射热。

在20世纪70年代和80年代，炉管的合金材料弹性较差，燃烧室最高温度也低于现代的加热炉。烯烃加热炉的燃烧室温度未曾高于2000℉（1093℃）。加热炉耐火材料的厚度为9in。为保持外表面温度低于API推荐的180℉（82℃）。保温砖的设计最高温度为2300℉（1260℃）。

经过多年的发展，加热炉的炉容量和辐射热强度都得到了提高。现代加热炉的燃烧室温度超过了2200℉（1204℃）燃料燃烧率超过400MBtu/h。由于燃烧室温度得到了提高，通过保温来降低外表面温度的方法来减少燃烧室的热量损失。现代加热炉常使用的高温隔热砖和陶瓷纤维保温的组合厚度达13in，设计温度可耐2600℉（1427℃）。Thorpe对现代耐火材料的选择进行了详细讨论[3]。燃烧室地板一般铺设的是可耐2600℉（1427℃）浇筑保温材料。由于烧嘴可能造成的腐蚀和进口附近耐火材料的破损，燃烧室的底部铺砖厚度一般为10~12ft。燃烧室的中部和顶部、辐射段顶部，以及对流管束段的过渡段都铺设陶瓷纤维，如图9.5所示。

图9.5　燃烧室的下部内墙为耐火砖，上部铺设了陶瓷纤维（Courtesy Thorpe Specialty Services Corporation, Houston, Texas. Used with Permission）

乙烯燃烧室有多层观察孔，每个加热炉都有48个以上，用来监测燃烧室的情况。这些观察孔的内部耐火材料上有孔，可以定期打开和关闭。观察孔所用的耐火材料要和燃烧室的耐火材料一致，从而减少热量损失，避免冷空气进入燃烧室降低加热炉效率。

辐射管束采用竖直悬挂的方式，多个管束从辐射顶棚穿过。因此顶棚的保温非常关键。顶棚进口的密封可防止过多空气进入燃烧室，导致能效降低。采用工程保温套覆盖进口可以减少空气渗透，如图9.6所示。

图9.6　HOTSEAL™——管束贯穿密封（Courtesy Thorpe Specialty Services Corporation,Houston, Texas. Used with Permission）

燃烧室烟气中的热量可在对流管束段进行回收。对流管束段是提高加热炉的热量回收和达到最佳热效率的关键所在。对流管束段的底部烟气温度在1900~2000℉（1038~1093℃）。这一段一般使用陶瓷纤维模块做保温。随着烟气在烟囱内上升，热量得到回收，温度下降。对流管束段的上部一般铺设轻质耐火浇注料。

乙烯加热炉的对流管束段一般有30~40排横管，平行穿过对流箱的管束超过200根。管束与对流箱接口处的密封很重要，如图9.7所示，可以防止冷空气进入对流管束段，降低热效率。

图9.7　对流管束贯穿和密封（Courtesy Thorpe Specialty
Services Corporation, Houston, Texas. Used with Permission）

锅炉和加热炉一样都需要采用保温来减少辐射和对流损失，提高锅炉效率。现在锅炉的外表面热量损失在设计条件下一般在1.5%。如果锅炉以较低负荷运行，损失率就会增加。为了提高效率，最好采用减少锅炉数量进行高负荷运行的方式。

（2）加热炉炉容量

20世纪70年代和80年代，8×10^8lb/a的乙烯装置一般设有11~12座加热炉。随着乙烯装置处理量的增长，加热炉炉容量也不断增长。现在一座乙烯装置的加工能力可超过3×10^9lb/a。每座加热炉对应的乙烯加工能力超过了4×10^8~4.5×10^8lb/a。每座加热炉内有两个中等长度带有对流管束段的辐射箱或一个长辐射箱，内有辐射盘管。现在一座3×10^9lb/a的乙烯装置里只有6~7座加热炉运行是很常见的。图9.8显示了加热炉的炉容量随时间增长的情况。

在20世纪70年代和80年代，这种加工能力至少需要24座加热炉。通过减少加热炉的数量来提高能效，还可降低加热炉其他部件的维护强度，包括可以减少空气泄漏和耐火材料损耗，从而降低热量损失。

过程工业中使用的锅炉容量差异很大。在大多数炼油厂和大型石化厂中，单个锅炉的容量在10×10^4~100×10^4lb/h之间。不过在特殊化学品、食品加工、制酒等其他工业部门中，锅炉大小多在1×10^4lb/h以下。而公用工程用的锅炉的蒸汽生产能力超过了300×10^4lb/h。

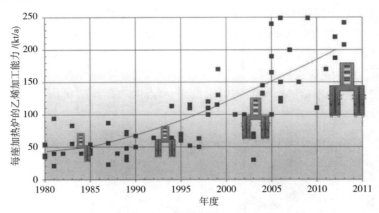

图9.8　加热炉炉容量历史增长情况（Courtesy of Linde Engineering. Used with Permission）

（3）辐射段炉管设计

在老式加热炉的设计中有辐射段炉管导引支撑栓穿过炉底，如图9.9所示。对这些开口必须进行密封和保温防止冷空气的泄漏，从而避免增加燃料消耗和降低加热炉效率。在现代的加热炉中，导引支撑栓或者被取消或者通过一个炉底的保护槽，从而避免直接贯穿炉底减少冷空气的泄漏和能耗。

图9.9　辐射地板的贯穿和密封（Courtesy Thorpe Specialty Services Corporation; Houston, Texas.Used with Permission）

（4）烧嘴

20世纪90年代之前在烯烃加热炉安装多排侧壁烧嘴很常见，每个烧嘴的燃烧速率为1MBtu/h。侧壁烧嘴为预混烧嘴，空气与燃料一起进入烧嘴。在同时有144个烧嘴工作时，很难避免过量空气进入加热炉，如图9.10（a）所示。从20世纪90年代中期开始，侧壁烧嘴被底部烧嘴代替，每个底部烧嘴的燃烧速率超过了10MBtu/h。对于大型加热炉，每个燃烧室一般安装有24~32个底部烧嘴，如图9.10（b）所示，对过量空气的控制更为简单。此外，现在许多加热炉都安装千斤顶－轴组合来防止过量空气进入底部烧嘴。在去焦炭和降低加工量等操作条件下可更加轻松地防止过量空气泄漏。

图9.10　辐射侧壁烧嘴（a）和底部烧嘴（b）（Zeeco
Inc., Burner Brochure. Used with permission）

即使大多数其他工艺加热炉和锅炉的燃烧室温度更低、烧嘴更少，但提高能效的原理都是一致的：使用耐火材料和保温减少热量损失，对过量氧气进行控制，限制空气泄漏至加热炉中。

锅炉可燃烧多种燃料，包括天然气、燃料油、固体燃料。烧嘴需要蒸汽作为雾化媒介才能燃烧燃料。加入的蒸汽加上燃烧燃料油需要的空气量增加了油燃烧的燃料要求。许多老旧烧嘴的燃料效率低，氮化物生成量高。由于法律法规的限制，锅炉中的烧嘴已经被低氮化物高燃烧率的烧嘴取代。

（5）辐射段炉管的统一流向

一个典型的现代裂解加热炉可能有超过150根辐射炉管，燃烧室的计算流体动力学（CFD）模型如图9.11所示。如果在每根辐射炉管内的原料流向不一致，在不同炉管中会形成不均匀的焦炭，会导致增加燃烧。为了确保每根辐射炉管内的原料流动方向一致增加加热炉的效率，一般会在每根辐射炉管的进口处安装临界音速喉管。

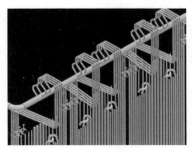

图9.11　有多个辐射管束的典型现代加热炉（Courtesy
of Linde Engineering. Used with Permission）

（6）对流管束段

过程加热器或锅炉中的操作温度要低于加热炉，其对流管束段位于辐射段正上方，但烯烃加热炉的对流管束段必须与燃烧室的高温隔开。烯烃加热炉的对流管束段与燃烧室的作用相互抵消，因此底部的几排炉管（激波管）没有受到直接的热辐射，如图9.2所示。直接热辐射可能会导致局部过热、减少热传递、炉管提前报废，都会导致效率下降。

烯烃加热炉的对流管束以三角形排列在炉管下方，可以最大限度地增加向炉管的热传递效率。管束排列为三角形时，在交替排边缘的管束与炉壁的空隙会更大一些。这些空隙处安装有耐火材料制的"牛腿"，以确保每排炉管和炉壁之间的距离相同，如图9.12所示。靠近每排边缘炉管的"牛腿"破坏了烟气的流向，减小烟气的流窜，因此提高了加热炉的效率。

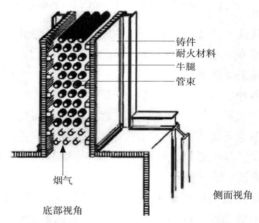

铸件
耐火材料
牛腿
管束

烟气

侧面视角

底部视角

图9.12 安有"牛腿"的对流管束段（Presented at the Industrial
Energy Technology Conference in 1981 [5]. Used with permission）

烯烃加热炉的对流管束段的热回收可分为两部分——烃类和蒸汽混合流向辐射段的工艺炉管、锅炉用水和高压蒸汽的余热回收管。为了减少烟气的使用，工艺气在对流管束段对进料进入辐射段前进行最大程度的预热。锅炉用水进入汽包前进行预热以及对汽包中产生的高压饱和蒸汽进行过热，可回收剩余烟气的热量。

锅炉一般使用对流管束段或省煤器来回收烟气和预热锅炉用水。一般通过扩大管束的表面积来增加热传递的面积。许多锅炉还设有蒸汽过热段，高压蒸汽高于饱和温度的条件下过热，可回收更多热量。

（7）排污损失

锅炉内的一部分热水——一般占进水的2%~10%——会被排出（排污）以去

除污染物。需要燃料将汽包进水加热到汽包的操作温度和压力。排污水必须由冷进水组成，加热需要额外的燃料，这可能会导致锅炉效率下降1%以上。减少排污损失的方法将在第17章中讨论。

之前提到，烯烃加热炉还会产生大量蒸汽。因此也有排污水产生——一般是2%~3%的锅炉用水。不过由于负荷主要来自工艺加热和产汽，排污损失对烯烃加热炉总能效的影响一般比对锅炉的影响要小。其他类型的加热炉（如炼油厂的加氢处理器的加热炉）也会产生一定量的副产品蒸汽，也需要进行排污。

（8）热集成

在20世纪70年代和80年代，如图9.13（a）所示，在烯烃加热炉内饱和蒸汽从汽包［压力一般在1500psi（表），温度612℉］进入外部蒸汽过热器过热到蒸汽轮机所需的温度（一般为900℉）蒸汽过热器消耗额外燃料来过热蒸汽，热效率一般较低。

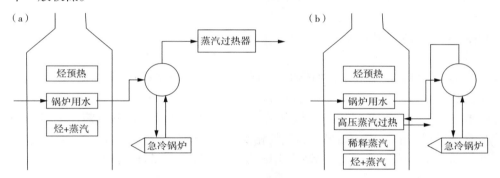

图9.13 烯烃加热炉的热集成——20世纪70年代（a）和现在（b）

自20世纪80年代末以来，已经采用在烯烃对流管束段过热高压蒸汽的方法，如图9.13（b）所示。加热炉效率增加，同时无须外部蒸汽过热器。

尽管在20世纪80年代采用空气预热来提高烯烃加热炉的效率，这一方法现在已很少再使用了。提高进口空气温度会增加烧嘴内氮化物的形成，对环境的影响会抵消能效提高方面的好处。

（9）急冷换热器

烯烃裂解气通过辐射炉管进入急冷换热器内，温度从1500℉迅速降至900℉以下。经过气体裂解炉（乙烷、丙烷、丁烷原料），急冷换热器工艺出口温度可低至400~500℉，进一步提高了总效率。

老式加热炉一般配有管壳式换热器，一般被叫作急冷锅炉（TLE）。急冷锅炉容易结垢堵塞，热量回收减少，需要停机进行机械清理。急冷换热器的设计已经解决了这些问题。大多数现代加热炉的主急冷换热器都是套管式换热器，不易结垢，可在线进行脱焦清理。急冷锅炉工艺炉管的直径现在也大得多，以降低堵塞和结垢的发生。

（10）引风机和烟囱

直到20世纪70年代，很多烯烃加热炉都建有烟气的自然通风管。为了降低烟囱的高度，减少对流管束段的炉管表面积从而降低烟气的阻力，热效率因此下降。对流管束段的高度普遍为15~20ft。

自从20世纪70年代末以来，烯烃加热炉建有引风机来导出烟气，从而提高了热量回收的效率。现在的对流管束段的高度可达40ft，加热炉的热效率最高可达94%以上。

锅炉和工艺加热炉采用自然通风还是引风取决于设备成本和热量回收收益之间的平衡。大型公用工程锅炉一般使用平衡通风系统再结合鼓风机和引风机来维持锅炉内的负压通风，使用气压阀来控制气流和通风。

四、仪表和控制原理

为了计算总的热效率，加热炉和锅炉周边应安装正确的仪表。最重要的测量是总的热输入，或总燃料气流。系统加热炉内的燃料气组成大小不一。燃料气的组成一般使用气相色谱进行在线测量，测量结果用来修正燃料气流的相对分子质量和燃料气的热值。如果燃料气的相对分子质量范围很大，如有80%的氢气/20%的甲烷、丙烷或丁烷，那么使用沃贝（Wobbe）热量计和沃贝指数来测量燃料组成（图9.14）。

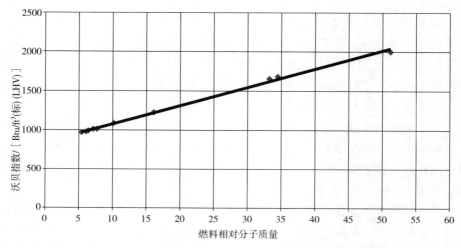

图9.14　燃料气的沃贝指数和相对分子质量的关系

计算加热炉效率时另一项重要测量数据是燃烧室内的富氧量。一般测量的是燃烧室顶部的氧气量，一些装置会安装富氧分析仪。烟道内的氧气也可以进行在线或定期采用便携式计量仪人工测量，根据这一数据可估算出对流管束段的空气泄漏量。

减少空气泄漏的一种方法是拱顶通风的位置尽量高一些，一般压力为0.1in H$_2$O（1in H$_2$O = 249.082Pa）。通风的测量是基于燃烧室压力和大气压之差。加热炉内的通风采用安装在引风机进口处的烟道挡板进行控制。烟道温度测量是计算加热炉效率的另一个关键参数。

在烯烃加热炉中，蒸汽注入原料来降低裂解反应的分压以及降低生焦率。在加热炉给定的操作条件下，燃料消耗受到进料量和稀释蒸汽量的影响，因此这两个参数都需要进行准确测量。稀释蒸汽流动速度越高，给定进料的点火率越高。对装置内的加热炉效率是通过计算某种燃料的消耗即进料的单耗来进行比较的。

加热炉控制原理在提高加热炉效率方面同等重要。通过测量辐射炉管出口温度得到想要达到的裂解苛刻度，控制着进入加热炉的燃料气流。打开烟道挡板自动控制拱顶的通风。打开烧嘴调风器可采用手动或使用中间轴的方式控制氧气或过量空气量。

锅炉的两个主要控制回路是给水控制和燃烧控制。蒸汽用量可能会突然发生变化，为了维持汽包液位的稳定，必须快速调整给水流速。与烯烃加热炉进料控制类似，给水控制三要素有助于对汽包液位的变化作出快速反应。燃烧控制包括控制燃料空气，维持锅炉内部在给定蒸汽负荷下正确的富氧量。锅炉是高耗能设备，燃烧控制发生错误可能会出现不安全事故。根据NFPA 85标准设计锅炉烧嘴的管理系统，该标准主要用于锅炉的安全操作和避免锅炉爆炸事故的发生。

富氧（过量空气）也是加热炉和锅炉效率的一个关键因素。在理想状态下，空气中应只有化学计量的氧气进入锅炉或加热炉，但为了确保完全燃烧，有必要供给过量氧气。这增加了烟气流速，而当烟气温度高于常温时，还会增加烟囱的热量流失。因此应该控制烟气中的氧气含量，以减少进入加热炉或锅炉燃料完全燃烧所需的富氧情况的发生[8]。

控制富氧首先需要进行测量。定期使用便携式分析仪或安装在锅炉燃烧炉内的固定分析仪进行测量。分析仪首先可测量富氧含量。一些分析仪还测量可燃物或一氧化碳（确保完全燃烧）、氮化物和其他环保要求的化学物质。

控制机理也很重要。对锅炉内富氧的控制一般通过使用燃烧气流控制设备如风机出口风门、进口导叶（IGV）控制或变速控制（第15章）。

表9.1显示了不同类型锅炉的富氧控制的限制条件，基于离开燃烧区的全燃气样本（湿基）的测量。

表 9.1　典型烟气氧含量控制参数

燃料	自动控制		定点控制	
	最小*	最大*	最小*	最大*
天然气	1.5	3	3	7
2#燃料油	2	3	3	7
6#燃料油	2.5	3.5	3.5	8
粉煤	2.5	4	4	7
加煤机用煤	3.5	5	5	8
加煤机用生物燃料	4	8	5	8

*燃料气氧气含量，%全气体样本。
来源：美国环境保护署[9]。

　　表9.1还显示了两种不同的控制方式。定位控制一般用于无连续烟气氧含量测量的锅炉，针对燃料流量设置的变化采用预设的方式调整燃烧气流，气流和燃料流量设置的关系可以进行调整。不过如果对富氧进行定期测量的话可能会发生变化。而在连续测量的情况下，就可以实施更有效的自动控制。在这里烟气氧含量得到连续监测，燃烧气流在所需氧气限制范围内自动进行调整。

五、对达到效率峰值的加热炉部件的维护

　　烯烃加热炉的操作有很大波动，操作条件和模式有很多种——启动、脱焦、进料、出料、正常运行、运行过程中更换原料、停工。各种操作会导致加热炉的各种部件的温度可从常温到2000℉之间循环，温度瞬间的变化可能超过250℉。在这部分，我们将讨论加热炉的不同部件如何进行维护以维持最高效率。

　　（1）加热炉和锅炉耐火材料的维护

　　耐火材料供应商推荐耐火材料的最快加热和冷却速率在200℉/h，以避免陶瓷纤维收缩过度。陶瓷纤维耐火砖靠压力堆砌在一起，温度循环会引起模块之间的缝隙。如果这些缝隙没有被填充回去，热量就会通过这些缝隙跑出，加热炉铸件温度升高，导致热量损失和其他维护问题。很多装置都出现过碳钢铸件中的热点以及变形弯曲。铸件变形还会导致表面温度不均衡，相应会导致燃烧室内的热量分布不均，从而造成能效损失。

　　为了延长加热炉耐火材料的使用寿命、防止破损及热量损失的发生，需要对耐火材料和加热炉进口进行检测，在每次停工期间进行小规模修理。加热炉设计中对耐火材料的热量损失一般为1.5%。如果缺乏对耐火材料的维护，热量损失

甚至会逐渐增加到3%，从而导致加热炉效率相应下降1%~2%（图9.15）。

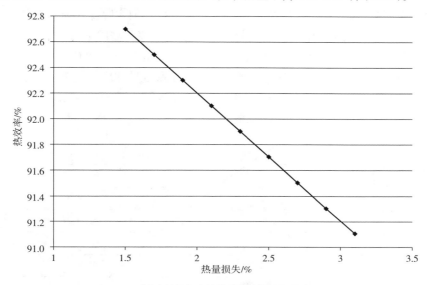

图9.15　耐火材料造成的热量损失对热效率的影响

　　锅炉的另外一个主要问题区域来自耐火材料失效。锅炉的耐火材料一般经过粗略处理。锅炉很少燃烧清洁燃料。根据使用的燃料选择适宜的耐火材料，可避免耐火材料失效和能效下降。耐火材料进行修理后硫化和干燥也同样重要。

　　（2）超出点火率设计值的操作

　　热量损失超出设计要求的另一个原因可能是加热炉的点火率比设计值要高。耐火材料的厚度是根据内表面温度、耐火材料的热传导率、室内温度、风力条件来进行设计的。许多装置的加热炉负荷比设计值都要高，会逐渐推动点火率超出设计值，燃烧室温度因此上升。如果不相应更改耐火材料的厚度或材质，就会导致加热炉外表面温度升高，增加热量损失。

　　（3）烧嘴的维护

　　在烧嘴的设计和测试中付出了大量努力来确保烧嘴的热分布一致。但在现实操作中，烧嘴所使用的燃料可能不在初始设计的范围内。催化剂再生过程所使用的甲烷、存在不稳定条件（引入乙烯、乙炔等）、燃料气包内混入废气时燃料气都可能受到污染。这些污染物经常会导致烧嘴头堵塞、燃烧不充分，从而造成效率低下。需要对所有工作状态的烧嘴定期进行检查，如有需要进行在线清理。许多装置都有专门的维修团队负责这些工作。维修团队每天都对烧嘴进行检查，对不清洁的烧嘴进行标记，根据需要清理烧嘴头。清理工作带来的额外好处是有助于减少氮化物排放。

（4）空气渗透

尽管加热炉设计中尽量减少富氧量以增加效率，但实际操作时情况往往不太一样。通过调整通风口和烧嘴调风器位置来达到燃烧所需的氧气量和通风水平，氧气含量一般在1.5%~2.0%之间，拱顶压力为-0.1in H_2O。由于加热炉燃烧室是在负压下进行操作的，加热炉的任何开口都会导致过量的冷空气进入加热炉。这会导致效率下降，如图9.16所示。燃料消耗则可能因此增加1%~2%。

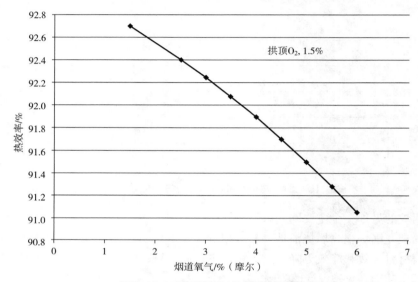

图9.16　空气泄漏对热效率的影响

泄漏的空气有几个来源。许多加热炉的底面上都安装有热辐射支撑导栓，燃烧室顶棚上安装有炉管支撑，都穿过炉壁进行固定。在正常操作情况下炉管膨胀收缩，使得这些支撑外的保温发生位移。在进行更换炉管等维修工作时，会把保温去除。如果这些支撑与炉壁间的缝隙没有密封好，就会发生空气泄漏造成效率下降。

之前讨论过，现在的对流管束段可能会有超过40排炉管，每排6~8根，这样就会有超过240根炉管穿过炉壁。在正常操作条件下这些炉管沿水平方向膨胀收缩。炉管穿过炉壁的地方必须密封，需要经常进行检查。而这些密封在加热炉的日常维护中经常被忽视。

泄漏空气的另一个主要来源是燃烧室的观察孔。针对加热炉监测，沿着燃烧室四周及炉壁上下布设有多个观察孔——每个加热炉一般有48个以上。这些观察孔每天都在使用，因此需要完全密封。观察孔的设计、保温、密封都需要注意以确保观察孔不会泄漏空气。

在锅炉中如果密封不好，也会有多余的空气通过炉盖、观察口、密封垫等开口进入燃烧室。由于必须使用燃料来加热多余的空气，因此会导致锅炉效率降低。

（5）急冷换热器的清理

离开热辐射炉管的烯烃加热炉废水温度在1475~1575℉之间。采用急冷换热器回收这部分废水中的热量生产高压蒸汽。气体裂解炉不生产太多燃料油，在低温下可能会冷凝结垢，因此所使用的急冷换热器（TLE）设计的最终出口温度低至400℉。随着加热炉的运行，出口温度保持相对稳定。

液体裂解炉生产大量的燃料油，冷凝后会堵塞急冷换热器。液体原料越重，急冷换热器的堵塞速度就越快。液体原料的重组分（高沸点组分）如凝缩油会加剧急冷换热器的堵塞程度。举例来说，轻石脑油堵塞急冷换热器的程度要低于重瓦斯油。液体裂解炉中急冷清洁出口设计温度在650~800℉之间，运行末期的温度为1200℉。尽管在线除焦可以起到部分清理的效果，在不进行停机机械清理的情况下，出口温度无法恢复到初始状态。急冷换热器出口温度越高，装置的总能效就越低。热回收蒸汽损失必须通过外部锅炉等方式进行补充。根据蒸汽用量和加热炉的数量，一些装置采用每清焦三台加热炉清理一次急冷换热器的周期模式，另外一些装置则选择每年清理一次。为了保持能效，计算所需加热炉的数量时需要考虑到急冷换热器的清理次数。

（6）对流管束的清理

在加热炉和锅炉的对流管束段中扩大表面积是增加热量回收的常用方法（见第10章）。烯烃加热炉的对流管束段炉管外密布着散热片以提高散热效率。灰尘和碎片残渣时间长了堆积在散热片上[10]，如图9.17（a）所示，在对流管束清理前散热效率会越来越低［图9.17（b）］。

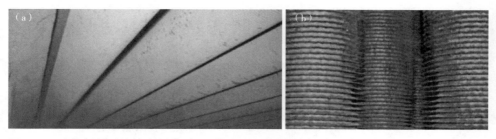

图9.17　有污垢的对流管束段（a）和清理后的对流管束段（b）（Courtesy of FINFOAM, a Division of Thompson Industrial Services, LLC. Used with Permission）

对流管束需要进行定期清理。一些加热炉在运行5年后对流管束段进行清理，烟道温度下降了50℉以上，也有一些加热炉的变化并不明显。清理次数可根据各厂区经验进行调整。在加热炉进行维修之后确认底部清洁干净是很好的习惯，因为残余物可能被会引风机吸到炉管表面上。

在加热炉的效率计算中有几个关键要素（之前已讨论）需要持续关注。为准确测量燃料流量和热值，必须对加热炉的燃料气组成分析仪进行正确维护。装置经常会更新燃料气系统，比如向加热炉增加新的支线或局部支线等。在燃料组成测量中应反映出这些更新。燃烧室氧气分析仪必须定期进行校正，保持最佳状态。如果富氧量过低，会导致不完全燃烧造成一氧化碳浓度上升，然后在对流管束段发生二次燃烧。如果富氧量高于所需的氧气量，会导致燃料用量增加，效率下降。

烟道温度的测量比较简单，维护需要的工作量最小。对通风的测量需要尽量减少空气泄漏量和燃料用量，因此要更复杂。对通风的测量包括测量稳定的大气压。对通风的测量可靠稳定，需要做好防风。

进料组成变化应反映在进料测量仪器中。尤其是液体进料携带的残渣可能会导致进料测量仪器的错误。在许多装置中，稀释蒸汽的压力会随时间发生变化，因此在稀释蒸汽测量孔板计算中可能反映不出来，因此可能会导致稀释蒸汽流量数值错误，会增加相应的燃料用量。

为了控制加热炉中的燃料燃烧量，在每次加热炉停工检修时对热辐射炉管出口热电偶都要进行保养。直接与工艺物料接触的热电偶和热电偶套管由于物料流速和焦炭颗粒很容易造成腐蚀。很多加热炉在每次停工时交替使用热电偶套管。还有很多加热炉使用薄片型热电偶测量炉管出口温度。这些热电偶不能在线更换，必须在加热炉停工时才能维修。

加热炉挡板是优化加热炉效率的另一个关键部件。为控制氧气和通风，挡板和烧嘴上的调风器以及烟道必须保证可以正常工作，因此定期预知维修是非常重要的。

六、能源管理战略

加热炉和锅炉的设计可以尽量考虑提高效率，但长期高效运行需要付出大量努力。以下是表现最佳的装置所实施的战略：

1）管理承诺；

2）关键性能的度量监测；

3）功能互相交叉的规程承诺；

4）对基准线的审计。

加热炉和锅炉的操作波动很大，尤其是在加热炉中有多个热循环过程。需要根据各种操作规程、维护规程、仪表规程、控制和检测规程等组建维修团队，实现加热炉和锅炉的运行效率的最大化。美国锅炉制造商协会（ABMA）是锅炉制造和设计的非营利商业协会，为锅炉的维护和高效运行提供专业指导。

参考文献

1. International Energy Outlook 2013, Report No. DOE/FIA–0484, *U.S. Energy Information Administration*. July 2013, Available at: http://www.eia.gov/forecasts/ieo/pdf/0484%282013%29. pdf.

2. API Standard 560 (2007) *Fired Heaters for General Refinery Services*, 4th Edition, American Petroleum Institute.

3. Thorpe, J.T. Refractory life cycle considerations in ethylene cracking heaters, *Proceedings of the 20th Ethylene Producers' Conference*. AIChE, New Orleans, Louisiana, April 6–10, 2008.

4. Feigl, J. Energy improvements of cracking furnaces of the 1960s and 1970s, *Proceedings of the nineteenth Ethylene Producers' Conference*. AIChE, Houston, Texas, April 22–27, 2007.

5. Sento, H. Restoration of refinery heaters using the technique of prefabricated ceramic fiber lined panels, *Third Industrial Energy Technology Conference, Houston, Texas*, April 26–29, 1981.

6. Zhang, G. and Evans, B. (2012) Progress of modern pyrolysis furnace technology. *Advances in Materials Physics and Chemistry*, 2, pp. 169–172.

7. Hobre Instruments BV, Purmerend, The Netherlands, *General Information: Wobbe index and calorimeters*, accessed July 17, 2014. Available at: http://www.hobre.com/images/stories/pdf/wobbe–index–general–information.pdf.

8. Harrell, G. Boiler tune–up guide for natural gas and light fuel oil operation, *U.S. Environmental Protection Agency*, accessed July 11, 2014. Available at: http://www.epa.gov/ttn/atw/boiler/imptools/boiler_tune–up_guide–v1.pdf.

9. U.S. Environmental Protection Agency, *Boiler tune-up guide*, accessed July 5, 2014. Available at: http://www.epa.gov/ttn/atw/boiler/imptools/tune–up_guide.pdf.

10. Ghetti, J. Furnace convection section cleaning systems – engineered solutions for cracking furnaces, *Proceedings of the 24th Ethylene Producers' Conference*, AIChE, Houston, Texas, April 1–5, 2012.

第10章　提高热传递和能源效率

Thomas Lestina

一个工业过程的总效率很大程度上取决于换热器系统的设计。传统设计经验包括指定工艺的加工能力和温度以及机械、维护、操作和规模的限制。对换热器的设计完全符合这些要求。降低维护难度和安装费用的要求通常会限制工艺的总效率，可参见图10.1某个热交换过程使用余热废水来加热冷进料。左侧的温度曲线中在冷热物流之间的标称温差为 ΔT_{nom}，右侧的温度曲线中热交换过程总效率更高一些，其温差为标称温差的一半。

对常见的换热器类型，图10.1所示的温度曲线可用于确定达到热交换过程要求的串联壳层数目[1]。所显示的每一步（点状线）描述了串联的换热器中的一个壳层的温度变化。这些步骤确保了换热器中没有发生温度交叉（对于由管束数目为偶数的TEMA[2]E壳层组成的堆积管壳式换热器来说是很典型的）。

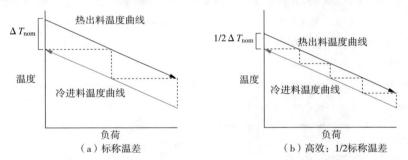

图10.1　（a）标称（b）高效热交换过程设计进料−出料温度曲线

标称热交换过程设计需要两个串联壳层，高效热交换过程则需要四个串联壳层。除非高效热交换过程的设计方法发生了变化，提高效率需要成倍增加热交换面积。从工艺换热器的经典等级方程可看出这一点：

$$Q = UA\Delta T_m$$

其中，Q 是换热器负荷，U 是总热传递系数，A 是热传递面积，ΔT_m 是平均温差。如果 ΔT_m 减半，A 需要加倍才能获得相同负荷（假设热传递系数不变）。很明显需要改进高效热交换过程的设计方法。

对于新设施，如果工艺设计人员与换热器设计人员在初步设计阶段合作，可最大限度地提高工艺效率。通过采用这种方法可以优化工艺温度和换热器选择，避免出现夹点、促进防污设计、确定换热器最经济的压降、利用提高热传递效率技术来实现利益最大化。为实现提高热传递效率技术的利益最大化，设计人员应该考虑以下四步：

1）优化温度曲线。温度曲线是通过换热器的冷热流体的温度曲线。常见的温度曲线见图10.2。为优化热效率，冷热流体应逆向流动，两种流体间的温差不变［图10.2（a）］。在理想情况下，高效热交换过程的平均温差应该低于1℃。对过程工业中的管壳式换热器来说，非理想状态的温度曲线更为常见。而处理过热蒸汽和过凝结水的工艺冷凝器［图10.2（b）］，温差变化一般较大，突出表现在露点和泡点的不连续性上。在冷热流体的热值有差异的地方［图10.2（c）］，温差可能会发生很大变化。液流的普朗特数差异很大（如气－水或油－水）一般都会有这样的曲线。最难处理的温度曲线是在同一块热传递表面冷流体被冷却，热流体被加热［图10.2（d）］。这种曲线可能发生在管束数目为偶数的壳层，尤其是原始设计是基于大的防结垢因素的情况。这种曲线在过程工业中十分常见，会抵消使用提高热传递效率技术所带来的效益。

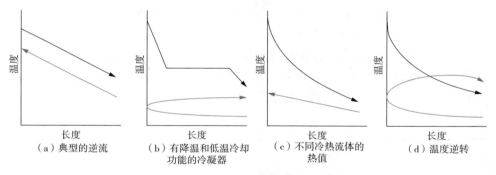

图10.2　工艺换热器的典型温度曲线

2）防结垢。结垢不仅会在热传递表面附着污染物质，还会在热沸腾面附近堆积重质非沸腾物质，在冷凝面附近聚集非凝结蒸汽。结垢会降低内部能效。换热器设计不合理会加重结垢，而合理的换热器设计会防止结垢发生。总的来说，提高热传递效率的技术在结垢的情况下无法发挥作用。有关防结垢的设计经验可参见文献[3-5]。

3）使用小型流道。过程工业中使用的换热器很多都使用3/4in或1in直径的管束。在管直径更小、流速相同时，压降会增加。不过设计人员可以降低流体流速，压降降至合理范围，可实现充分的热传递。因此，水力直径较小的换热器在给定容量和压降的情况下，热传递能力较高。流道直径较小有助于增加在给定容量内的热传递面积。减小换热器的容量会缩短流动距离，有助于对压降的限制。除了增加换热器的紧密度，采用直径小于0.75in的管束也会减少冷凝和沸腾时的分层，从而提高湿壁面的热传递效率。在过程工业中很少使用小于0.25in的管束。板翅式换热器一般用于较小流道。在板翅式换热器的隔板之间夹入波浪形的金属翅片，通过焊接形成一个芯体单元。板翅式换热器的水力直径可小至1mm。直径小的流道可以归类为微型通道。尽管近年来有大量对微型通道热传递的研究，微型通道在过程工业中的应用还比较少见。

4）尽量使用提高热传递效率的技术。商业化的提高热传递效率技术可以提高传递系数，可在平均温差较小的情况下使用有效尺寸的换热器。

成功提高热传递效率需要进行工艺、热传递、换热器的机械设计等多个领域的研究。对提高关键热传递效率技术的深刻理解是进行成功设计的第一步。对各种提高热传递效率的技术研究和开发已有超过50年的历史。在参考文献［6］中总结了Bergles对各种提高热传递效率技术进行的分类：

1）被动提高热传递效率的技术不需要外力，包括表面处理、流体助剂、扩大表面积、流道衬垫。

2）主动提高热传递效率的技术需要外力，包括搅拌和刮擦、表面或流体的振动、使用电场、注入和抽吸。

被动提高技术在过程工业中最为常用，Webb［7］对相关技术和效益研究进行了详尽、通俗易懂的介绍。Thome［8］对各种提高热传递效率的技术进行了探讨，对其效益进行了分析。以下对在过程工业中使用的相关技术进行简要介绍。

一、表面处理和改性

热传递是一种表面现象，因此材质和表面性质可以提高热传递效率。提高热传递效率技术可以进一步分为单一相、沸腾和冷凝。

1. 单相表面提高热传递效率技术

对热传递表面进行粗化处理提高了热传递系数。任何对平滑表面的边界层的破坏都会增加热传递效率。工程师和研究人员观察到全新或最近清理过表面的换热器启动后热传递效率提高的现象。热传递效率提高是由于结垢开始后表面变得粗糙的缘故。粗化表面的压降更高，这是热力工程师在对粗糙表面进行评估时必须考虑的问题。尽管一些研究人员将粗糙度与热传递效率和压降关联起来，这些理想化的关联并不足以对粗化热传递表面的传递性能进行预测。由于粗糙度缺少一个普遍适用的热传递理论，多层到平滑表面热传递效率提高都是基于具体的实际案例。

凹坑管是过程工业中一种常见的粗化表面技术。凹坑在光滑管的边界层突起，增加了整个管内横截面上的湍流混合。凹坑管可用于食品和化工生产，防垢是操作成功的关键。图 10.3 显示的是一条工业用凹坑管，表面布满粗化纹理。这种凹坑管已经经过测试，在湍流条件下可提高大概 50% 的热传递效率，压降增加60%（雷诺数 $Re > 2000$）。

图 10.3　Vipertex 凹坑管表面布满粗化纹理 (Courtesy of Rigidized Metals Corporation)

2. 提高沸腾面热传递效率

表面纹理可大幅增加泡核沸腾的热传递系数。采用商业化的技术平滑表面的热传递系数可增加 10 倍。对于光滑管，气泡形成和扩大需要大量管壁过热（管壁温度和饱和温度差）。产生的沸腾热流与过热以及减小的压力（减小的压力是临界压力减去操作压力）以及管粗糙度有关。处理过的表面有助于气泡的形成和扩大。多孔涂层是一种早期使用的提高表面热传递效率的处理方法，用于提高沸腾面热传递系数。UOP 公司的 High Flux™ 管的设计最常见的是这类处理方法，常被用于塔重沸器，器壁的过热不足以让光滑表面发生沸腾。

最新的技术是在管表面形成通道，不仅可促进气泡的形成，还可以起到抽吸作用，将液体吸入到离开的气泡中。有时可将低翅管的翅片变形形成密布沸腾孔和折返通道的表面。图 10.4 显示的是这些强化管（Wolverine 涡轮 B）与低翅管及光滑管热性能的对比[8,9]。

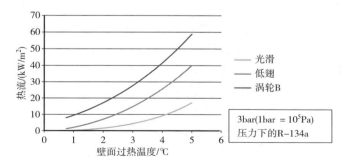

图 10.4　R-134a 在光滑低翅 Wolverine 涡轮 B 管壁的池核沸腾

3. 提高冷凝面热传递效率

光滑换热器表面的冷凝系数比换热器冷流程的系数要高。研发提高冷凝性能表面的推动力一直都很小。最近，对开发可减少或避免形成冷凝膜的表面的研究多了起来。如果可有效避免形成冷凝膜，会产生滴状冷凝，热传递系数可接近无限大。技术挑战来自从热传递表面移除凝结水，以及维持加速液滴形成的热传递表面的性能。在工业应用中还未采用加速液滴形成的表面处理技术，因为表面处理的耐久性不够。表面纳米结构的最新进展重燃了对滴状冷凝技术商业化的希望。

二、扩大表面积

扩大表面积可增加隔开冷热液流的器壁的热传递面积。这种方法适用于有热量限制的液流，因此也常用于气体和黏性液体如原油等。翅片是最常见的扩大表面积的一种部件，可应用在管线的外部、内部，以及板翅式换热器的隔板之间。图10.5显示了管线外部三种最常见的翅片。

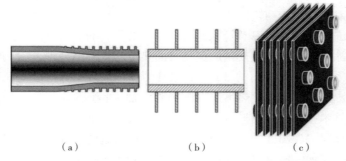

（a）　　　　　　　（b）　　　　　　　（c）

图10.5　管外翅片的常见类型（Courtesy of Heat Transfer Research, Inc）

1）一体化低翅管［图10.5（a）］的生产采用挤出工艺，光滑管被压缩形成1~3mm高度的翅片。光滑管的直径要大于翅片管的直径，因此翅片管可以穿过管壳式换热器的挡板被抽出来。低翅管的外表面积是内表面积的3~5倍。

2）高翅管的制造方式是将翅片接到光滑管的表面［图10.5（b）］。翅片可采用焊接的方式（用于高温条件），但更常见的是采用将翅足和管外圈压缩到一起的方法。高翅管的外表面积是内表面积的20~25倍。

3）连接有管线形式的板翅有时指的是连续翅片［图10.5（c）］。将隔板置于一排管束上然后将管束穿过隔板形成一排板翅，其外表面积是内表面积的10~25倍，通过增加纹理可增加隔板的表面积。图10.6显示了连续板翅上的凹坑形状。

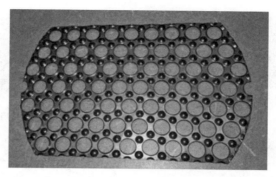

图10.6　凹坑型扩大连续翅片（Courtesy of Heat Transfer Research, Inc）

扩大表面积并不是百分百有效果。翅片的温度上下不同，因此热流也有所变化。实际在翅片之间传递的热量与可能传递的最大热量比称为翅片效率。具有均匀横截面的翅片的翅片效率可采用Gardner提出的方程进行计算[11]：

$$\eta_{\iota} = \frac{\tanh(mL)}{mL}, \quad m = \sqrt{\frac{2h}{k_{f}t_{f}}}$$

其中，m是翅片直径，L是翅片高度，h是热传递系数，k_f是翅片热传导率，t_f是翅片厚度。较高的薄翅片的效率较低，而较矮的宽翅片效率较高。效率低的翅片增加重量和体积不会有什么作用。翅片效率一般在80%以上，很少有翅片效率低于60%。

三、嵌入设备

嵌入设备用来优化流量分布和增加给定压降下的热传递效率。对TEMA换热器的壳程流量来说，折流挡板将管程内的流量分开，通过交叉流动提高了热传递效率。不过流量并不能够有效分配，存在大量分流，还有滞留和循环区域。非TEMA挡板如图10.7所示，改善了流量分配，可以降低压降、防止结垢。由于现有壳程的容量和热传递效率在未超出压降限制时可能提高，这些非TEMA挡板在进行改造时可发挥很好的作用。通过增加纵向速度将速度分布得更加均一可实现这些改进目标。

在管程热传递受到限制时应该考虑使用管程嵌入设备。与光滑中空管相比，内有嵌入设备的管线压降更高。不过有经验的设计人员可以开发出一个带有嵌入设备的小型高效的设备，其压降不会高于中空管。压降的下降可能伴随着管线长度和管束数目的下降。Shilling[12]将管线嵌入设备的增大机理分类为静态混合、边界层干扰、旋流、置换流。

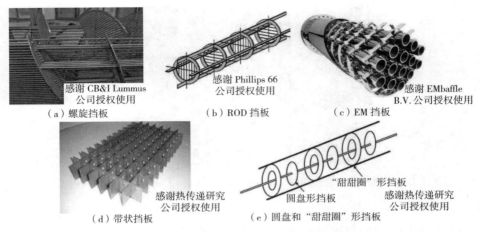

（a）螺旋挡板   感谢 CB&I Lummus 公司授权使用

（b）ROD 挡板   感谢 Phillips 66 公司授权使用

（c）EM 挡板   感谢 EMbaffle B.V. 公司授权使用

（d）带状挡板   感谢热传递研究公司授权使用

（e）圆盘和"甜甜圈"形挡板   "甜甜圈"形挡板 圆盘形挡板 感谢热传递研究公司授权使用

图 10.7　增加壳程流量的非 TEMA 挡板

1）静态混合器［图 10.8（a）］。管中间的流量颗粒与管壁侧的流体通过静态混合器进行交换。静态混合器在平流中使用，流量颗粒不会沿径向方向向中空管流动。静态混合器与中空管相比热传递效率可提高 6 倍。

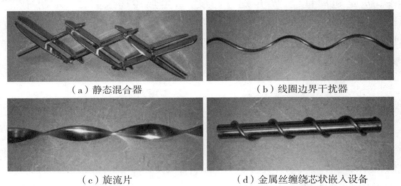

（a）静态混合器   （b）线圈边界干扰器

（c）旋流片   （d）金属丝缠绕芯状嵌入设备

图 10.8　换热管嵌入设备（Courtesy of Heat Transfer Research, Inc）

2）边界层干扰器。这些设施定期对边界层进行"干扰"，使其变得越来越薄，从而提高了热传递效率。其中网格式嵌入设备和线圈［图 10.8（b）］是最常见的。热传递效率与中空管相比增加了 5 倍。

3）旋流嵌入设备。旋流嵌入设备使流体产生旋转，其管壁侧的流速要高于中空管。旋流片［图 10.8（c）］是最常见的旋流嵌入设备，与中空管相比热传递效率可增加 5 倍。

4）置换流嵌入设备。置换流嵌入设备阻挡流体在管线中心的流动，提高了管壁一侧的流速。管内加一根简单的金属棒就可以提高热传递效率 2.5 倍。金属丝缠绕芯状嵌入设备 ［图10.8 （d）］结合了置换流和旋流。其热传递效率提高了10倍。

每种嵌入设备都有一个最佳流态和次优流态。根据经验，静态混合器一般雷诺数小于10，边界层干扰器的雷诺数大于1小于2000，旋流嵌入设备雷诺数大于200小于10000，置换流嵌入设备的应用流态雷诺数大于2000。

四、新装置设计和检修中的应用

本章中讨论的所有提高热传递效率的策略，包括表面处理、扩大表面积和嵌入设备，不仅可以应用到新装置的设计中还可以应用到检修中，尤其适用于空间受到限制需要压缩空间的解决方案。不过，其中一些技术会特别适用于某些情况。举例来说，在过程工艺装置中最常见的检修方法是保留壳体，更换管束。许多原始设计现在看来都很简陋，更换管束可同时优化管程和壳程的性能。所有提高热交换效率的方法都适用于这些情况，但从我们的经验看采用非TEMA挡板可能是最常见和最有效的管束更换方式。与此相反，在现有装置中对工艺和换热器进行整合设计非常困难，因此只能应用到新工艺设计中。

五、结语

总而言之，增加热传递面积和总的热传递系数的商业化技术有很多。在工艺设计考虑到各种实际情况如材料兼容性、结垢、瞬变等不利条件及维护问题时，这些技术可用于降低工艺所需能耗。在某些行业中对这些技术的推广应用很慢，未来一些成功应用会加快企业接受这些技术的速度。

参考文献

1. Bell, K.J. and Mueller, A.C. (2001) *Wolverine Engineering Data Book II.* Wolverine Tube Inc. Available at http://www.wlv.com/heat−transfer−databook/.

2. Tubular Exchanger Manufacturers Association (TEMA) (2007) *Standards of the Tubular Exchanger Manufacturers Association*, 9th edition, Tubular Exchanger Manufacturers Association, New York.

3. Wilson, D.I. and Polley, G.T. (2001) Mitigation of refinery preheat train fouling by nested optimisation, *Advances in Refinery Fouling Mitigation,* Session #46, AIChE Spring Meeting, Houston, TX, April 23−26, pp. 287−294.

4. Gilmour, C.H. (1965) No fooling—no fouling. *Chemical Engineering Progress*, 61(7), 49–54.

5. Nesta, J. and Bennett, C.A. (2004) Reduce fouling in shell–and–tube heat exchangers. *Hydrocarbon Processing*, 83(7), 77–82.

6. Jensen, M.K., Bergles, A.E. and Shome, B. (1997) The literature on enhancement of convective heat and mass transfer. *Enhanced Heat Transfer*, 4(1), 1–6.

7. Webb, R.L. and Kim, H.N. (2005) *Principles of Enhanced Heat Transfer*, 2nd edition, Taylor & Francis, New York.

8. Thome, J. *Wolverine Engineering Data Book III*. Wolverine Tube Inc., 2004–2008. Available at http://www.wlv.com/heat–transfer–databook/.

9. Palm, B.E. (1995) Pool boiling of R22 and R134a on enhanced surfaces, *Proc. 19th International Congress of Refrigeration*, The Hague, 4a, pp. 465–471, August 20–25, 1995.

10. Miljkovic, N., Enright, P., Nam, Y., Lopez, K., Dou, N., Sack, J. and Wang, E.N. (2013) Jumping droplet enhanced condensation on scalable superhydrophobic nanostructured surfaces. *Nano Letters*, 13(1), 179–187.

11. Gardner, K.A. (1945) Efficiency of extended surfaces. *Trans. of ASME*, 67(8), 621–631.

12. Shilling, R.L. (2012) Selecting tube inserts for shell–and–tube heat exchangers. *Chemical Engineering Progress*, 108(9), 19–25.

第 11 章　换热器清理方法

Joe L. Davis

炼油厂和化工厂依赖清洁的换热器来维持工厂的高效运行。但随着时间的推移，换热器会在管程和壳程两侧结垢。在原油装置的换热器中，原油中的重质沥青可能会在换热器管程内堆积。在原油预热系统和塔顶冷凝器中结垢非常普遍。装置冷却水系统中的钙及其他矿物质析出沉积到塔顶换热器管束上。设计人员尝试改变换热器管束的尺寸，通过管束的流速达到最大可延长结垢开始的时间（第10章）。但最终换热器的结垢是不可避免的。

随着污垢增加、热交换减缓、效率降低，导致生产能力下降、能耗增加。举例来说，当原油预热换热器结垢时，进入加热炉的原油温度下降，需要添加燃料燃烧。在塔顶换热器中，结垢可能会导致塔内压力升高，会减少产量及分馏质量。第12章介绍了一种技巧可确定在复杂预热系统中换热器的最佳清理周期，该技巧基于总的过程能源影响。本章主要内容是换热器的清理方法。

清理管壳式换热器的主要有两种方法：

1）水力冲洗；

2）化学清理。

一、水力冲洗

采用水力冲洗时，特制水泵泵出的水压在10000~40000psi（1psi = 6.895kPa，下同），然后通过高压水龙带传送到工程喷枪，向换热器换热管表面喷射出高速水流。这种方法在脱除管壁上的污垢时非常有效。

在装置进行检修过程中，换热器换热管束一般要从壳体中取出，然后被集中送去对管程和壳程进行清洗。图11.1显示了清洗时的常用设备。

在某些情况下无法将换热器管束从壳体中取出然后送去清洗。这时需要采用特殊设备进行"就地清洗"（CIP）。就地清洗设备具有便携的优点，可在有限空间内进行作业。图11.2显示了就地清洗的应用实例。

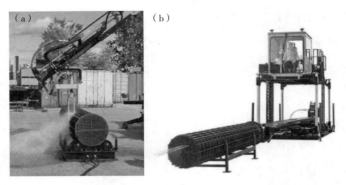

图11.1　壳程（a）和管程（b）水力清洗设备（Photos courtesy of NLB Corporation）

图11.2　就地清洗（CIP）设备的应用（Photos courtesy of StoneAge Inc.）

二、化学清理

化学清理方法分为两大类：化学反应清理和清污。化学反应清理用来去除无机非碳垢如钙、碳酸盐类、氧化物、磷酸盐、硫酸盐等。清污用于清理烃类污垢。

在化学反应清理和清污两种情况中，化学清理结合使用了三种重要因素：化学原理、流量和温度。每个因素都可以决定脱垢程度，是化学清理比水力清洗更需要进行提前计划和考虑的主要原因。

化学反应清理是最常见提高能效的方法，尤其适用于冷却水换热器和公用工程锅炉。取决于污垢的类型，采用缓蚀剂让弱酸到强酸在系统内循环脱除污垢，同时减少对碱性物质的影响。必须注意不能让换热管与化学品过度接触，否则可能会产生金属老化的现象。清理后一般要进行钝化处理，碳钢材质可使用亚硝酸钠，不锈钢材质可采用碱性物如碳酸钠即苏打粉进行处理。

污垢中可能含有烃类沉积物，可采用清污方法来脱除这些沉积物。清污包括进行pH值调整、采用针对某种烃类的表面活性剂等各种方法。

流量和温度可通过各种方法进行控制。所需流量可通过循环、加注、吸入、发泡、甚至气相等来实现。温度一般采用直接注入蒸汽或使用其他换热器来进行控制。

三、对比

以下是化学清理与水力清洗相比所具备的优点：

1）成本：应用时无须进行拆除和重装设备，不浪费时间和金钱，因此降低了人力成本和系统停工的时间。

2）效率：大幅提高了系统清洁度。沉积物可全部脱除，因此提高了流量和热传递效率。

3）彻底性：沉积物可全部脱除防止新的沉积物"萌生"，延长了设备运行时间。

4）速度：速度快于大多数方法，尤其适用于复杂系统。

5）清理范围：可清理到其他方法无法清理到的地方。

6）在线选项：在线清理使设备持续运行无须停机。

以下是一些相较水力清洗化学清理的劣势：

1）预计时间：需要增加做计划和制定日程的时间。

2）废弃物：废弃物必须中和处理或采用适宜方法进行处理。

3）意外影响：在化学反应清理的情况下，化学清理脱除了所有沉积物，包括有助于维持管壁变薄的地方完整性的沉积物。

第12章　换热器结垢监测和清理分析

Bruce L. Pretty, Celestina (Tina) Akinradewo

在许多过程工业部门中换热器结垢一直以来都被视为能效低下的一个主要原因。在美国的炼油工业，相关经济损失据估算大约是每年 0.2×10^{15} Btu/a[1]，以美国目前的天然气价格计算则为每年 10 亿美元，仅原油预热系统结垢所造成的损失就占了 50%。结垢的实际损失常常要比失去能源直接回收机会还要大。减产所造成的损失比额外增加的能耗费用要大得多。

结垢所增加的主要费用包括：

1）由于原油加热炉进口温度较低，预热用的加热炉需要另外点火。

2）结垢造成的压降。

3）人为冷却介质限制。结垢效应有两方面影响：直接效应是降低了冷却器负荷，间接效应是由于热回收换热器负荷减小，冷却器负荷增加。

4）生产量受限：原油进口温度低还会导致加热炉燃烧或达到环境排放极限，随着加料泵负荷或预热系统设计压力达到极限，增加的压降会限制进料速度。由于产品温度下降，空气或冷却水换热器负荷下降也会导致生产量下降。

5）由于失去泵送冷却能力导致收率减小。

6）由于设备达到水力或点火极限造成装置非计划停工和生产量减小，从而导致生产能力和设备可靠性下降。

7）清理结垢设备的人工成本和材料费用。

8）防垢剂和其他防垢项目的费用以及相关处理和环境费用。

9）增加换热器表面积、在线设备、管线的资金费用。

在美国，石油工业的最新趋势是加工各种组分各种物理性质的轻质页岩油，这已导致了严重的设备结垢问题，并已引发对换热器、加热炉、反应器等设备结垢问题的认识和预测研究。

在炼油工业中，原油进料方式有很大差异，根据原油的采购和主要经济指标，可分为长期和短期进料。因此，实际的流体性质和操作条件与设备原始设计可能相去甚远。由于原油性质以及原油组分在粗原油进料和最终产品送至储罐之间经过的分馏和反应的复杂过程，大多数原油进料的表征是一个复杂过程。原油结垢的特点，不论是普遍意义上的还是针对结垢预测的参数，现在都还没有进行充分的研究，无法为日常工程实践服务。

对结垢趋势进行表征的工作有很多，已经开发出针对原油系统防止结垢的方法（第10章）。预防结垢的方法有很多经过了评价，但可获取的装置运行数据的质量和数量还无法保证研究人员采用真实运行数据对预测方法进行全面验证。

在缺少防垢实践经验的情况下，工业上采用以下方法：

1）换热器结垢监测和清理优化。

2）使用防垢剂。

3）使用折流杆、EMBaffle®挡板或螺旋挡板换热器对壳程流动特征进行改性。

4）使用管程设施如SpirElf®、Koch Twisted Tubes®、Turbotal®和HiTran®等管内嵌入设备。

5）实时对侧流结垢进行检测。

6）表面处理。

第1种和第2种防垢方法是现有设备中最常用的方法。

第11章讨论了换热器的清洁方法。本章作者在开发及应用炼油行业相关软件的经验基础上介绍了结垢的监测和换热器清理。炼油厂中因结垢产生的费用有一半都来自常压蒸馏塔预热系统换热器[2]，由于预热系统内部的复杂性，本章将以原油装置为例，对如何对结垢信息成功监测和优化装置运行进行探讨。第26章介绍了一个相对简单的原油装置，其预热系统如图26.3所示。

一、对复杂系统内结垢进行监测

原油装置工程师长期以来一直采用简单的表格对换热器总的热交换系数（U）数值的变化进行追踪，来推导出单个换热器内的结垢程度。这种方法在确认是否需要进行清垢，尤其是在采用压降数据进行简单U值分析确认换热器性能下降与结垢有关时很有效。这种分析方法可以为预热系统进行定期大清洗维修时提供可靠依据。

不过采用这种方法也存在几个问题：

1）没有为工程、操作、管理人员对结垢原因提供诊断信息。

2）没有考虑到流体流速或物理性质发生变化时结垢也可能发生变化。

3）对结垢造成的经济损失没有系统性分析数据。

是否决定清理结垢的换热器一般是对清洁换热器的能源效益与清理费用进行比较后决定的。直接清理费用非常高——包括人工、取出换热器管束的设备、清理用的化学药剂、废弃物处理加起来是6万至8万美元。如果换热器进行在线清理，由于换热器需要被切出进行清理会增加燃料燃烧费用，若是加热炉达到了燃烧或排放极限，生产也会受到影响。在决定对换热器进行清理时必须考虑到这些经济损失。换热器在清理后还会继续结垢，不同换热器的结垢速度也有所不同。在采用历史数据对换热器的再结垢速度进行预测时需要参考每次清理时的经济评估。

通过对换热器负荷快速增加进行简单评估来确定清理换热器所造成的影响。举例来说，在原油预热系统中，换热器之间的互联互通延缓了单一换热器负荷发生变化，因此加热炉负荷的下降程度要小于单个换热器负荷的增加程度。清理位于预热系统温度较低的一侧的换热器一般只会对加热炉的燃烧造成轻微影响。

对原油预闪蒸釜和预分馏塔的加热炉负荷减少量做出预测，尤其是在塔釜的顶部蒸汽回流至预热系统冷端时，就会更为复杂。温度和流量数据的调节不是个小问题。大多数换热器壳程和管程热平衡的原始数据很难保持不变。热平衡换热器的负荷可能对其他换热器的热平衡产生剧烈影响，采用单个换热器分析很难看到这些问题。

出于以上这些原因，在复杂的换热器网络中正确选择需要清洗的换热器需要专业的指导，以准确预测换热器的结垢水平，并为清理决策提供正确的经济数据。

二、最先进结垢监测项目的要素

在生产设施中一个技术上最先进的除垢项目所需要的三个要素包括：

1）在确定结垢程度和正确分析换热器清理对经济和生产上的影响时所使用的技术要素。

2）对单个换热器以及系统长期性能进行记录汇报时所需要素，对是否进行换热器清理提供帮助。

3）提供正确的组织推动力的组织要素，确保财务和人力资源的合理分配，将结垢监测纳入可持续最佳工作流程。

三、技术考虑

对换热器清理项目来说最糟糕的莫过于打开一个换热器进行清理时发现结垢很少或没结垢，或者换热器清理后没获得什么经济效益。为了成功实施换热器结垢监测项目需要进行系统性的结垢评估，评估过程中要包括以下所有因素：

1）仪表和数据存取；

2）数据质量和数据调和；

3）网络热动力性能分析；

4）清理周期经济分析。

1. 仪表和数据存取

多数炼油厂都拥有复杂的装置历史数据，详细记录了装置的运行状况。温度和流量的电子化数据对换热器性能的有效监测十分关键。原则上来说人工录入温度数据适用于大多数换热器的监测。然而，使用现场的温度指示器或者说"温枪"收集现场温度需要大量人力。人工监测在维持有效监测频率上非常困难。笔者见过采用这种方式最频繁的需要每三个月完成一次数据调查，只有在公司工程支持团队提供人员时才能实现。

理想状态下，每个换热器的壳程和管程出口温度以及每种流体在进入换热器网络时的温度数据都应该有。其他所有换热器的进口温度应该与相连的上游换热器出口温度一致，从精确度上看无明显损失。换热器出口温度必须根据旁路进行调节。还可以组合相同的换热器确定共同的配置（两个串联/一个并联，两个串联/两个并联等）形成换热器统一模式。不过要注意，在这种组合方式下一些对结垢进行准确定位的方法可能会失效。

还可以通过使用旁路和隔离阀实现在线换热器隔离和切出来进行换热器组合监测。不过总的来说监测方案还是应该通过温度仪表来确定。

原油进料、产品概况、塔顶泵循环流速都需要进行仔细测量。理想状况下，相对于设计，每个流量计的流速应该修正为流动密度，应该对整个单元内的总质量平衡进行核查，确保流量计的一致性。

除了操作人员主动分流的情况下，一般很少对分流进行精确测量。相关混合器周围的温度可用来对无计量的分流进行估测。这尤其适用于可控旁路。如果没做到这一点，结合阀位和阀流量特征也可估测不同分支间流量的分配。不过不同分支的耐压性不同再加上结垢，使得这一情况变得更为复杂。最后，在缺乏所有以上这些手段时，应假定旁路关闭，其他分流的流量分配相同。

尽管数据调和已经变成更为复杂的非线性优化方法，还是可使用数据调和来找出最适宜的分流数据。由于模型现在有了额外的优化变量，还可能带来更多的不确定性。

对膜热交换系数进行严格计算需要每种物流的热力学和物理数据。蒸馏数据和液体相对密度足以合成在每个换热器中流动液体的密度、比热容、热传导率、黏度。使用严格物理特性仿真的最佳方法是通过组分或原油评价信息中计算这些特性。不过标准的快捷方法也可以应用于报表中。

如果有电子化的实验室数据，应该用于对原油和油品特性进行表征。对整个原油物料进行表征时应该包括所有这些要素。在工艺仿真和对原油单元物料平衡的结果核查时应该将不同蒸馏方法和轻质油分析结合起来。

2. 数据质量和数据调和

数据质量和数据调和方法对结垢分析有很大影响。表12.1显示了某大型换热器网络的部分热平衡原始数据。直接从装置历史数据中调取了未修正的原油预热系统数据。分别计算换热器管程热负荷（Q_t）和壳程热负荷（Q_s）并进行一致性的比较。该案例中显示的壳程和管程的热不平衡状态很常见。使用装置原始数据很难让所有换热器得到可靠的热平衡（±5%），尤其是大型预热系统，除了产品和泵循环冷却器之外可能有60台以上的换热器更是如此。

表 12.1　换热器管程和壳程热负荷原始数据对比

换热器	管程						壳程						Q_t	Q_s	Q_s/Q_t	R_f
	流体	管程进口温度	管程出口热平衡	管程出口温度	分流	旁路	流体	壳程进口温度	壳程出口热平衡	壳程出口温度	分流	旁路				
E-1	A3SS	325	195	107	100	0	新原油	70	97	87	100	0	23.62	14.09	0.60	0.0016
E-2	新原油	87	102	111	50	0	A3SS	220	118	157	100	0	10.80	6.70	0.62	-0.0011
E-3	新原油	111	129	116	50	0	A5SS	255	228	163	75	0	2.25	7.78	3.46	0.0376
E-4	新原油	87	118	117	50	0	A4SS	208	144	142	100	0	13.59	13.99	1.03	0.0178
E-5	新原油	117	150	157	100	0	VTPA	330	237	255	100	0	36.27	29.46	0.81	0.0032
E-6	新原油	157	174	173	100	0	A4SS	278	214	208	100	0	14.11	15.38	1.09	0.0019
E-7	新原油	173	188	190	100	0	A2PA	349	308	312	100	0	15.20	13.83	0.91	0.0004

表12.2和12.3显示了使用不同合理逻辑的策略手动平衡换热器热负荷的过程。在表12.2中，改变第一组六个换热器原油侧的温度来平衡换热器热负荷，注意最终的负荷（Q_t和Q_s）以及污垢系数（R_f）。在表12.3中，改变第一换热器原油侧的出口温度，但改变另外五个换热器产品侧（壳程）温度。注意换热器的热负荷和污垢系数的差异有多大！

表 12.2　当只有换热器原油出口温度改变时的调和结果

换热器	管程						壳程								
	流体	管程进口温度	管程出口热平衡	管程出口温度	分流	旁路	流体	壳程进口温度	壳程出口热平衡	壳程出口温度	分流	旁路	Q_t	Q_s	Q_s/Q_t	R_f
E-1	A3SS	325	110	107	100	0	新原油	70	97	97	100	0	23.62	23.27	0.98	-0.0035
E-2	新原油	97	112	111	50	0	A3SS	220	162	157	100	0	6.21	6.70	1.08	0.0172
E-3	新原油	111	128.6	129	50	0	A5SS	255	163	163	75	0	7.78	7.78	1.00	0.0063
E-4	新原油	97	128.6	129	50	0	A4SS	208	142	142	100	0	13.98	13.99	1.00	0.0149
E-5	新原油	129	161	161	100	0	VTPA	330	255	255	100	0	29.49	29.46	1.00	0.0058
E-6	新原油	161	178	178	100	0	A4SS	278	208	208	100	0	15.39	15.38	1.00	-0.0002
E-7	新原油	178	194	190	100	0	A2PA	349	322	312	100	0	10.19	13.83	1.36	0.0026

表 12.3　除了 E-1 换热器产品出口温度不变其他换热器出口温度发生改变时的调和结果

换热器	管程						壳程								
	流体	管程进口温度	管程出口热平衡	管程出口温度	分流	旁路	流体	壳程进口温度	壳程出口热平衡	壳程出口温度	分流	旁路	Q_t	Q_s	Q_s/Q_t	R_f
E-1	A3SS	325	106	107	100	0	新原油	70	97	97	100	0	23.62	23.68	1.00	-0.0037
E-2	新原油	97	111	111	50	0	A3SS	220	164	163	100	0	6.00	6.02	1.00	0.0252
E-3	新原油	111	116	116	50	0	A5SS	255	229	228	75	0	2.25	2.31	1.03	0.2250
E-4	新原油	97	117	117	50	0	A4SS	214	173	173	50	0	8.80	8.82	1.00	0.0653
E-5	新原油	117	157	157	100	0	VTPA	330	237	127	100	0	36.27	36.00	0.99	-0.0005
E-6	新原油	157	173	173	100	0	A4SS	278	214	214	100	0	14.11	12.13	1.00	0.0042
E-7	新原油	173	188	190	100	0	A2PA	349	308	312	100	0	15.20	13.83	0.91	0.0004

使用正确工具可以手动调节换热器出口温度，实现预热系统的热平衡。不过，由于换热器相互之间的复杂关系，这并不是个容易的工作。由于涉及一系列连续决策包括从哪个换热器开始，是否需要调节管程或壳程温度来实现热平衡等，最终解决方案也是很主观的。有很多热平衡解决方案。问题是，哪一个是最具有代表性的解决方案？

数学数据调和可有效回答这一问题。任何成功的结垢监测方法都必须包含这一要素。调和是一个最小二乘法优化的过程，目标函数将调和数据、热平衡数据和装置原始数据之间的偏差降至最低。数据调和模型还可以纳入温度、流体流量、分流数据。向每个装置的测量分配信任因子或典型误差来控制调和模型对不同数据类型给出的权重。在少数情况下，在进行调和时有必要将局部换热器旁路也考虑进来。由于从未测量过局部旁路的流量，必须进行估测，因此这些变量的信任因子极低（典型误差很高）。

应该为任何优化解决方案建立"可接受性"的方法，确定是否接受目前的数据组合。如果在某个数据测量上调和过的装置数据偏差一直高于预期的仪表偏差，应该检查流量计或温度指示器。

更常见的情况是只需要进行温度控制来获得预热系统在装置原始数据输入与可接受的偏差水平上持续的热平衡。在这种情况下，可使用只调整换热器热负荷的线性优化调和方法。这些方法快速且有效。如果在调和问题公式中包括了流量或分流，问题就变成了非线性的。这大大增加了调和的时间，可能会影响到解决方案的效果。一个有效的调和模型应该根据装置数据质量的允许选择线性和非线性的方案。

所有调和方法都必须允许系统引入限制因素。明显的限制因素是非负换热器热负荷、换热器最小温距确保热传递可行性（例如无温度交叉、最小温距或最小 F_t 修正因子）、非负流量和分流。可选限制因素如反向计算的换热器性能中的非负污垢系数为最终调和方案提供辅助。

3. 网络热动力性能分析

任何严格有效的结垢监测方法都有三个基本分析要求：

1）在目前操作和预想条件下，根据换热器网络中每个换热器的第一计算法则必须能够准确确定清洁膜热传递系数。基本换热器性能方程如下所示：

$$Q = UA \Delta T_{lm} F_t$$

$$\frac{1}{U} = R_{f,shell} + R_{f,tube} \frac{D_o}{D_i} + \left(\frac{D_o}{2k_{tube}}\right) \ln\left(\frac{D_o}{D_i}\right) + \frac{1}{h_{f,shell}} + \frac{1}{h_{f,tube}} \frac{D_o}{D_i}$$

其中，Q 是换热器热负荷，U 是总换热器热传递系数，A 是换热器表面积，ΔT_{lm} 是温差的对数平均值，F_t 是温差修正因子的对数平均值，$R_{f,shell}$ 是壳程污垢系数，$R_{f,tube}$ 是管程污垢系数，$h_{f,shell}$ 是管程膜热传递系数，D_o 是管外径，D_i 是管内径，k_{tube} 是管金属热传递效率。

这是唯一实际可操作的确定污垢热阻和通过清理改变污垢热阻作用的方法。清洁压降预测也可作为观察污垢热阻的辅助方法，查明换热器哪一侧发生了结垢，预测对换热器进行清理后压降降低的水平。

2）不仅必须能够对清理过的换热器性能还必须可以对变化的热负荷对其他换热器网络中的换热器的影响进行评价。

3）必须能够计算出换热器清理过程的总周期费用：

①确定在换热器网络中换热器切出进行热量回收的损失。

②清理换热器的固定费用，如人工成本、清理材料、租借设备等。由用户输入相关信息。

③清理过的换热器或换热器再次结垢与未清理的换热器在热量回收收益上的变化。

（1）换热器热性能预测：单相系统

得出现有换热器准确的热功率额定值需要管束和壳体隔板结构的精确数据。所需的大部分数据都可从制造商提供的原始数据中获得。对管束到壳体、换热管到隔板、隔板到壳体的清理可能会少一些。在这些情况下，可使用典型的 TEMA 清理方法。物理性质数据可从之前提到的实验室数据中获得。

单相系统的管程膜传热系数和清洁管压降的计算相对直接。管程的热力学和压降计算要更为复杂。总的来说，Bell - Delaware 法[3-5]适用于炼油行业大多数换热器构型和换热器类型。在日常结垢监测中是快速、可靠和精确的方法。大多数由热传递研究院（HTRI）和 HTFS 提供的先进换热器的评分和设计软件均可提供更为先进的预测方法，但这些方法并不完全适用换热器网络化构型所需的大量换热器仿真，无法进行大量迭代计算。

（2）换热器热性能预测：两相系统

在原油预热系统中的两相热传递主要包括塔顶原油冷凝和原油蒸发。原油预热系统内蒸发并不常见，但随着炼油厂改用轻质页岩油原料后这种现象出现得越来越频繁。原油蒸发可能会导致原油系统压力大幅下降和加热器旁路流量平衡问题。

目前还没有公开的冷凝和蒸发的基本原则评级计算的可靠方法，尤其是针对壳程蒸发的计算方法。这些过程需要由 HTRI 或 HTFS 提供详细的计算换热器评级方法。尽管在这些过程中单个换热器评级计算可能仅需要不到一分钟的时间，对复杂换热器网络的全面清理分析可能需要上百有时甚至需要上千次换热器的迭代计算。这使得这些换热器在结垢监测和清理优化时无法进行综合性的细致仿真。

针对两相换热器系统可使用先进的换热器评级和设计进行参数研究，开发两相膜传递系数的关联关系，如有必要的话，还可加入压降与关键操作变化如流速和分段蒸发的关系。

尤其针对蒸发过程，任何预测方法的准确度都受限于原油蒸发程度。在商业仿真软件如 KBS 的 Petro–SIM™、Aspen 的 Hysys™、Honeywell 的 UniSim™、Invensys 的 Pro–II™ 软件中都有产生与压力和温度有关的热力学和蒸发曲线所需的复杂热动力流体性质的计算。

（3）综合换热器网络分析

确定单个换热器的运行污垢系数被称为是评级。这只是总的结垢监测和清理分析的第一步。确定从清理相互无连接的换热器得到的热回收效益需要对换热器网络进行仿真，在换热器污垢系数发生变化和换热器膜传递系数与温度的关系导致整个换热器网络温度发生变化时，可将换热器视为相互依存、相互作用的关系。

在以表格为基础的解决方案中已开发出对换热器网络进行严格的仿真计算平台。该平台在解决换热器网络这一高度相互依存的系统时非常有效。这是在结合了对装置数据调和功能性的需求后，需要大量电子表格宏编程来开发可靠准确综合的装置数据系统。KBC 的 Persimmon™ 软件是经过长期应用的电子表格软件，不仅可进行评级和针对清理效益分析，还具备自动线性和非线性数据调和能力。

针对仿真计算，换热器性能评价推荐使用"效率–NTU"方法而不是更为常见的 $UA \Delta T_{\text{lm}} F_{\text{t}}$ 方法。管壳式换热器的效率方程如下所示。更常用的 $UA \Delta T_{\text{lm}} F_{\text{t}}$ 方法需要开始对某一换热器出口温度进行猜测，需要收敛程序来得到正确的出口温度。在这些效率–NTU方程中可看到，在只知道某一换热器 UA 壳程和管程进口温度时，其壳程和管程的出口温度都可以计算出来。这使得迭代解决过程更快，收敛更为稳定。换热器的"效率–NTU"性能方程如下：

$$Q = E \, (MC_p)_{\text{min}} \, (T_{\text{h,in}} - T_{\text{c,in}})$$

$$E = \frac{\Delta T_{\text{actual}}}{T_{\text{h,in}} - T_{\text{c,in}}}$$

如果冷流 MC_p 产物低于热流 MC_p 产物，那么：

$$\Delta T_{\text{actual}} = T_{\text{c,out}} - T_{\text{c,in}}$$

如果热流 MC_p 产物低于冷流 MC_p 产物，那么：

$$\Delta T_{\text{actual}} = T_{\text{h,in}} - T_{\text{h,out}}$$

$$E = f(\text{NTU}_{\text{min}}, C_{p,\text{hot}}, C_{p,\text{cold}}, \text{exchanger configuration})$$

$$\text{NTU}_{\text{min}} = UA/(M \cdot C_p)_{\text{min}}$$

其中，Q 是换热器热负荷，E 是换热器效率，$(MC_p)_{\text{min}}$ 是热流体和冷流体质量流量乘以热负荷的最小值，M 是流体质量流量，C_p 是流体热负荷，$T_{\text{h,in}}$ 是热流体进口温度，$T_{\text{h,out}}$ 是热流体出口温度，$T_{\text{c,in}}$ 是冷流体进口温度，$T_{\text{c,out}}$ 是冷流体出口温度，U 是换热器总热传递系数，A 是换热器表面积，exchanger configuration 是换热器构型。

商业炼油厂烃类流程图仿真项目也可用于评价复杂的换热器网络系统。利用目前标准台式计算机的计算能力，即使是涉及严谨的反应塔仿真的复杂换热器网络也可以进行快速评价。这些仿真商业软件的内在优势在复杂热动力学和物理性质预测能力上的应用使得这些平台成为炼油厂换热器网络分析的首选。如果需要的话，分析工作可以扩展到分馏操作，包括预闪蒸釜和塔、预分馏塔、常压分馏塔、减压分馏塔。Petro–SIM™、Hysys™、UniSim™、Pro–Ⅱ™都具备换热器评级和网络仿真能力。KBC 的 Petro–SIM™ 软件包括其 HX 监测应用扩展，在仿真流程图内可提供全面结垢和清理周期经济评估。

4. 换热器清理周期经济分析

许多厂区"不定期"进行换热器清理。计划或非计划装置停工或者结垢问题已经影响到装置生产能力时才会进行换热器的不定期清理。这可不像你得了重病才去急救室的健康管理策略。很明显这不是最佳选择。

优化的换热器清理策略需要预测分析能力，采用分析可模拟任何换热器清理过程。关键要素如下：

1）换热器切出、清洁、恢复工作所需的人工成本、材料费用、设备租用费用、化学品费用、处理费用；

2）换热器切出期间损失的换热器网络热负荷的经济费用；

3）相对于结垢状态，换热器网络在清洁状态下增加的热负荷所带来的经济效益。

分析工作必须认识到由于清理后的换热器会再次结垢，已结垢的换热器继续缓慢结垢，清理带来的经济效益会逐渐消失。单一清理活动带来的周期效益如图12.1所示。

该模型必须包括之前换热器清理活动的日期和换热器结垢状况的预测。在这一领域已进行了大量研究，提出并测试了各种结垢模型，但到目前为止还没有理想的结垢预测模型。因此必须从结垢历史数据中推导出结垢状况。在实践中，通过在一段时间内一般是过去两年以上运行换热器结垢监测的评级部分来产生这些数据。这种方法还可用于确定换热器清理活动，可用于测试对比模型预测系统的响应与实际系统的响应。

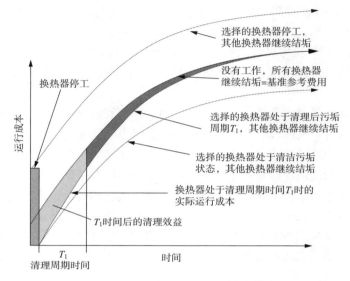

图12.1　单个换热器清理效益

　　针对如何权衡清理费用和通过清理获得的效益可系统地进行评估。这种方法应能应用于单个换热器和换热器网络的热力学分析，应该包含一个代表换热器清理活动的模型，即：固定成本、换热器切出的影响、清理条件和再次结垢情况。每个换热器或整个换热器网络分组的应用步骤或单独分析可以基于目前操作条件确定的最具备经济回报率的换热器。

　　不过，一旦选中某个换热器进行清理，清理后的换热器将影响到剩下的结垢换热器"摆在桌面上"的收益。第二次、第三次，以及所有接下来的换热器清理工作的收益要比每个换热器单独清理带来的效益要低。这是开发换热器最佳清理项目所面临的复杂性的问题之一。在优化工作中需要回答的第二个问题是清理的次数。

　　确定数学优化选项的问题真的是很恐怖的过程，可能需要对上千个换热器的组合形式进行评估。退火仿真[6]等方法已被用于产生最佳或接近最佳的清理方案。不过这些项目还主要存在于理论研究领域，还未应用到日常装置工程环境中。有多种清理优化方案的不同方法。以下我们介绍两种实际使用的方法。

　　第一种方法是随时间最经济选择的一系列步骤：

1）确定现实资源条件下现在或最近能够清理的换热器台数。

2）使用连续步骤确定清理成本最低的换热器，采用仿真模拟得出清理效益和清理成本之间的关系，如图12.1所示。确保运行成本效益与成本达到最低经济效益和回报率的目标。这一过程必须包括换热器停工期间的运行成本惩罚。

3）再次进行所选换热器清洁污垢系数的分析步骤，重新分析确定下一台需要进行清理的换热器，确保达到最低经济效益和回报率。

4)重复这一步骤，直到所清理的换热器达到资源所能提供的最大数目，或者没有结垢换热器可以达到进行清理获得的经济回报率。

选中进行清理的换热器制定最近的基本工作计划。清理获得的效益一般要经过一段时间才能显现出来，一般以厂区考虑的清理活动频率可以为三个月。

以上步骤使用具有前瞻性的污垢系数组合，可重复进行，以确定下一组需要进行清理的换热器。需要定期审视清理计划，核查计划的持续性。

第二种清理周期优化的方法是"时间分割"法。如图12.2和图12.3所示。使用这种方法将确定所选任何换热器组合的最优清理周期。还显示了选择进行清理的特定换热器组合的运行成本。所调查的换热器组合是根据上文介绍的单个换热器分析方法所定义出的最佳候选换热器的典型组合。

如果可能的话，要为任何被选中的换热器开发出总成本惩罚和总清理效益与清理频率关系的曲线。必须对换热器网络进行仿真来确定四种换热器性能：

1）所选换热器在未来某个时间点切出清理时的换热器网络成本：图12.2中的剖面曲线1。

2）运行成本的参考案例，其中无换热器进行清理，整个换热器网络持续结垢：图12.2中的剖面曲线2。

3）选择的换热器进行清理后在时间周期 T_1（清理周期时间）采用预期污垢系数运行的换热器成本：图12.2中的剖面曲线3。

4）选择的换热器采用清洁污垢系数运行时的换热器网络成本：图12.2中的剖面曲线4。

每个剖面曲线都可通过运行几个仿真实例来进行定义，所有相关换热器都使用与时间相关的污垢系数预测方法。可用于每条运行曲线的成本曲线拟合数学表达式（一般为多项式）。

可以根据这四种已知的剖面曲线快速确定所选择的清理周期时间 T_1 的实际运行成本（图12.2）。确定项目的总运行成本是为了指定原油运行周期或预测期。每次清理活动增加的固定成本（人工、化学品和材料、设备租用费等）计入所需未来预测期内的总运行成本。

重新计算确定一系列不同清理周期时间的实际运行成本和总周期运行成本，

如图12.3所示，得出一个每次清理周期时间的总运行成本。无须继续进行换热器网络的仿真，使用数学表达式可得到不同的运行成本数据。经过总结可得到总成本，产生的差异可确定最佳周期时间。最终结果如图12.4所示，显示了运行结垢成本、换热器切出的运行成本、总人工成本和材料费用与清理周期时间的关系。

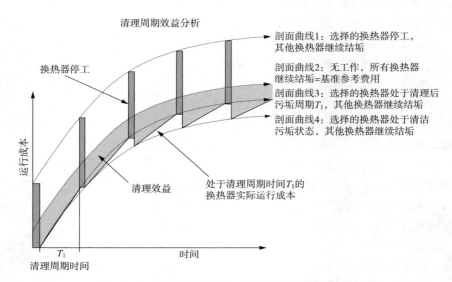

图12.2 换热器清理运行成本效益：时间分割法

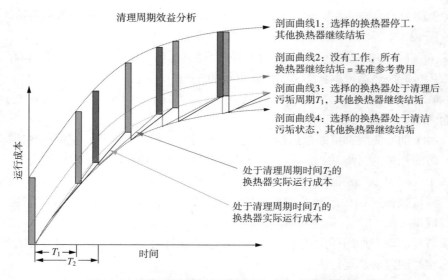

图12.3 优化换热器清理降低运行成本：时间分割法

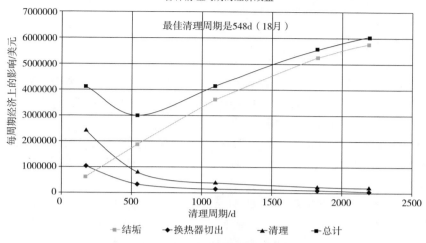

图12.4　优化清理周期的成本曲线

最佳清理周期与所有三种成本要素的累加曲线的最小值一致。

在没有如上文所述的最佳真实数学方法时，上文所说的分析方法可根据实际情况使用。目标是使装置工程师能够使用工具和各种过程步骤为装置进行清理工作提供足够准确的信息。

制定优化清理方案最重要的一点是相对容易操作的用户输入，可以自动实施优化，负责制定换热器清理方案的工程师在易于管理的时间框架内可以完成。

具有内置的换热器结垢分析和清理周期优化能力的商业项目软件如下：

1）KBC 的 Petro–SIM™HX 检测器（supersedes Persimmon）；

2）IHS ESDU 的 EXPRESS™；

3）Nalco 的 MONITOR™。

四、换热器的清理成本效益与节能

本章主要对清理换热器所带来能源的效益进行了评估。第一种是氮化物、硫化物、二氧化碳排放减少所带来的收益可直接导致原油系统燃油加热炉能耗的下降。第二种收益来自热平衡，由于降低了冷却负荷，增加了热量回收，可同时带来成本和环保上的收益。当燃烧或冷却负荷限制了换热器换热能力时，对换热器清理可带来更大的经济收益。解除这些限制可增加换热器的进料速度。

上面提到的确定换热器清理经济效益的计算方法可改为计算生产效益。计算步骤更加复杂耗时更长，但可应用在大多数商业流程仿真软件中。Petro-SIM 中的 HX Monitor 清理周期分析功能可通过使用"调节"功能来考虑生产效益。

五、报告注意事项

装置工程管理、操作、监管人员工作都很繁忙，他们需要清晰及时的信息。因此对分析结果的有效报告和展示是任何项目成功的关键因素之一。

一份有效报告所需要素如下：

报告应包括关键性能信息如污垢系数、污垢影响变量、换热器热负荷、加热炉燃烧影响、清理的经济收益及其他受结垢和换热器清理影响的操作单元关键性能指标（KPI）。

在需要的时候可获取更为详细的计算结果以及将评估过程结果归档。

将性能参数和经济数据归档到企业数据库，为方便数据检索，数据库结构应采用 Microsoft Excel、SharePoint 或其他网络报告模式。采用结构清晰的大量图表使得信息输出更为简单。在公用标准数据库中保留归档数据还可以将装置中其他决策和计划结合起来考虑。

六、组织管理注意事项

换热器清理成功的基础是使用一个方便、精确的结垢监测和清理周期优化软件系统。不过这还不是唯一的要求。用户还必须做出承诺，高层管理人员必须提供资金和资源支持来确保项目的成功。

项目启动、培训维护项目的装置工程师都需要前期的投入。软件运行、维护、分析都需要资源的持续投入。项目实施和用户培训必须根据装置布局和人员进行调整更新。这些调整工作必须纳入装置日常工作过程，否则项目可能会很快被废弃。从结垢监测和培训项目得到的关键性能指标必须纳入装置流程中，准确的关键性能指标必须上报每级管理组织，以确保相关人员获知信息并做出对策。

对装置来说必须重视可持续性项目的效益。这需要采取会影响到装置运行的活动，从而增加了维护和计划人员的工作量。因此作为项目推出计划的一部分，应该咨询操作和监管人员，确定与项目效率和成功有关的每个功能性角色的需求和职责。

七、结垢监测的今后发展

今后一段时期结垢有效监测和清理周期优化的最大发展来自将基于剪切阈值

模型的结垢预测纳入整体减污策略中。这些方法都是基于剪切应力和其他流体形质的沉积去除率模型。优化运行条件避免或减少结垢，可将预测模型和换热器清理策略结合起来进一步降低结垢造成的总运行成本。过去十年这些基本原则模型背后的理论已发展成熟，但仍缺乏足够的工业运行数据对这些模型进行归纳。

根据给定流体的装置数据将结垢模型调整为预测模型的方法的确存在，目前的计算能力足以完成这一任务。已经有企业采用这种方法根据实际装置运行数据来调整反应器模型。不过，笔者还没发现这些方法实际应用到结垢预测中。

软件仿真的速度和能力也还在继续提高。在日常管理工作周期中现在已经可以进行多种换热器网络系统清理周期优化的方案计算。最新的发展如工作流程管理和集成在流程模拟环境中的时变方案可制定出更加详细、复杂、实际的未来运行方案，可指定和评价原油种类和生产量等变量。

八、结语

原油预热系统等复杂换热器网络中结垢的换热器进行清理产生的经济问题很复杂，如果基于经济标准的话，在许多设施中不值得制定清理计划。可使用商业软件为这些复杂系统开发接近最优的方案。换热器清理采用这一方法可大幅降低能耗。今后的发展最有可能基于结垢预测模型和对仿真软件的改进。

致谢

感谢KBC过程技术公司的Ant Waters提供并审查了数据。

参考文献

1. Van Nostrand, W.L., Leach, S.H., and Haluska, J.L. (1981) Economic penalties associated with the fouling of refinery heat transfer equipment, in *Fouling of Heat Transfer Equipment* (eds E.F.C. Somerscales and J.G. Knudsen), Hemisphere, New York, pp. 619–643.

2. Panchal, C.B. Fouling mitigation in the petroleum industry: where do we go from here? *Proceedings of Engineering Foundation Conference on Fouling Mitigation in Industrial Heat Exchangers*, June 18–23, 1995, San Luis Obispo, CA.

3. Perry, R.H. and Green, D.W. (1997) *Perry's Chemical Engineers Handbook*, 7th edition, McGraw-Hill Professional, New York.

4. Hewitt, G.F. (1992) *Handbook of Heat Exchanger Design*, Begell House, Danbury, CT.

5. Saunders, E.A.D. (1988) *Heat Exchangers: Selection, Design and Construction*, Longman, London.

6. Rodriguez, C. and Smith, R. (2007) Optimization of operating conditions for mitigating fouling in heat exchanger network. *Chemical Engineering Research and Design*, 85(A6), 839–851.

第13章　疏水阀可持续管理项目的成功实施

Jonathan P. Walter and James R. Risko

疏水阀管理是任何使用蒸汽的装置的综合能源管理系统的主要组成部分。疏水阀的运行状态还会对装置的安全、可靠性、产品质量产生很大影响，但这些影响还未得到全面的认识。因此，企业可能长期会忽视疏水阀，这可能会导致经济上的损失。

蒸汽疏水阀管理项目的关键是调查，但有效管理不仅包括调查。通过调查可以找到问题和可能的改进方法。项目涉及修正问题、实施和维持改进工作。

一个有效蒸汽疏水阀管理项目主要包括三个领域：

1）预先实施战略规划；

2）在线项目实施；

3）对项目持续监督。

本章讨论了这三个要素，还解释了一家企业实施疏水阀管理时面临的困难，以及调整这一项目的方法。

一、何为蒸汽疏水阀

蒸汽疏水阀可用来排出冷凝和非冷凝气体，在按照制造商的规范运行情况下几乎不会造成蒸汽损失（图13.1）。疏水阀是蒸汽系统正常运行和凝结水回收的基础，在确保蒸汽系统能效中也发挥关键作用。不过，即使正常工作的疏水阀也可能在操作过程中消耗少量蒸汽，即功能性蒸汽损失[2]。

图13.1　正常工作的蒸汽疏水阀排出冷凝和非冷凝气体，蒸汽损失可忽略不计（Courtesy TLV Corporation. All rights reserved）

根据物理原理的不同可将蒸汽疏水阀分为很多类型。主要分为三大类：热力疏水阀、恒温疏水阀、机械疏水阀。每种疏水阀设计都有优缺点，因此在应用中选择正确的疏水阀非常重要。

蒸汽疏水阀在两种情况下可能会失效：①泄漏。发生泄漏时疏水阀会继续脱除凝结水，但会泄漏蒸汽。②排水（即冷阱、低温疏水阀）。排水时凝结水的流动受阻，无法将凝结水脱除或排出系统。疏水阀泄漏造成的蒸汽泄漏可归入蒸汽损失中。

一般人很难发现疏水阀无法排水的状况，一般也意识不到所造成的影响，更难进行量化评估。当疏水阀处于排水失效的状态时，凝结水会聚集在蒸汽管线中，这可能会导致严重后果，包括火炬中断、蒸汽泄漏、蒸汽管线破裂以及汽轮机等设备的损坏。这会造成装置停工、伴随生产损失，从而带来巨大经济损失，飞溅的管线碎片甚至会对装置人员造成伤害[4]。

蒸汽疏水阀发生故障的概率很高，如果排除掉那些几年内未使用过的疏水阀，发生故障的疏水阀数量可能达到20%~40%或更多。对大型厂区来说，故障和功能性蒸汽损失以及排水故障造成的生产损失意味着数百万美元的费用。由于这些原因，应该维护蒸汽疏水阀的良好状态，蒸汽疏水阀管理项目是关键。然而即使作为终端用户的厂区认识到降低成本的价值，其中一些仍未实施或全面利用可持续的长期蒸汽疏水阀管理项目。

二、疏水阀管理项目为何很难实施

厂区很难实施疏水阀管理项目的几个原因如下：

1）资源不足；

2）厂区缺乏实施项目的动力或关注度；

3）对疏水阀维护的潜在收益和面临的问题缺乏足够了解；

4）对如何实施疏水阀管理项目和解决相关问题缺乏足够知识；

5）更关注容易实施或优先程度更高的活动；

6）存在为新蒸汽疏水阀技术创立必要的变更管理（MOC）文件的问题；

7）由于向其他项目投资回报更高，因此不愿意在改进蒸汽系统上花费有限的维护预算；

8）对项目启动或继续进行所需的费用以及相关的收益进行预测的难度很高。

三、项目实施的动机

在实施某个疏水阀管理项目之前，必须让装置管理人员和相关人员充分了解项目的作用。以下为一个典型疏水阀管理项目能够影响到的几个因素：

1）泄漏蒸汽成本：发生泄漏的蒸汽疏水阀会带来蒸汽能耗方面的经济损失和其他与泄漏相关的塔顶费用的增加[6]，比如运行备用锅炉或水处理设施。

2）生产影响：发生故障的疏水阀尤其是冷阱[4,7]可能会影响生产（如汽轮机跳闸、工艺生产线被冻住、由于仪表被冻住造成非计划停工）。

3）维护成本：修理和确保蒸汽设备可靠性的相关费用一般较高。

4）人员安全：蒸汽疏水阀操作失误可能会引起人身伤害（如泄漏蒸汽烫伤、因为凝结水汇集到一起或结冰发生滑倒事故）。

5）环境影响：泄漏的疏水阀导致能耗增加，从而增加了温室气体和其他污染物的排放。

如果装置一直不对其疏水阀进行稳定管理，以上这些影响的程度和相关成本会逐渐大幅增加。具体来描述这一成本，可参照一座拥有1000个疏水阀的装置，其故障率为20%/a（表13.1）。如表13.1所示，在装置等待实施蒸汽疏水阀管理项目的每一年，有20%以上的疏水阀发生故障，损失持续增长。随着更多疏水阀出现故障，每个疏水阀每年要花费800美元，这一损失无法挽回（假设每月出现故障的疏水阀数目相同，平均起来疏水阀有半年时间发生故障）。假定无疏水阀发生故障，从下一年开始累积的损失称为前瞻性可收回损失。

表13.1 拥有1000个疏水阀的装置每年平均故障率为20%

疏水阀个数	1000
疏水阀故障率	20%/a
疏水阀故障所带来的费用	800美元每疏水阀
疏水阀调查费用	12美元每疏水阀
疏水阀购买费用	300美元每疏水阀
疏水阀安全费用	100美元每疏水阀

表13.2所示的总成本是对所有疏水阀进行调查所需的投资费用（1000个疏水阀，每个疏水阀12美元）以及为故障疏水阀进行维修的费用（更换疏水阀的费用和维修人员人工成本）。如果装置进行了此项投资，就可以避免前瞻性可收回损失。这些费用上的节省可用来验证实施疏水阀管理项目的费用。

表 13.2　对于表 13.1 中的疏水阀，拖延修理时间造成的费用

调查和跟进延迟时间/a	故障疏水阀数/个	故障疏水阀累积总数/个	无法收回的损失累计/美元	前瞻性可收回损失/（美元/a）	总费用/美元
1	20	200	80000	160000	92000
2	40	400	320000	320000	172000
3	60	600	720000	480000	252000
4	80	800	1280000	640000	332000
5	100	1000	2000000	800000	412000

四、获得更广泛的参与

为成功实施一个蒸汽疏水阀管理项目，一家企业内所有层级的人员都应该参与到项目开发过程中来，尤其是：

1）公司级管理人员，如公司的董事会（包括推动能源和环保以及装置可靠性问题的董事），可对项目进行资金支持以及为项目实施分配的人员；

2）装置高级管理人员，如装置经理和业务部门经理，负责装置层面上的事务（而不是整个公司所有的装置）；

3）维修经理和技术人员，负责实际工作实施的时间安排和预算，蒸汽疏水阀管理是他们的优先工作；

4）装置操作经理、操作监管人员、操作人员，辅助蒸汽疏水阀的测试和启用。

最后，疏水阀管理项目还需要一名负责实施管理的人员，一般由能源经理担任，由监管人员进行辅助。

五、计划和准备

一旦装置决定实施蒸汽疏水阀管理项目，下一步就是做计划和准备工作。这时人们会想要赶紧开始进行疏水阀的调查（图 13.2），希望可以快速确认、更换故障疏水阀。不过，在计划阶段多花些时间是很应该的。对项目成功有很大影响的计划行为包括：

根据装置条件进行选择最佳的疏水阀然后进行正确安装；

1）确定最适宜的诊断技术和测试资源；

2）设定疏水阀管理项目的范围。

图13.2　对蒸汽疏水阀的调查是蒸汽疏水阀管理项目的关键之一。不过一个装置在未做计划和准备的情况下不应直接进行调查工作（Courtesy TLV Corporation. ）

六、疏水阀的选择和安装

许多装置花费很大力气来测试疏水阀，然后基于实物替换原则进行修理和更换。这种方法会将装置的蒸汽系统恢复成多年前原始设计的样子而没有任何改进。如果原始设计使用的疏水阀技术不当或欠佳，疏水阀管理系统就无法获得收益。

因此，在开始进行调查之前（图13.3），装置应该对现有的蒸汽疏水阀活动进行评估，确定改进路线。采用这一方法可挑选出更高性能的疏水阀。

对现有蒸汽疏水阀技术进行评估的有效方法包括全寿命周期成本模型，含有与疏水阀寿命周期的四个阶段有关的四项基本费用：

1）购买和安装新的疏水阀的费用；

2）与功能蒸汽损失（FSL）有关的正确操作疏水阀的运行成本，可根据国际标准进行预测[8,9]；

3）疏水阀故障所增加的运行成本（如泄漏或冷阱）[7]；

4）修理或更换费用。

应该对关键应用（即对装置性能和能效有最大影响的应用）的寿命周期成本进行评估，如滴注（包括高压滴注）和伴热（包括铜伴热）。每种应用都存在自己的问

图13.3　蒸汽疏水阀管理项目启动前，装置应对现有蒸汽疏水阀活动进行评估，确定是否在使用最优技术（Courtesy TLV Corporation. ）

题，因此需要不同类型的疏水阀。举例来说，高压滴注的负荷一般与过热蒸汽有关，而过热蒸汽一般会导致疏水阀快速磨损，在凝结水闪蒸时，由于溶解的铜沉淀在疏水阀内部形成沉积物，会造成疏水阀堵塞。

对疏水阀的选择应该进行记录，创建装置标准。该记录应包括装置的专门安装指南和管线图，确保蒸汽疏水阀进行正确安装。通过提前挑选和记录最佳的疏水阀模型，可快速采取正确行动。

装置标准和安装图应该定期更新，采用最新的疏水阀技术。通过采用维护和外包项目有助于根据装置需要提供和安装疏水阀。

如果通过疏水阀评估确定了更好的疏水阀模型，应启动变更管理，对新设备的购买和库存进行更新。考虑现有旧模型库存的布置，防止自动再次订购旧型号疏水阀。

疏水阀标准和安装指南的培训非常重要，但如果只能从一家公司的电脑或图书馆才能查阅到相关标准，那从长期角度看这一培训就没有效果了。现场进行安装或修理的维修技术人员要能够看到或接触到疏水阀选择和安装的相关要求。可总结好在墙上张贴或在手册上印制出来标准供技术人员使用。所有材料应该在调查开始前准备好，以确保疏水阀选择和安装采用新的改进技术。

七、对疏水阀状态进行诊断的准确性

能否对蒸汽疏水阀的运行状态进行正确判断会极大影响到疏水阀管理项目的收益（图13.4）。

图13.4　疏水阀调查过程中使用的诊断方法必须准确

可能会发生四种情况：

1）正确判断出疏水阀状态：正确诊断不会增加项目的成本；

2）对正常疏水阀做出泄漏或堵塞的错误判断：装置可能会花费不必要的经

费（一般是400美元每疏水阀）购买和安装一个新的疏水阀。这不仅会导致必要的花费还会占用其他更有价值的改进项目的资源。

3）未查出疏水阀泄漏：发生泄漏的疏水阀泄漏出的蒸汽每年所造成的能耗损失达到每个疏水阀800美元。

4）未查出疏水阀堵塞：堵塞的疏水阀所造成的损失为每个疏水阀800美元[4]。

为了解对疏水阀状态做出错误判断所带来的影响，假设每次错误判断会带来600美元的损失。如果每100次测试中平均有三次做出错误判断，1000个疏水阀因判断错误所带来的损失就是1.8万美元。对有6000个疏水阀的装置相应的费用就会达到10.8万美元。判断错误带来的费用平均分到每个疏水阀上是18美元（1.8万美元除以1000台疏水阀）。由于错误判断所造成的巨大经济损失可能会影响到测试策略的选择，会导致你选择更为昂贵但更为准确的方法。这一案例还强调了在进行维修工作之前对疏水阀进行正确诊断的重要性。

对测试方法进行评价时要考虑的因素如下：

1）技术类型：在蒸汽疏水阀测试中将超声和接触温度测量结合使用一般是最准确的方法。

2）客观性：疏水阀运行状态的客观诊断方法基于每个疏水阀模型的经验参考数据或参考标准[2]，与主观方法（如目测观察）相比更为准确。每个模型的参考数据越明确，诊断就越准确。

3）外部验证：诊断方法应由认可的第三方验证机构进行验证，确保经过充分、深入、经验验证的测试所使用的诊断技术和结果准确。

4）调查速度：在调查过程中，根据装置的类型和疏水阀的安装位置，一般每天可对50~150个疏水阀进行准确评估。通过对找到疏水阀、进行测试、记录状态数据的时间进行预测，并与调查方案中给出的时间进行比较，装置可确定承包商投标的测试价格是否合理。

尽管还没有相关培训要求的工业标准，但进行疏水阀调查的人员资质、经验、培训还是很重要的。

八、疏水阀调查范围

在开始疏水阀调查前先要确定调查的范围、更换的模型、安装改进的技术，以及维修工作。调查范围应包括：

1）安全培训要求；

2）进行调查的装置区域和进行测试的疏水阀个数；

3）所使用的蒸汽疏水阀诊断技术；

4）用来确认蒸汽疏水阀的设备数目标签；

5）故障疏水阀的现场指示标志（如红纸标签或橙色喷漆）；

6）蒸汽疏水阀位置的数据收集（如管线接头、尺寸、隔离阀位置、旁通阀细节）；

7）接触到疏水阀的途径和方式（如电梯和脚手架）；

8）特殊要求（如在受限空间或危险区域进行测试）；

9）装置的蒸汽疏水阀数据库更新指南；

10）建议更换故障疏水阀的模型；

11）如疏水阀确定为冷阱（即不再工作）需增加的测试步骤；

12）对发生振动的可疑位置增加的测试；

13）调查报告的内容和格式（如Excel电子表格）；

14）调查报告的展示要求；

15）调查进展报告要求。

为划定调查范围，要特别注意现场数据的收集，蒸汽疏水阀测试的特殊要求，以及疏水阀更换原则。

1. 现场数据的收集

在调查过程中，测试团队一般会向数据库中添加各种信息数据，如疏水阀确认编号、管线压力、疏水阀模型、连接类型、对滴注或伴热等应用简单的标注。应用信息应该尽可能扩展到调查人员能够准确确认的各种不同类别——如不锈钢伴热、铜伴热、硫伴热、设备伴热、汽轮机、火炬管线——因为每种应用可能都需要不同类型的疏水阀。

在确认故障的趋势和根源时，这些应用的详细分类很有价值，对改进未来疏水阀的选择和安装非常重要。

另外一个数据库领域是优先级别。尽管其他分类方法可能更有效，但仅使用关键、重要、普通就可简单区分出应用的重要性。一般由装置人员添加这类数据，或向合约调查人员提供现场支持。可利用优先级别再加上应用类型和其他调查结果优先对维修进行响应，而不只是修理泄漏最严重的地方。

举例来说，在关键仪表伴热或关键汽轮机上的冷阱可能马上得到关注，避免错误报警和之后的装置停工。

2. 蒸汽疏水阀测试的特殊要求

为了开发出合适的维护响应方案确定冷阱的根源非常关键。出现冷阱可能有几个原因：可能是疏水阀无法关闭或堵塞；可能是疏水阀泄漏后被切出到废弃管线或暂时停工的管线上；可能是基于错误的压力估测被错误判断成低压疏水阀；或者上游过滤器发生堵塞。尽管这一工作可能会产生一些额外费用，但一般都会带来良好的回报。举例来说，通过对上游过滤器吹扫及对疏水阀再次进行测试，就经常可以不再更换疏水阀，甚至可能防止汽轮机损坏或跳闸造成装置停工。

采用超声技术很难诊断位于高压（大于1000psi）蒸汽管线上的疏水阀，因此要采用热成像等替代方法。超声测试还可能受到来自其他来源的超声干扰，如通过旁边控制阀的流量或邻近旁通阀的泄漏以及汽轮机或动设备的振动。在这些情况下，需要再次进行测试。在调查开始前就应该确定测试要求，测试人员得以了解相关要求，在技术上能够实施。

3. 疏水阀更换原则

用来诊断和修理故障疏水阀的维修项目一般都集中在泄漏的疏水阀上，而忽视或不那么重视冷阱。一般都认为冷阱不像泄漏疏水阀那么重要。不过冷阱的影响要严重得多。在计划阶段就应该考虑到更换冷阱的原则和预算。

在对大型装置的调查工作中可能会发现有大量疏水阀存在小规模的泄漏。公司可能没资金修理所有泄漏的疏水阀，小规模泄漏产生的费用可能要低于更换疏水阀的费用。因此，装置的原则是只有蒸汽泄漏超出一定量时才会解决这些疏水阀的问题。如果疏水阀持续泄漏，即使蒸汽量很小，泄漏也会变得越来越严重，在下次调查中很可能需要进行更换。

九、项目实施

如果疏水阀项目进行了完善的计划，实施应该会非常顺利。项目实施阶段取得成功最关键的部分是测试、维修响应、监管。

在项目开始实施时需要做出的第一个决定是确定实际进行疏水阀测试和随后的修理工作的人员。这涉及确定现场人员是否有足够的时间和接受过足够的培训来对疏水阀操作做出正确诊断，或是否从外面直接聘请专家来进行调查工作。由于其他维修或工艺的重要程度更高，很难让普通维修技术人员专注于疏水阀测试和修理、更换工作。

在决定测试和维修人选时，考虑具有以下资格证书的人员或团队：

1）安全记录和安全培训；

2）具备使用测试设备的经验，可基于经验参考数据对疏水阀状态自动做出准确判断；

3）具备正确确认蒸汽疏水阀模型、操作原理、安装实践的经验，接受过相关培训；

    4）可不受干扰地完成工作；

    5）考虑外部测试服务时的参考经验。

    大多数装置从外聘请专家完成测试并安排内部的承包商来更换疏水阀或由他们组成内部团队（可能包括嵌入式承包商）来进行测试和对必要的疏水阀进行修理或更换工作。

    在测试开始前，所有技术人员都应该参加针对疏水阀选择和安装的培训课程。这是基本原则，这是因为测试的疏水阀如果被诊断错误，没有选择出应该更换的疏水阀，疏水阀进行更换时安装错误都会导致项目收益受损。另外，在疏水阀安装前应审核疏水阀的安装图纸，必要时进行修改。蒸汽疏水阀的销售商应该对最初的疏水阀更换工作进行审核和验证，确保疏水阀能够根据制造商的推荐方式进行正确安装。可以早期发现偏差，减少不必要的经费分配，在问题变得严重或难以解决前快速对维修人员进行再培训。

    一旦确定了资源，其他测试所需的准备工作如保密协议、工作合同、厂区出入证、特许证、许可证应该根据公司的要求步骤进行处理。

十、测试

    测试工作有三个通常会被忽视需要特别考虑的地方：

    1）发现进行测试的疏水阀的位置并确认：在装置或生产单元中进行第一次调查时可能需要操作支持来找出所有疏水阀的位置。在早期调查中，应该记录下来疏水阀具体的位置信息，为后来调查中的疏水阀定位提供方便。将疏水阀位置输入到蒸汽疏水阀数据库中，或在装置图纸上标注出疏水阀的位置。在没有专门软件的情况下在图纸上绘制疏水阀位置需要花费大量资金，因此收集和记录疏水阀位置数据的费用不利于未来的降本减费。

    2）疏水阀接触途径：一些疏水阀可能需要梯子、脚手架、特殊出入许可或电梯才能接触到；一些疏水阀可能覆盖着保温或遮挡无法进行测试。在承包商进行投标前提供给他们的招标书中就应该包括这些很难接触到的疏水阀的测试条款。

    3）工艺操作支持：工艺操作人员提供的支持可能是最有价值的。有经验的操作人员对装置最熟悉，因此他们可以为确保找到所有疏水阀的位置提供帮助。他们可以提供疏水阀运行状态的准确数据，通过定位和确定隔离阀内的流动状态，可以确定疏水阀是否真的在工作。他们还可以吹扫冷阱的过滤器，帮助推动测试那些本应处于工作状态但被切出的疏水阀。

一旦疏水阀被定位、确认、接触并证实处于运行状态，可直接进行数据记录、测试和标注。不过一些人发现很难对那些没有测试或不处于工作状态的疏水阀进行分类和辨别。因此对运行状态未知的疏水阀应该开发相关的分类指南。在测试时期未处于运行状态的疏水阀，比如那些位于越冬管线上或废弃管线上的疏水阀，应该归入停工状态的类别。那些无法接触所以未测试的疏水阀应该归为未检查或无法接触类别。

在安装有几千个疏水阀的大型装置中，在进行测试期间维修团队应至少每个星期获知一次测试结果，从而保证尽快排除故障。快速沟通减小了故障疏水阀带来的不利影响，维修部门还可以避免过多的维修工作。

十一、维修响应

在项目计划阶段，制定维修计划时应优先安排好人员的工作时间，确保计划内工作所使用材料的订购和准备。一旦开始调查，制定计划的人员将负责蒸汽疏水阀和维修部件的采购、库存、分配，下工单、安排脚手架，促进维修工作。

应该记录所有维修工作（如疏水阀的修理更换）的日期、工作、新的疏水阀模型和评论。数据应录入到数据库中，其中应包括对故障疏水阀运行状态的诊断。对历史数据的准确分析可以改进疏水阀管理项目。将维修记录与蒸汽疏水阀的数据库连接起来的最后一步经常被忽略，但其实这是持续改进疏水阀管理项目必经的一步。

十二、监督

项目成功一般至少要有两个负责人的热情推动，一个负责管理监督，另一个负责监管和执行。如果得到操作和工程层面的更高级管理人员的支持也有利于疏水阀管理工作。成功企业一般都会有高级管理人员监管项目的实施。

定期进行准确无误的工作汇报是项目的基础。由于疏水阀管理项目在疏水阀故障排除前无法获得收益，因此追踪维修响应比追踪调查结果更为重要。项目进展报告应该包括以下数据：

1）更换的泄漏疏水阀的个数、减少的蒸汽泄漏量、防止蒸汽损失所节约的费用；

2）等待维修的泄漏疏水阀的个数以及泄漏的蒸汽量；

3）更换的冷阱个数；

4）仍留在原位的冷阱个数，特别是那些关键的或位于汽轮机或仪表伴热上的疏水阀。

5）状态未知的疏水阀分类；

6）调查和维修费用（包括部件和人工成本）。

应设立重要的更换目标，每月或每季度对报告进行审核，由装置根据相应的计划负责故障疏水阀的修理。认真撰写疏水阀性能报告的基础设施、内容、步骤，确保报告轻松快速完成。比如可利用蒸汽疏水阀有效管理软件详细分析疏水阀的状态，并汇报故障率和经济效益。

在项目中应聘请一位蒸汽疏水阀经销商代表，可持续提供相关经验，为蒸汽系统和疏水阀管理项目的改进提供帮助。

十三、项目的维持和改进

在调查完成以后，应对故障数据进行分析，找出通用的故障模式，应对维修响应的有效性进行审查以发现可以改进的地方。

一旦公司拥有了3~5年的调查数据，就应该对历史数据进行分析，找到通用的故障模式、故障率的趋势、未处于工作状态和未测试的疏水阀的个数、留待下次调查未能解决的故障数量、按应用和类型划分的出现故障的趋势，以及维修后还频繁发生故障的疏水阀的位置。这一分析工作可指出应用、管线、疏水阀选择中出现的问题。故障频发的根源应该得到确认和解决。在特定位置重复发生大量故障是很少见的。

在项目启动后疏水阀的故障状态（故障的百分比）快速下降，然后趋于平稳。此时公司必须确定能否通过改进管理项目来进一步降低稳定状态的故障率，或者项目已经无法再改进了。历史数据分析可为这一决策提供依据。举例来说，年度故障率可能下降（看起来很好）同时未处于工作状态和未测试的疏水阀的个数增加，这表明可能有隐藏问题存在。

最后，应记录年度调查分析，疏水阀测试的负责人、装置负责人、疏水阀经销商代表应该举行审核会议讨论当年的分析结果和经验教训。

十四、结语

如果疏水阀管理项目运行顺利，随着新型疏水阀和技术的应用，每年的降本减费会逐渐下降。不过仍然还有许多改进蒸汽系统的方法[10]，包括改进使用蒸汽的设施如重沸器、汽轮机、暖风器等，以及优化整个蒸汽和冷暖系统的平衡。

参考文献

1. Walter, J.P. (2014) Implement a sustainable steam-trap management program. *Chemical Engineering Progress*, 110(1), 43–49.

2. Risko, J. R. (2011) Understanding steam traps. *Chemical Engineering Progress*, 107(2), 21–26.

3. The Engineer's Toolbox, Steam Trap Selection Guide. Available at http://www.engineeringtoolbox.com/steam-traps-d_282.html.

4. Risko, J.R. (2013) Beware of the dangers of cold traps. *Chemical Engineering Progress*, 109(2), 50–53.

5. Risko, J.R. (2006) Handle steam more intelligently. *Chemical Engineering*, 113(12), 44–49.

6. TLV Corporation, (2010) *Steam trap losses: what it costs you.* TLV Corporation, Kakogawa, Japan. Available at http://www.tlv.com/global/US/steam-theory/cost-of-steam-trap-losses.html.

7. Risko, J.R. (2011) Use available data to lower system cost. *Presented at the Industrial Energy Technology Conference*, New Orleans, LA, May 18, 2011. Available at www.tlv.com/global/US/articles/use-available-data-to-lower-system-cost.html.

8. International Organization for Standardization (1998) *Automatic steam traps—Determination of steam loss—Test methods.* ISO 7841, ISO, Geneva, Switzerland.

9. American Society of Mechanical Engineers (2005) *Steam traps.* PTC39, ASME, New York.

10. Risko, J.R. (2008) Optimize the entire steam system. *Chemical Engineering Progress*, 104(6), 32.

第 14 章 管理蒸汽泄漏

Alan P. Rossiter

本书中有几章都从各种角度介绍了蒸汽系统，但对蒸汽系统管理的讨论中没有减少和管理蒸汽泄漏的方法是不全面的。在许多炼油厂和化工企业中泄漏极为常见，到处都看到大股的蒸汽冒出来。其他企业对蒸汽泄漏"零容忍"，装置在外观和噪音水平上有很大差异。解决蒸汽泄漏可减少每年价值几十万甚至上百万美元的蒸汽损失，同时还可大幅提高可靠性和安全性。

在本章中，我们将对蒸汽泄漏问题的范围进行介绍，并通过案例研究发现降本减费的可能程度。我们还会讨论蒸汽泄漏的预测方法，蒸汽泄漏的原因，以及管理蒸汽泄漏的方法。

一、实例研究

2003年罗门和哈斯公司对其位于得克萨斯迪尔帕克的化工装置开展了实例研究[1]。当时整个装置的蒸汽生产量根据生产需要在1000000~2000000lb/h。不过蒸汽主要来自余热锅炉；装置平衡需要锅炉房生产的蒸汽量一般低于400000lb/h（图14.1）。装置中有三个主要的蒸汽压头，压力分别在600psi（表）、150psi（表）和750psi（表），安装有2000多个疏水阀。装置已经运行了很长时间，一些管线的使用超过了50年。

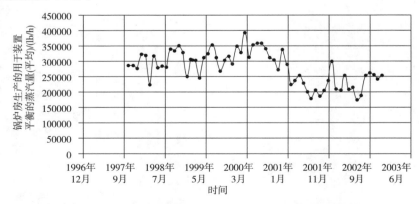

图14.1 罗门和哈斯公司迪尔帕克装置的锅炉房蒸汽产量[1]

该装置在1999年3月开始对蒸汽疏水阀和蒸汽泄漏进行检查。通过检查确认蒸汽损失为90000lb/h，之后与当地服务商合作修理的资金项目投入为50万美元。

接下来在2000年9月和2002年7月又进行了两次检查，蒸汽损失分别减少到44000lb/h和28000lb/h（图14.2）。项目持续推进，采用了软件工具来辅助检查和存档工作。

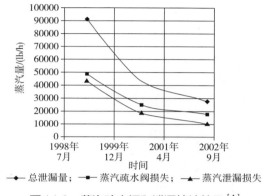

图14.2　蒸汽疏水阀和泄漏检计结果[1]

在第13章中已经详细讨论过蒸汽疏水阀的管理项目，因此在本章中我们将主要讨论蒸汽泄漏问题。如图14.2所示，蒸汽泄漏造成的损失与蒸汽疏水阀的损失几乎一样大，在项目开始时的泄漏量为40000lb/h。换个角度来看，在项目之初，蒸汽泄漏量占了锅炉房生产的蒸汽量的10%以上。假设每千磅蒸汽的成本是5美元，蒸汽泄漏造成的损失每年约为175万美元。不过在开展修理项目3年之后，蒸汽泄漏损失就减少了75%。

尽管蒸汽泄漏造成的损失已经大幅减少，调查结果表明，新的泄漏还在以每3天1次的速度在出现。这一速度在有数据记录的3年中没有明显变化。这一点非常重要，下面还要进一步讨论。不过，大多数泄漏规模都很小：估计仅有约10%超过了100lb/h。尽管高压系统占比很小，但高压系统的故障率最高。这些结果与普通蒸汽系统的发现一致[2]。

二、估测蒸汽泄漏

泄漏造成的蒸汽损失很难直接进行测量。不过，使用"蒸汽柱长度"的方法可以做出合理估测[3]。蒸汽泄漏形成的蒸汽柱的长度是泄漏点到形成凝结水的区域的距离。这一点通常要超出蒸汽柱的可见高度。结合蒸汽压力和环境温度，可使用蒸汽柱长度来估算蒸汽损失，单位是lb/h，如图14.3所示。

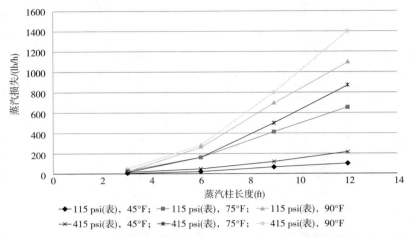

图14.3　不同压头和环境温度下的蒸汽泄漏速度，采用蒸汽柱方法进行估测[3]

三、蒸汽泄漏的原因

蒸汽泄漏一般与管线设计失误、腐蚀问题、接头和阀密封失效有关[2]。水锤作用是导致这些问题的主要因素之一，下文将对此进行讨论。

在化工装置中使用的锅炉生产出的蒸汽含有一定水分（即不是100%的水都蒸发了）。尽管某些锅炉安装了分离器之类的设备用于脱除这部分水分，但在供给装置的蒸汽中仍有一些水分残留。目前技术水平最高的锅炉生产的蒸汽在锅炉出口的含水量仍有3%~5%。

即使锅炉生产过热蒸汽，在蒸汽分配系统中仍有很大可能形成液态水。在蒸汽系统启动时对温度低的管线进行加热，产生的凝结水必须通过倒淋和凝结水排出位置（CDL）排出：即排水系统由一个蒸汽疏水阀和相连的管线、单向阀、排污阀、隔离阀、过滤器、三通所组成。一旦启动时产生的凝结水被排出，系统达到过热状态，位于凝结水排出位置的凝结水收集竖管（俗称"倒淋"），变成了滞流散热器冷却过热蒸汽，产生凝结水。还有其他一些可能改变过热蒸汽品质的情况，过热蒸汽减温器发生故障，向蒸汽流中注入过多水时也会出现这一问题。

蒸汽在输配管线中移动时，各种机械和热动力作用可能会导致夹带的水分从蒸汽掉落（图14.4）。如果水分没能从蒸汽疏水阀中脱除——一般是由于疏水阀堵塞或被切出防止故障疏水阀泄漏蒸汽——凝结水可能被以8800ft/min（100mile/h）高速流动的蒸汽推动向下游管线不受控制地移动。凝结水在遇到弯头、喷嘴、阀门、法兰时突然停止，就会形成水锤。急速上升的压力会损坏包括阀门填料、配件和法兰垫片在内的设备或引起管道弯头腐蚀，最终都会导致蒸汽泄漏。在极端情况下，水锤还会造成人身伤害。滞留的高速凝结水会严重破坏汽轮机叶片，会造成点蚀甚至使其完全损毁。

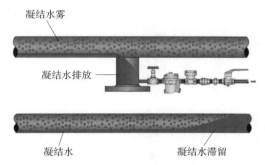

图14.4 从锅炉产生的蒸汽一般含有凝结水，必须通过蒸汽疏水阀（顶部）从系统中脱除。如果没有被脱除掉，凝结水最后会在底部形成水滴被快速移动的蒸汽带走
（Reprinted with permission from Chemical Engineering Progress (CEP), February 2013 [4]. Copyright 2013, American Institute of Chemical Engineers (AIChE)）

　　水锤的产生根源是由于疏水阀故障造成的凝结水排出位置排水不畅（"冷阱"或"疏水阀"堵塞）。凝结水排出位置被堵塞时，凝结水就会被滞留在系统中。不过除非发生极为严重的事故，一般都不会对凝结水排出位置进行修理。一些装置采用的是"眼不见心不烦"的方式来处理滞留凝结水和冷阱修理的问题。不像蒸汽泄漏是可以观察到的，滞留的凝结水在管线内一般是看不到的，蒸汽可能会携带大量破坏性的凝结水穿过整个系统。不过"看不见"的滞留凝结水一般是导致"看得见"的蒸汽泄漏的原因，尤其是腐蚀、法兰垫片吹胀、单向阀填料损坏造成泄漏的情况更是如此。在某些情况下，系统中没有安装足够的冷凝水排放位置，此时就有必要增加冷凝水排放位置来脱除滞留的凝结水。

四、管理蒸汽泄漏

　　成功的蒸汽泄漏管理项目必须解决许多问题：

　　1）对泄漏点的探测和确定：大多数中等到严重程度的蒸汽泄漏可通过冒出来的蒸汽柱进行确认。不过尤其在泄漏是家常便饭的装置中这种程度的蒸汽泄漏一般都会被忽视掉。在这种情况下需要改变企业文化，必须对操作人员进行培训，让他们认识到蒸汽泄漏是不可接受的。对装置的期望包括对蒸汽泄漏进行确认，一旦发现蒸汽泄漏时，要进行标注然后由维修人员进行修理。

　　规模较小的泄漏更难被检测到，尤其在保温层较厚或噪音强度较大的区域，这时可以使用超声检测仪[3]来辅助探测。这要求采用更为主动的方式来发现泄漏。

2）估测和优先排序：装置操作人员经过培训可采用使用蒸汽柱长度的方法来估算蒸汽损失的速度。这一数据再加上装置的蒸汽平衡（第18章）、每个蒸汽压头的蒸汽价格数据（第17章），可用来估算泄漏被修好之后可以被节省的费用。

蒸汽系统一般都很复杂，从本章提到的罗门和哈斯公司的实例研究中可以看出，大多数蒸汽都来自工艺过程或发电蒸汽轮机的"余热"。余热产生的蒸汽量一般取决于工艺的生产能力或蒸汽轮机的发电量。其他装置蒸汽平衡所需的蒸汽（一般叫"专用蒸汽"）一般来自燃煤锅炉，这是装置中成本最高的蒸汽。大多数情况下减少蒸汽泄漏可直接减少专用蒸汽的用量。尤其在关闭低效锅炉后可以保证蒸汽用量时，可以节约大量费用。

安全或可靠性问题也会影响到维修的先后顺序。

3）维修资源：在最成功的蒸汽泄漏管理项目中都有专用资源和预算用于蒸汽泄漏的修复。如果没有专用资源，人员和维修资金有可能会被分配到管理层更关注的其他工作上去。

不同程度的泄漏需要不同的维修方法。有些泄漏可能无需将设备切出。有些就不行，特别是在泄漏点很难被切出的时候，可能导致维修工作延迟。在某些情况下，最好的方法是借助专业的泄漏修理承包商，在另外一些情况下则可以使用装置自己的人员。

4）解决泄漏的根本问题：许多装置都注意到即使他们的蒸汽泄漏管理项目的确大幅降低了蒸汽损失，新的泄漏还是会持续形成（参见本章之前提及的实例研究）。在很多情况下，在修理后同一地方会再次发生泄漏。一种方法是重新进行修理，更好的方法是找到发生泄漏的根源。发生泄漏的根本原因一般都是管线设计存在问题或由于倒淋数目不够或布局存在问题以及蒸汽疏水阀排水故障所导致的排水不畅的问题。通过解决问题的根源（改变蒸汽管线设置、增加倒淋、更换蒸汽疏水阀等）可以消除未来蒸汽泄漏带来的修理费和不便。

五、结语

修理蒸汽泄漏不是有趣的工作，和所有类型的能源管理工作一样需要坚守原则并坚持。不过这一工作值得付出努力，除了可以节约大量能源之外，不仅可以提高装置的安全性和可靠性，还可以降低装置的噪声污染，改善装置的外部环境。没有这一工作所有的能源管理项目都是不完整的！

致谢

有很多人为本章撰写提供了帮助。特别要感谢PSC工业外包公司的Joe Davis和TLV 公司的Jim Risko提供数据并对材料进行审查。

参考文献

1. Dafft, T. (2003) *Plant Steam Trap and Leak Repair Program*. Texas Technology Showcase, Houston, TX, March 17–19, 2003. Available at http://texasiof.ceer.utexas.edu/texasshowcase/ pdfs/ presentations/a6/tdaffttraps.pdf.

2. U.S. Department of Energy, Office of Industrial Technology (2002) *Steam System Scoping Tool.*

3. U.S. Department of Energy, Office of Industrial Technologies (1999) *Energy Tips: Quantify and Eliminate Steam Leaks*. Available at http://www.apmnortheast.com/Department%20of%20 energy%20steam_leaks.pdf (accessed March 4, 2014).

4. Risko, J.R. (2013) Beware of the dangers of cold traps. *Chemical Engineering Progress*, 109(2), 50–53.

第15章　动设备：离心泵和风机

Glenn T. Cunningham

一、简介

在过程工业中使用的典型的动设备包括离心泵和风机，功率从 1hp（1hp = 735.49875W，下同）到 2000hp 甚至更高。对动设备进行正确的维修和校正工作对设备的有效操作和设备升级很有必要，但能效研究通常还是集中在设备功率的调整方案、系统布局和控制上。本章主要讨论了离心泵和风机常用的功率调整控制方案，并介绍了确定节能项目的方法。

二、离心泵的功率控制系统

对离心泵的能源评估主要是确认那些根据工艺要求调整系统的输送流量但同时浪费大量能源的低效控制方案。改变离心泵系统功率的常用方法如下：

1）再循环：离开泵出口的流体通过再循环管线直接返回到吸入罐（浪费大量离心泵能源）；

2）节流阀：位于泵出口的控制阀部分关闭，迫使离心泵曲线发生变化，减少输送流量（如果节流阀长期关闭程度较高会浪费大量能源）；

3）离心泵与节流阀并联：多个离心泵以并联的方式与一个共同的压头连接。一般采用节流控制阀控制从总管出来的不同管线的流量（一般需要所有能够使用的离心泵全部运行，采用节流阀调节进入支线的流量）。

在流量要求随时间发生变化或离心泵功率过大时，以上所有这些控制方案都会浪费离心泵的大量能源。

离心泵系统的设计人员一般都会加大离心泵的额定功率，确保离心泵在实际运行时可以提供需要的流量。额定功率过大的离心泵可以通过关闭泵出口的控制阀（或静止状态的平衡阀）将流量降至需要的数值。其他降低泵功率的方法包括在需要的流量不变时修整叶轮，或安装一个变频器（VFD）来减缓泵的转速。在离心泵功率过大，流量不需要降低太多的情况下，叶轮修整是一个有效的方法。

如果流量要求变化较大，修整叶轮可能就不是一个好方法了。在对叶轮进行修整前应向离心泵制造商咨询意见。安装变频器一般来说是最好的解决方法，是因为采用这种方法离心泵的功率变化幅度很大，在泵速减小时节约能源。

为控制流量安装变频器的主要缺点是购买和安装的费用很高。低压变频器（低于1000V）的购买价格一般为1hp约50~100美元，安装费用也很高。中压变频器的价格更高，投资回收期也更久。用于400hp低压离心泵的变频器最新的报价是2.6万美元，400hp（4610V）的中压离心泵报价为14万美元。变频器安装必须由有资质的电气工程师进行监督，以避免产生电谐波、轴承电流和电压尖峰等问题大大缩短电机寿命。

修整叶轮的费用一般不到2000美元，难点在于叶轮修整以后会永久降低泵的流量。如果之后需要恢复到原来的设计流量就必须购买和安装新的叶轮。

1. 离心泵再循环流量

离心泵的再循环管线有时候会安装到离泵的主出口有一小段距离的地方。这些管线将从泵出口流出的流量送回到泵进口的存储罐中。可使用再循环管线对泵进行最低流量保护，使用节流阀进行流量控制。没有再循环管线，如果工艺管线上的流量控制阀关闭大半或全关，离心泵内的流体快速升温，可能会损坏离心泵。泵进口和出口区域产生的感应压力脉冲也会损坏离心泵。携带固体颗粒的液流一般要进行循环以防止固体沉积到管线和储罐的底部。离心泵一直产生相同的流量，多余流量会返回到储罐，因此为控制流量进行再循环是效率最低的方法。

锅炉给水泵一般都装有再蚀循环管线，在锅炉关闭控制阀控制进入水流时，避免泵壳内的热水蒸发导致水泵发生汽蚀。热水锅炉给水的蒸汽压力已经很高（与冷水锅炉相比），因关闭水泵导致温度升高将会导致泵内发生沸腾，对泵造成损坏。要使用再循环管线和控制阀来防止轻烃（常压沸点较低）泵发生汽蚀。

采用自动控制再循环管线流量的方法可更有效保护离心泵。只有系统流量较低或停止需要进行再循环时才会打开自动控制阀或专用再循环阀。使用泵出口管线上的压力传感器对控制阀进行控制在高压下打开，或采用弹簧控制机械组合在设定压力下自动打开。

2. 离心泵再循环流量：实例

在一家铝土矿精炼厂中使用两台卧式分体双吸离心泵抽出废液。每台泵都在泵出口处安装了一条6in再循环管线，将废液返回到泵进口处的储罐中。这些管线长期处于打开状态，没有安装控制阀。装置的工艺工程师估计每条再循环管线中的流量达到了1520gal/min（1gal = 3.7854L，下同）。

这两台离心泵运行2000h的总流量如图15.1所示。泵的出口扬程为425ft，废液的比重是1.284。采用泵曲线估算出泵效率为64%，电机效率估计为94%。装置总的电价是60.50美元/（MW·h）。电机的功率可采用式（15.1）进行计算（采用泵扬程、流量、泵效率和电机效率得出电机输入功率）。

$$电机功率 = \frac{（扬程）（Q）（相对密度）}{（5308）（\eta_{\text{pump}}）（\eta_{\text{motor}}）} \tag{15.1}$$

其中，Q是泵的流速，gal/min。

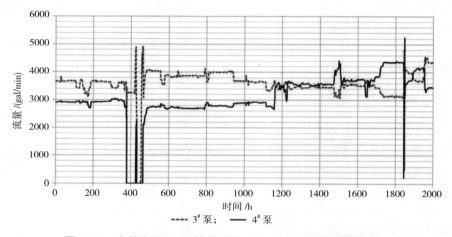

图15.1　安装有6in再循环管线的两台1250hp精炼泵的流速

供给再循环流量的电机功率为256kW，两台泵采用相同运行方式。典型的运行时间为8000h/a。这样再循环流量的电耗（两台泵加起来）是：功率，514kW；电耗，4096MW·h；每年电费，24.78万美元。如果再循环流量停止而泵功率不变，工作点会移动到下方扬程更高的流量上，泵效率会下降50%左右。因此，安装控制阀并不会减少所有再循环流量泵的费用。考虑到泵扬程的增加和泵效率的下降，实际节约的能耗和费为：功率，311kW；电耗，2479MW·h；每年电费，15万美元。为两条6in再循环管线各安装一个自动控制阀预计花费3万美元，项目总费用6万美元。项目的投资回收期预计为5个月。由于在中压电机上安装变频器的高额费用未能为这两台泵安装变频器。为两台泵安装变频器的项目总成本预计为60万美元，投资回收期约为2.4年。

3. 采用节流阀控制的离心泵

对离心泵流量控制的最常用方法是使用节流阀。离心泵的额定功率一般要超出实际需要。流量不变或很小的离心泵系统一般使用静态平衡阀，而动态离心泵系统由于流量会变化要采用自动调节控制阀。

如图15.2所示的蝶阀开度为40%。如果控制手柄与管线平行，阀开度为100%；如果控制手柄与管线垂直，阀开度为0。大多数控制阀都装有某种阀位指示器，显示全开和全关的阀位。该蝶阀控制通过某零件垫圈的流量，很好展示了流量控制系统控制某个下游压力和流量的情况。该蝶阀过去很少进行调节，上游泵的能耗总是高出流量通过垫圈所需的正常能耗。在泵的所有7台电机的垫圈上都安装了变频器，大幅降低了能耗。

图15.2　节流用蝶阀控制通过零件垫圈的流量

当对离心泵系统进行筛选寻找节能项目时，最简单的节能途径是离心泵中的全部流量都通过一个经常关闭的控制阀。泵相关数据如图15.3所示。注意在1年中阀位从未超过60%开度，这表明通过安装变频器控制电机速度取代节流阀控制获得需要的流量，可以大幅减少能耗。

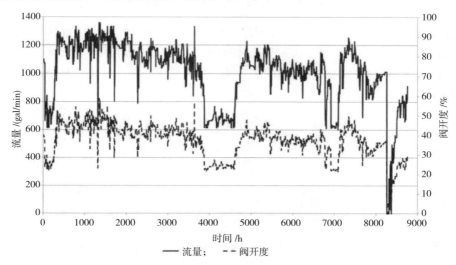

图15.3　精炼泵在一年中每小时的节流数据

4. 离心泵系统分析

离心泵系统运行在泵曲线和系统曲线的交叉点上。系统曲线为：扬程$_总$=扬程$_静$+$K'Q^{1.9}$，其中由于高程变化和从源头到目的地气体超压，静扬程是压力的总和（正或负）[1]。在闭环系统中静扬程为零。系数K'是摩擦损失常数，与流速Q（gal/min）的1.9次方相乘，有时指数为2.0。典型的节流泵分析如图15.4所示。

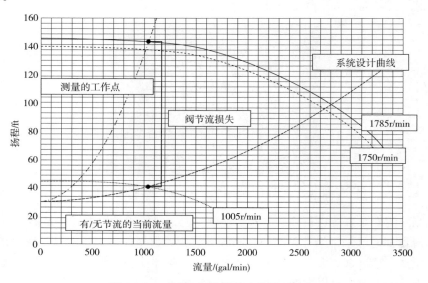

图15.4 减速运行的凝结水节流泵分析

泵亲和定律［式（15.2）］一般用于在泵分析中重新绘制在不同操作速度下的泵曲线。可使用光学频闪仪来测量泵的转速。一旦了解到实际的转速，制造商就应该根据泵定律修改已经出版的泵曲线，如下所示。泵亲和定律还可用来重新绘制相同转速下不同叶轮直径的泵曲线。

$$\frac{Q_1}{Q_2} = \frac{N_1}{N_2} \text{ 或 } \frac{Q_1}{Q_2} = \frac{D_1}{D_2}$$

$$\frac{H_1}{H_2} = \left(\frac{H_1}{H_2}\right)^2 \text{ 或 } \frac{Q_1}{Q_2} = \frac{D_1}{D_2} \qquad （15.2）$$

$$\frac{\text{BHP}_1}{\text{BHP}_2} = \left(\frac{N_1}{N_2}\right)^2 \text{ 或 } \frac{\text{BHP}_1}{\text{BHP}_2} = \left(\frac{D_1}{D_2}\right)^3$$

其中，Q是流速，D是叶轮直径，N是转速，H是扬程（总动扬程），BHP是制动马力。

5. 节流阀控制的离心泵：实例

图 15.4 中的离心泵为凝结水泵，系统中的两台冷却器有一台从系统中切出，没有更换凝结水泵或修整叶轮来降低泵的功率。关闭两个节流阀进行节流，将离心泵的工作点移动到泵曲线的左面，从而获得剩下那台冷却器所需的流量。需要经常维护这两个节流阀。

在上面的分析中，离心泵制造商提供的泵曲线的泵速为 1750r/min。实际测量的泵速为 1785r/min，根据泵规律将泵曲线"扩展"到了更高的运行速度。管线系统包括一座冷却塔，塔顶的出口管线下方的水位为 30ft，造成的静扬程为 30ft。该扬程在系统曲线流量为零处。该系统的实际工作点在扬程为 144ft 时为 1030r/min。在这种节流条件下的泵效率不高，为 55%。

可能开展的几个节能项目：

变频器：如果在转速控制和控制阀锁定在开的状态时的流量不变，扬程 41ft 的工作点预计为 1030r/min。将泵速降低到 1005r/min（基于变频器输出功率为 34Hz）泵曲线会收缩，与系统曲线交叉产生新的工作点。泵效率也提高到 67% 左右。计算显示该 75hp 的离心泵安装变频器可节约电量 41.6kW。以电价 80 美元/（MW·h）和运行 8000h/a 计算，每年可节约 2.66 万美元。安装变频器的花费为 1.5 万美元，大约 7 个月可回收成本。

修整叶轮：对修整叶轮进行调查是个好主意，因为这一工作不需要调节流量。不过，泵的功率过大，叶轮即使经过修整也无法达到想要的工作点。

新泵：还可以用带有冷却器功率适合的新泵更换现在使用的离心泵。新泵安装有一台 20hp 的电机，运行时的泵效率为 81%，可以达到工作点。不像变频器，新泵消除了产生高流速的可能性。对这两种方法的费用和风险进行对比做出最佳选择。

6. 节流阀的能量损耗

分析节流泵系统内的压力下降情况有助于发现节能点。一般在靠近控制阀的地方测量泵出口压力，但对下游压力则很少测量。式（15.3）是控制阀方程，可用来确定控制阀的压力损耗。

$$Q = C_v \sqrt{\frac{\Delta P}{(相对密度)}} \qquad (15.3)$$

其中，C_v 是阀流量系数；ΔP 是压降，单位为 lb/ft²；Q 是流量，单位为 gal/min。

控制阀制造商为所生产的控制阀提供了阀流量系数与阀位的关系曲线图（图 15.5）。如果知道流速，有了正确的控制阀 C_v 和阀位读数，根据式（15.3）可计算出压降。如果没有固定安装的流量计可使用超声捆绑式流量计来测量流速。如果节流阀的压降很大就表明采用其他控制方案也可以节能。

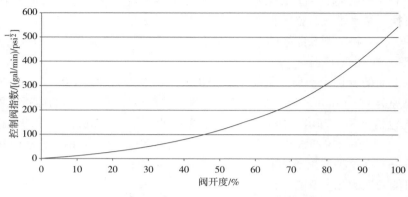

图15.5　典型的阀 C_v 和阀位关系曲线

三、泵系统的注意事项

1. 离心泵并联操作

在大量工业企业中采用离心泵并联十分常见，适用于扬程较低、系统曲线为静扬程主导而系统需要提供较高流速的情况。在实际应用中采用三台以上相同型号离心泵并联的并不少见，因此如果一台泵发生故障，剩余的泵还可以在扬程稍降的情况下继续为系统提供所需的大部分流量，避免设备关停。

对并联泵系统进行研究可知超过三台泵并联时，最后一台泵启动一般不会给并联泵系统增加太多流量。系统中最后一台泵一般是为了保证实际流量的要求避免设备发生关停。采用不同的系统运行方式可在不影响工艺的情况下增加节能收益。

2. 并联运行的离心泵：实例

5台100hp离心泵并联运行的系统如图15.6所示。可以注意到第5台泵的运行只为系统增加了1000gal/min的流量。

一般像这样的系统，四台泵并联可为装置运行提供8900gal/min的流量。第5台泵作为"保险"，万一其他泵出现故障，可保证流量供应。这种"保险策略"每年要花费企业3.5万美元的电费。可以通过自动控制在总管压力下降时启动备用泵来实现这种"保险"，装置可以只运行4台泵而不是5台，从而降低了运行成本。

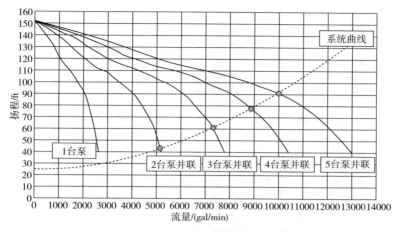

图15.6　五台100hp相同型号的离心泵并联运行

第二种情况是并联泵提供流量的系统在一天中部分时段流量需求下降。如果系统24h运行，部分设备在某些班次不运行，而所有泵却一直在运行，这段时间就可以停掉一台或更多台泵。

在同时并联运行3台100hp离心泵的冷却液回路的供应总管上连夜安装了一台压力记录器。压力记录器的数据如图15.7所示。可以看出，从晚上9点开始，部分设备关闭，总管压力开始上升。从晚上11点到早上5点，总管压力达到最大的96psi（表）。白班时所有设备处于工作状态，压力要求达到60~70psi（表）。该冷却回路在夜间必须进行循环过滤，但夜间至少有1~2台100hp的离心泵可以关闭至少6h。只需让夜班工人停掉离心泵，白班工人再启动就可以，或可以安装控制器自动完成这一工作。

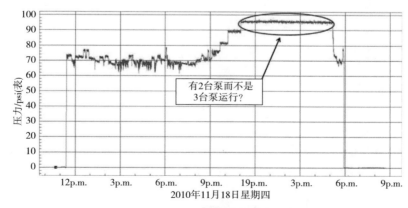

图15.7　同时有三台100hp离心泵运行时的供应总管压力

四、离心式风机

在许多工业装置中使用离心式风机将管道和工艺设备中的空气和其他气体驱赶出去。确定在这些应用中的能源损耗要以整个系统为中心。风机叶轮类型（翼型、后倾型、辐射型等）和设计完善的管线布局都非常重要。在某些情况下，风机进口和出口的设计错误可能会成为导致大量额外的压力损失和风机运行不稳定的影响因素。在这些情况下，可启动项目改变系统内的布局。对系统影响因素的讨论不在本书的研究范围内。

性价比较高的能源项目主要集中在优化风机功率控制技术上。喘振控制作为特例将在附录15A中进行讨论。标准离心风机控制技术一般包括：

1）出口挡板位于风机出口附近，是可调节型挡板。挡板关闭会增加管线系统的阻力，将工作点移动到风机曲线左侧，降低了流速。出口挡板效率很低，除非必须最好不要使用。不同风机功率控制技术的相对效率对比如图15.8所示。很明显进气口导向叶片（IGV）或变速控制要比出口挡板的效率高得多。

2）进气口导向叶片可以安装在风机进口，对进气进行预旋转，旋转方向与风机叶轮转动方向一致。叶片闭合程度越大，预旋转程度越高，风机功率降低幅度越大。进气口导向叶片位置的每次变化都会改变风机曲线的形状。使用进气口导向叶片控制风机在高负荷范围内（80%~100%）非常有效，如图15.8所示。在低负荷范围内最好使用变频调速。进气口导向叶片与变频器相比费用较低，因此风机负荷在70%~100%范围内是一个不错的选择。出口挡板的能效极低，因此经过改造换成进气口导向叶片或变频器的性价比很高。

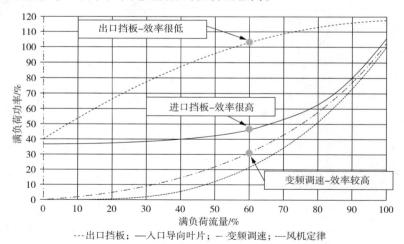

图15.8　离心风机的功率控制和相对效率[2]

3）与进气口导向叶片相比，调速是一种更为高效的负荷控制方法，尤其适用于负荷低于80%的情况。一般使用变频器控制风机的转速。与风机性能有关的风机亲和定律［式（15.4）］的影响因素包括风机转速、风机叶轮直径和气体密度的变化。可使用风机亲和定律预测风机转速改变时的风机输入功率。风机定律曲线可参见图15.8，是一条理想极限，实际使用的变频器的内部损耗是其满负荷额定功率的2%~5%。

不同风机控制方案在负荷为60%条件下的相对能效对比也参见图15.8。控制风机功率效率最低效的方法是在风机出口一侧使用出口挡板，相对能耗为105%。这是因为与其他控制方法相比，挡板自身会在管线系统内造成额外的压力损耗。效率次低的控制方法是使用进口挡板或进口导向叶片，在负荷为60%时能耗是满负荷功率的48%。最好的方法是变频器调速，在负荷为60%时能耗是满负荷功率的31%。

密度恒定时的风机亲和定律：

$$\frac{CFM_1}{CFM_2} = \frac{N_1}{N_2} \text{ 或 } \frac{CFM_1}{CFM_2} = \frac{D_1}{D_2}$$

$$\frac{p_1}{p_2} = \left(\frac{N_1}{N_2}\right)^2 \text{ 或 } \frac{p_1}{p_2} = \left(\frac{D_1}{D_2}\right)^2 \qquad (15.4)$$

$$\frac{BHP_1}{BHP_2} = \left(\frac{N_1}{N_2}\right)^3 \text{ 或 } \frac{BHP_1}{BHP_2} = \left(\frac{D_1}{D_2}\right)^3$$

其中，CFM是流量，D是叶轮直径，N是转速，p是压力，BHP是制动马力。
在转速和扇轮直径不变时密度变化的影响（ρ是密度）：

$$\frac{p_1}{p_2} = \frac{\rho_1}{\rho_2}$$

$$\frac{BHP_1}{BHP_2} = \frac{\rho_1}{\rho_2}$$

从风机定律可知随着离心风机转速变慢，风机功率的减少值与转速的三次方成正比。因为调速驱动的电耗以及其他因素，图15.8的调速曲线未达到风机定律的预期。

不过调速可以大大改善对出口挡板的控制，与低负荷范围内的进气口导向叶片控制相比可减少大量能耗。调速曲线显示能耗在风机流量负荷为60%时是满负荷功率的31%。风机低负荷运行时间越长，与进气口导向叶片相比，使用调速可减少更多能耗。

可使用式（15.5）计算进入风机电机的电量（采用风机压力、流量、电机输入电量，压缩系数、风机效率、电机效率、驱动效率计算电机输入电量）。

$$电机功率 = \frac{(p_{\text{total}})(Q)(压缩系数)}{(8528)(\eta_{\text{fan,total}})(\eta_{\text{motor}})(\eta_{\text{drive}})} \tag{15.5}$$

其中，Q是流量，ft^3/min；p_{total}是风机总压力，$\text{in H}_2\text{O}$。

在式（15.5）中，如果风机或泵与电机轴直接连接，那么方程中的传动效率是变频器的效率。变频器的效率一般为96%~98%。如果风机或泵通过皮带与电机连接，必须对皮带的能耗进行估算，$\eta_{\text{drive}}=1-$皮带损耗。空气运动与控制协会（AMCA）出版了标准V型皮带的能耗数据，如图15.9所示[3]。图15.9中的数据在没有更准确数据的情况下常用来估算皮带能耗。

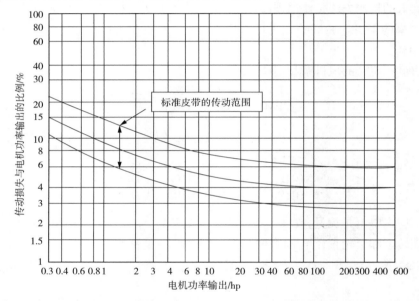

图15.9　V型皮带的标准能耗(Reprinted from AMCA Publication 203-90(R2011): Field Performance Measurement of Fan Systems[3], www.amca.org)

从式（15.1）和式（15.5）可看出电机效率是泵和风机的能源使用中的一个重要因素。在附录15B中将进一步讨论电机效率。

五、VFD调速与进气口导向叶片控制的对比：以风机为例

以某台锅炉送风助燃风机为例，其功率控制技术从进气口导向叶片升级为变频器调速。分别采用两种方法的风机电耗如图15.10所示。该锅炉85%的运行时间（8400h/a）内都在30%~60%的满负荷下运行。每年使用进气口导向叶片控制

的电量为216.0MW·h，费用每年超过1.4万美元。安装变频器后，每年的电量下降到95.4MW·h（减少了55.8%），费用每年为6200美元。节约电耗120.5MW·h，节约费用7800美元/a。购买安装变频器的费用是1.5万美元，1.9年可回收成本。

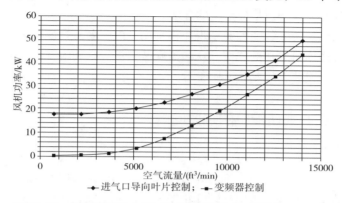

图15.10　使用IGV和VFD的75hp锅炉FD助燃风机的功率

六、提高工艺压缩机和汽轮机的效率

尽管本章主要讨论的是功率控制方案，还应该注意到设备升级有时也会达到降本减耗的效果。过去15~20年以来，改进压缩机和汽轮机的制造技术大幅提高了设备效率。过程工业常用到超大型的大马力离心式压缩机，其中有很多压缩机和驱动器的制造日期可以追溯到制造企业的早期阶段。

在主要工艺周期中需要经常检修大型动设备，将设备恢复到接近设计的状态下。不过在某些情况下，改造压缩机和汽轮机更为合算，这样通过更换内部部件，设备的技术可以接近最新水平。虽然必须逐一对压缩机和汽轮机的改造进行评估，但相关设备效率提高的水平还是可以达到3%~5%。与设备制造商联系对设备的各个部件进行调查，对于这类能耗极高的设备，效率仅提高几个百分点就可以实现某个工艺单元能耗上的巨大变化，在某些情况下还可以起到解决瓶颈问题的作用。

七、结语

能效项目与其他项目一样都需要解决财务上的困难。需要从能源项目的经济角度考虑能够带来的所有收益。通过更换控制方案或管线布局，选择合适的泵或风机，或使用新型设备会提高工艺的可靠性，同时也可能增加维修费用。

降低泵或风机系统能耗最经济的方法是减少功率控制系统造成的能量损耗。采用"缩小泵或风机"的技术或根据流量要求调节系统功率都是性价比很高的方法。在系统的流量要求不变时，可以修整泵的叶轮和更换风机的皮带轮。在变容量系统中安装变频器调速是最常见的方法。

为泵和风机系统安装变频驱动现在很常见。由一名有资质的电气工程师负责变频器的安装是项目成功的关键。变频器安装失误导致的潜在问题和隐患必须进行详细记录，为安装新的变频器做参考。

附录 15A：离心式压缩机的喘振问题

1. 压缩机喘振

喘振的定义是离心式压缩机的峰值扬程和最小流量极限交汇时的工作点。离心式压缩机的工作原理是采用旋转叶轮增加流体的动能。流体离开叶轮进入扩压通道后流速变慢，动能转换成势能，压力增加。

在流速较低时，压缩机后面的扩压通道压力可能会超过叶轮的出口压力，流体改变流动方向折返回到压缩机中。返流会导致扩压通道的出口压力下降，压缩机入口压力增加，从而造成二次返流。这一现象被称为喘振，在频率为 1~2Hz 时会重复出现。当喘振发生时，整个系统变得不稳定，压缩机丧失了维持峰值扬程的能力。

在启动或紧急停工等流量较低的情况下，压缩机的工作点会向喘振线移动。如果发生工作点接近喘振线的情况，在叶轮和出口扩压段之间会发生返流现象。流量的分离最终会导致出口压力的下降，从进口到出口的流量会继续。喘振会导致压缩机过热，最终会超过最高允许温度。由于转子从主动侧到非主动侧来回移动，喘振还会损坏止推轴承[4]。

2. 过程压缩机的喘振控制

在过程应用包括制冷过程中，离心式压缩机运行中的喘振是一个重要问题。喘振极限和工艺极限、压缩机功率是有最大和最小速度极限的变速机械的关键制约因素。压缩机控制系统设计用来保持设备处于稳定运行区域，受这些约束因素和控制裕度的限制。

随着对压缩机流量的要求下降，喘振控制会调节进气口导向叶片，如果压缩机具有变速能力，转速也会下降。不过，当工况到达喘振极限的控制裕度时，控制阀会打开，部分压缩空气会返回到压缩机进口，防止压缩机发生喘振。这个"反喘振循环"由于产生了一个再加压回路，因此会产生大量能耗。

现代先进压缩机控制系统的发展趋势是通过使用特定的算法在不牺牲可靠性的前提下消除反喘振循环，从而减少控制裕度。结果是能效大幅提高，通常还伴随着生产能力的增加和工艺干扰的减少。

3. 离心式空气压缩机的控制作用

压缩空气系统的喘振控制方式略有不同。和在工艺气体压缩机中一样，当离心式空气压缩机从满负荷下降时，首先采用的控制手段一般都是缓慢地关闭进气口导向叶片。根据制造商和出口压力要求，进气口导向叶片全关可将压缩机负荷降低到满负荷生产的70%~75%。还有部分压缩机采用了进口蝶阀（IBV）。进口蝶阀的效率不如进气口导向叶片，但性价比更高一些。

典型的离心式空气压缩机控制曲线如图15A.1所示。如果压缩机的空气产量超出了进气口导向叶片全关时的需求，系统压力就会持续增加。下一步的控制步骤是打开放空阀，让部分压缩空气排入大气中。进气口导向叶片无须进一步关闭，防止压缩机发生喘振。由于生产的压缩空气被迅速排放，因此打开放空阀的操作会增加操作成本。

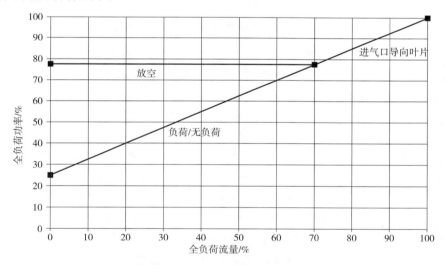

图15A.1 离心式压缩机控制曲线

如果空气系统有足够的存储负荷量，可将配平离心式压缩机改为负荷/无负荷模式。在负荷/无负荷控制模式下压缩机的运行模式有两种：进气口导向叶片全开以最大生产能力生产气流，或者压缩机电机仍然运转但无气流产生。配平离心式压缩机负荷/无负荷运行需要的存储空气量是7~10gal/（ft³/min）。离心式压缩机在负荷/无负荷控制下运行时的电流和系统压力数据如图15A.2所示。压缩机在提前设定的时间内在放空阀半开的放空模式下运行，压缩机会处于完全无负荷的状态。需要为恢复负荷前的一段时间存储足量的压缩空气。在无负荷状态下电机继续运转，但压缩机不产生压缩空气。在压缩机无负荷运行到设定时间后，可采取控制完全关闭压缩机。图15A.2显示了此操作的过程。无负荷状态下的压缩机电流为90A。

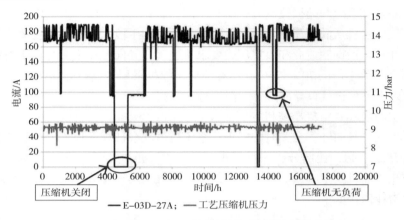

图15A.2　记录的安培数和系统压力

重型工业装置一般都有多个大型离心式压缩机组成的压缩空气系统。部分装置设有主控制器协调这些压缩机的运行。三台以上的离心式压缩机同时工作很常见，其中部分压缩机放空阀处于打开状态，进气口导向叶片随机设置。由于缺少对压缩机的控制协调，因此增加了压缩空气系统的运行成本。

提高离心式压缩机为主的压缩空气系统的效率的一种方法是安装一台大型变速无润滑旋转螺杆压缩机作为配平机。变频压缩机在其整个负荷范围内都可以进行有效调节（图15A.3）。为其他离心式压缩机加装变频螺杆压缩机后，可将进气口导向叶片控制和变频压缩机负荷结合起来使用调节系统产生的空气总量。这种方法的主要目的是保持放空阀关闭。举例来说，假设一个系统中运行有3台1000hp的离心式压缩机和1台1000hp的变频旋转螺杆压缩机，如果每个使用进气口导向叶片的离心式压缩机空气产量减少25%，该系统可调节一台使用进气口导向叶片的离心式压缩机75%的空气产量。在一个四压缩机系统中，使用变频旋转螺杆压缩机可将调节能力增加到可调节一台压缩机175%的空气产量。如果空气需求变化超出了175%，需要使用主控制器实现一台或更多离心式压缩机的负荷/无负荷以及启动/停止控制。

变频无润滑旋转螺杆压缩机的运行范围一般要大于离心式压缩机，因此更适合控制可变负荷。

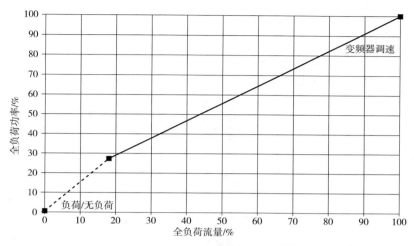

图15A.3　无润滑旋转螺杆压缩机控制曲线

在第二个案例中，假设有一台无润滑旋转螺杆压缩机控制曲线在25%的负荷下运行。从图15A.3可看出需要的功率在满负荷功率的30%左右。如果一台离心式空气压缩机的压缩空气生产速度是图15A.1所示的25%，其功率是满负荷功率的75%左右（使用放空阀控制）。1台1096kW的压缩机功率上的差异是496kW。如果这种情况全年都存在，以电价80美元/MW·h计算，无润滑旋转螺杆空气压缩机和离心式压缩机每年的运行成本相差大约是34.55万美元。

附录 15B：电机效率

对动设备的总效率来说电机效率是一个需要重点考虑的问题。在工艺装置中所使用的超过20hp的感应电动机的满负荷（铭牌）效率一般在90%~96%。随着电机功率变大，效率一般也会增加。不过每种功率的电机都有很多种，其中的"高效""高端"电机要比标准电机的价格更高一些。高效与标准电机之间的全负荷效率一般相差2.5%，不过在电机部分负荷运行的条件下这一差异会加大。第3章提到过，电费占一台电机的全寿命周期成本的96%左右，因此在大多数应用中可以很容易确定高效电机的增量成本。

感应电动机的运行效率取决于以下几点：

1）电动机的设计：新型电机一般要比老型号电机的效率高。

2）电机功率：大功率电机一般要比小功率电机的效率高。

3）电机运行速度：相同功率的电机，1800r/min的电机要比1200r/min和3600r/min的电机效率高。

4）电机负荷：负荷影响运行效率。

从表15B.1可看出，不同功率的高效电机开停的电流峰值效率[5]。大功率电机很明显要比小功率电机效率高。在各种电机型号和功率中，1800r/min的电机效率最高，3600r/min的电机效率最低。

表 15B.1　美国国家电气制造商协会高效电机标准[5]

| 电机功率/hp | 电机效率/% | | | | | |
| | 开 | | | 停 | | |
	1200r/min	1800r/min	3600r/min	1200r/min	1800r/min	3600r/min
1	82.5	85.5	77.0	82.5	85.5	77.0
5	89.5	89.5	86.5	89.5	89.5	88.5
10	91.7	91.7	89.5	91.0	91.7	90.2
20	92.4	93.0	91.0	91.7	93.0	91.0
50	94.1	94.5	93.0	94.1	94.5	93.0
100	95.0	95.4	93.6	95.0	95.4	94.1
250	95.4	95.8	95.0	95.8	96.2	95.8
500	96.2	96.2	95.8	95.8	96.2	95.8

美国国家电气制造商协会（NEMA）提供。

电机效率在额定负荷从100%降至40%左右过程中基本不变。低于40%负荷时，电机效率开始明显下降。在负荷低于25%时，电机效率要远低于满负荷效率，负荷继续减少时效率会急速下降。不同功率电机在不同负荷下的平均效率可参考表15B.2和图15B.1。电机性能特征计算器计算出来的数据被收录进美国环境部泵系统评估工具中[6]。随着电机负荷减少，功率因数也会急速下降。低负荷电机是许多装置产生低功率因素问题的主要原因之一。

表 15B.2　美国国家电气制造商协会高效电机的效率和负荷标准[6]

| 电机功率/hp | 1800r/min 的电机平均效率/% | | | |
	25%负荷	50%负荷	75%负荷	100%负荷
1	73.3	80.7	82.2	83.2
5	78.3	85.3	86.8	86.6
10	82.0	88.1	89.3	88.8
20	85.4	90.2	91.1	90.2
50	88.2	92.1	92.8	92.6
100	89.7	93.2	94.0	93.9
250	92.0	94.2	95.0	95.0
500	93.6	94.9	95.5	95.5

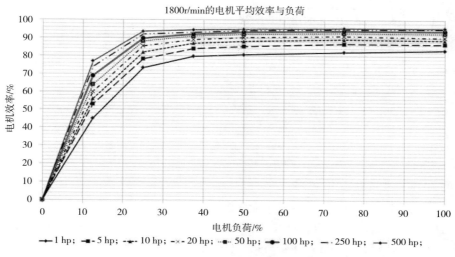

图15B.1　不同功率平均效率的电机的效率和负荷[6]

参考文献

1. Casada, D. (2008) Overview of the Pumping System Assessment Tool (PSAT), U.S. Department of Energy Industrial Technologies Program, December 15. Available at http://www1.eere.energy.gov/manufacturing/tech_assistance/pdfs/psat_webcast.pdf (accessed June 15, 2014).

2. Improving Fan System Performance: A Sourcebook for Industry (2003), *U.S. Department of Energy Industrial Technology Program*. Available at http://www1.eere.energy.gov/manufacturing/tech_assistance/pdfs/fan_sourcebook.pdf.

3. AMCA Publication *203-90 (R2011): Field Performance Measurement of Fan Systems*, Air Movement and Control Association International, Inc. (AMCA), Arlington Heights, Illinois. Available at www.amca.org.

4. Ghanbariannaeeni, A. and Ghazanfarihashemi, G. (2012) Protecting a centrifugal compressor from surge. *Pipeline and Gas Journal*, 239 (3).

5. NEMA Standards Publication MG 1 – 2006, National Electrical Manufacturers Association (NEMA), Rosslyn, VA, 2006, Tables 12.12 and 12.13.

6. U.S. Department of Energy, *Advanced Manufacturing Office, Pumping System Assessment Tool (PSAT)*. Software download available at http://www1.eere.energy.gov/manufacturing/tech_assistance/software_psat.html (accessed June 15, 2014).

第 16 章　工业保温隔热

Mike Carlson

一、简介

在本章中，我们将讨论各种工业保温隔热方法及其应用。目的不是为了列出所有的工业保温隔热材料，而是为了讨论本文写作时期的最常见的保温隔热类型。技术和研究总是能够产生更好的产品。我们还将讨论各种规模的保温项目的成本和经济效益，以及保温专用动设备和螺栓连接等。

我们一般提到保温隔热时指的是为了个人防护和降低能耗进行的隔热，但在低温状态下为设备保温同样重要，因为制冷成本要高于加热成本。本章最后讨论了对保温项目的项目确认。

二、常用工业保温隔热方法和应用

图 16.1 为多种常见的保温隔热材料的基本特性。

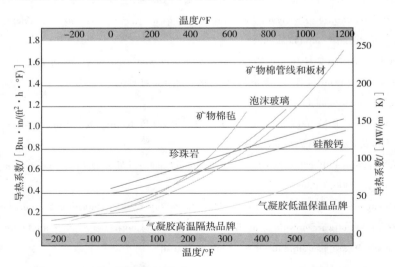

图16.1　保温隔热材料特性（Courtesy Aspen Aerogels, Inc）

每种保温隔热材料都有自己的导热系数、使用温度范围、耐久性、材料成本和安装费用。一些材料适用于烃加工，另外一些则不行。有几种保温隔热材料会吸收烃类物质，导致材料发生自燃。还有一些会吸水，会造成保温隔热层下的腐蚀。还有一些材料适宜做保温材料，一些材料只适宜做隔热材料。

下文将对各种保温隔热的类型、收益和相关问题进行总结。

1. 矿物棉

矿物棉是最便宜的工业保温隔热材料。在低温下具有良好的保温效果，但在温度高于500℉时，珍珠岩和硅酸钙的隔热效果更好。矿物棉很不耐用，需要使用厚夹套防止发生破损。矿物棉是多孔材料，因此会通过夹套的异常吸水降低其保温效果，甚至会导致保温层下发生腐蚀。

2. 珍珠岩

珍珠岩是一种常见的保温材料，耐用性好，不吸水，保温隔热效果好，价格相对较低。在高于800℉的温度时，硅酸钙的隔热效果好于珍珠岩。

3. 硅酸钙

在低于800℉的温度条件下，硅酸钙因其更易形成水合物，已经取代了珍珠岩的使用。硅酸钙在从包装中取出时就会吸收一些水分。一旦在较低温度下应用，保温的外层部分无法吸收足够的热量将水驱赶出去，就会降低其保温效果。温度高于800℉时，硅酸盐具有优异的耐久性和隔热特性，成为必选的材料，高温也会将水从隔热材料中驱赶出去。

4. 泡沫玻璃

泡沫玻璃直到最近一直都是低温保温材料的最佳选择。泡沫玻璃的制造方法是将切割出来的玻璃碎片用胶粘到一起形成客户需要的形状，然后像面包一样在烤炉中进行烘焙。这一制造工艺成本很高，在低温条件下的安装成本也很高昂。使用绑带将玻璃碎片捆住放到一块低温平板上然后用胶粘到一起。整个平板在隔汽条件下被裹起来然后用夹套覆盖。泡沫玻璃有一个独有的优势是不会吸收烃类物质，因此不会发生自燃。

5. 气凝胶

气凝胶的保温隔热（Cryogel®Z用于低温保温，Pyrogel®XT-E用于高温隔热）是采用柔性毡实现的。尽管气凝胶保温隔热的成本较高，其保温隔热的效果非常优异，因此在同样的保温隔热要求下的用量要比其他材料少。气凝胶的使用简单，在低温条件下更具竞争力。裸露面无须像泡沫玻璃那样根据用户要求制作和胶粘，仅需用一条柔性毡包裹即可。这是因为生产柔性毡的成本相对较高，而且由于其保温效果好需要的材料用量也较少。

三、保温隔热项目的经济效益

隔热保温的安装和修理都需要考虑其经济效益。隔热保温的安装费用必须与相关的节能效益进行比较。我们一般将两者分开来计算项目回收成本的年限及项目可以实现的公司经济目标。为此，我们只需要两个数据：保温隔热节约的能耗和安装成本。但为完成项目我们还希望预测值更为准确，因为公司的所有项目都要基于经济收益来获得资金投入。因此将要呈现的重点是项目发展的准确数据。

计算保温隔热产生的节能收益的工业标准项目是3E+项目[1]。该项目由北美保温隔热制造商协会（NAIMA）资助，具有综合、使用简单、免费的特点。对项目中使用的热损失计算方法已经开展了大量研究。

用户采用3E+项目对被保温表面在使用不同类型保温隔热材料在各种厚度条件下的热损失进行了对比。能耗减去热损失就得到节能收益。

在该项目实施过程中要注意所采用的平均风速值。在特定的城市和区域很容易知道这一点，但当保温隔热材料安装到某个风速较大的操作单元中时，在风速较低时的计算结果更为准确。可在操作单元内采用便携设备测量风速。这是因为风速对热损失计算有很大影响。

接下来是对安装保温隔热材料的费用做出准确的预算。需要一名有装置经验的预算人员来完成这一工作。预算人员应该精通各种原理和规则：

1）预算人员应善于使用热成像相机，准确测定裸露面温度。针对裸露面和背景使用材料，预算人员需要进行培训准确校准相机。

2）预算人员应该了解装置内的工作流程和安全要求，可将这些准确反映到项目成本中。

3）预算人员应该对不同保温材料的使用进行体验，从而了解材料成本差异和安装成本。

4）预算人员还应拥有建筑经验，了解完成项目最有效的方法。

5）需要脚手架还是梯子，还是使用电梯？如果需要使用电梯，使用电梯的项目的先后顺序是怎样的，这样项目完成后就可以拆除电梯从而降低成本？如果需要脚手架，是否可以使用滚动脚手架？这可以大幅减少在各种搭设脚手架的成本。需要多少施工人员，需要多少监管人员？工作时间如何安排？与工作区域的距离有多远？安全时间、午餐时间、工作人员和设备出入装置的出入口、许可证、工作日程、疲劳因素、质量、检测要求都应该包括到成本预算中。通过使用高级预算人员，可得到更为准确可靠的成本预算和节能收益。

一旦保温隔热项目的安装费用到位，需要去掉节能收益来确定投资回收年份。在报表中将所有项目要素按照最好的和最差的回收项目来分类，根据公司保温隔热相关指南或预算做出的特定截止日期之内的项目都可以列入选择范围。

四、经验法则

任何在地表可以接触到的裸露面温度在250℉以上的设备、管线都可以进行隔热保温。可利用3E+计算方法和目前的能源和建筑价格来确定应用保温隔热的收益。

如果需要保温的裸露面距离地面有一定高度，需要搭设脚手架从而增加项目成本，但如果裸露面温度在250℉以上，那么项目仍然是有收益的。

人员可接触到裸露面温度在140℉以上的，需要采取隔热防护。

应对温度在冰点和250℉之间的裸露面进行调查，查看是否存在保温层下的腐蚀，但这些调查工作不像节能项目一样有投资回收期。

更换破损的保温隔热材料并不划算。虽然有些出人意料，但在保护套受损保温隔热材料破碎的地方更换保温隔热材料并不经济。根据3E+计算方法的结果，即使使用一点保温隔热材料就可以起到很好的效果，因此一般都没必要更换老旧破损的保护套和保温隔热材料。

裸露面温度低于–25℉一般需要进行保温。

一名有资质的预算人员每3~5年应使用校准的热成像相机对保温隔热材料完成一次调查，确定需要修补的那些破损严重本该在设备维护时进行更换的保温隔热材料。

应该确保在维修工作过程中遵守更换保温隔热材料的维修步骤。

五、低温状态下的保温

很难更换低温状态下的保温材料是因为需要大量人力，材料也非常昂贵。

之前提到，北美保温隔热材料制造商协会开发了一个标准软件项目3E+，用于计算保温隔热的能耗。这种方法确定了对流和放射造成的能耗。但当温度降至零点以下保温失效时，就形成了冰。冰是一种保温效果很差的材料，就好像夏日午后放在室外的一杯冰茶，空气中的水凝结到结冰的管线和设备保温上，然后滴落到地面上（图16.2）凝结成水需要吸收热能——由制冷系统提供能量。通过测量不同结冰表面上水凝结的情况，可以确定在夏季根据标准NAIMA方法计算出来的能耗多出来的25%来自冷凝产生的能耗。

图16.2　能源解决方案小组负责人奥克塔维奥·托里斯测量化工装置中的结冰表面的冷凝情况

水从空气中冷凝出来和水在锅炉中沸腾的能耗相同，但冷凝水的制冷成本要远大于煮沸水的加热成本。制冷程度越高，能源损失越大。在部分装置中，制冷剂需要将温度从50℉降至–150℉，要达到最低的温度水平所需的能耗是达到次低温度能耗的七倍。

这意味着什么呢？更换低温状态下的保温材料需要大量资金。即使加上冷凝和制冷剂，更换装置内低温区域的失效保温仍然不划算，但如果制冷水平达到–25℉，还是有很多值得考虑的地方。

对更换低温环境下的保温进行经济评估要比高温隔热更为复杂[2]。在高温环境中，任何在地表超过250℉的裸露面都应进行隔热。对低温保温的分析有几个需要考虑的因素：

1）冰：在低温环境中由于保温失效或掉落，会在管线或设备上结冰。冰具有较差的保温性能。冰的温度越低，保温效果就越差（图16.3）。冰的导热速度取决于其温度，是一个保温效果不错的保温系统的60~10020倍。随着冰的不断形成，表面积越来越大，反过来会抵消掉其大部分的保温效果，因此，其热增量与裸钢相比减少了5%~7%。因此结冰表面要使用3E+计算法计算两次：一次是使用冰作为管线和设备的保温材料，一次是根据公司保温厚度的工程标准制定的修理方案。结果上的差异是来自辐射式和传导式热传递不同的经济收益。

2）冷凝：在低温表面的保温失效或掉落时，会在被保温的设备表面或冰面上发生冷凝现象。每磅水冷凝需要的能量是1000Btu，由制冷系统供能。为了计算在结冰表面的凝结水量，2008年7月每星期三次对休斯敦区域的几何冰面进行简单测量。根据气象数据和观察，保守估测出每年的冷凝系数。结果如图16.4所示。总的来说，与3E+计算结果相比，休斯敦区域结冰表面的热增量因冷凝作用增加10%~40%，平均为25%。3E+计算法只能计算辐射和传导式热传递。

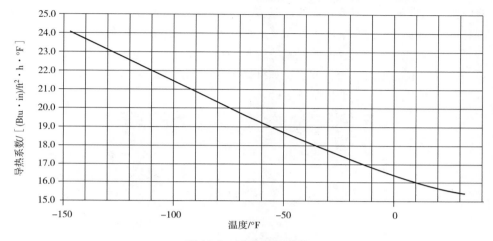

图16.3 冰的导热系数

冷凝产生的热增量
夏季条件：环境温度85°F，露点73°F

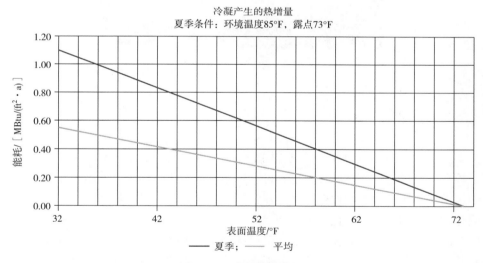

图16.4 冷凝的热增量

3）制冷水平：最后，工艺想要达到的温度越低，维护成本就越高，因为需要更多级压缩来达到制冷水平。冷凝产生的热增量计入3E+计算结果，总数乘以制冷系数可算出需要的燃料用量，用于抵消保温失效产生的热增量。采用低热值计算燃料用量。

六、动设备的保温隔热

各种形状和大小的设备都可以使用保温毡（图16.5）。保温毡的优点是在维修时容易去除和重新安装。新的保温毡的保温性能和硬保温材料基本一样，但保温毡时间长了会老化。维修工人需要去掉保温毡才能工作，但保温毡就无法再使用了。应定期对整个装置内的保温毡进行调查，确定保温毡脱落的区域。在为动设备设计保温毡之前，应咨询机械和维修工程师的意见，应该考虑到在排水口和仪表周围铺设保温毡会干扰设备运行。

图16.5　动设备上的保温隔热

七、法兰的隔热

法兰在高温环境中进行隔热（图16.6）很有争议。节能效果很明显，但由于螺栓在隔热材料下受热变长，也有可能削弱螺栓对垫圈的压力作用。在实际操作中，由于隔热，法兰和螺栓同时受热，膨胀程度应该一样，垫圈上的压力与使用隔热材料前相比没有变化。风险来自工艺的急冷过程。螺栓比法兰材料维持温度的时间可能要久，因此在急速冷却时对垫圈的压力要小一些。应力工程师可以针对某一工艺分析这一问题。一些公司会对这一分析结果有兴趣，并对整个管线的法兰接头全部做隔热。

为了解释法兰材料的冷却速度比螺母螺栓更快，一种方法是为法兰外缘做保温，但不为突出的螺母螺栓做保温，从而捕获法兰连接处大部分的热损失。采用这种方法，可以捕获法兰大约70%的热损失。螺母螺栓在所有情况下都比在工艺中的冷却速度快，法兰连接承受的压力不变。

图16.6　法兰温度和保温隔热方法

　　为法兰做隔热面临的另一个风险是介质是烃类物质时，如果有少量泄漏进入多孔的隔热材料，可能会造成自燃。使用泡沫玻璃为整个法兰连接做隔热材料可避免这一问题。

八、维修和更新

　　在装置中安装了新的保温隔热后，并不意味就可以一劳永逸了。经常需要从动设备上挪开保温毡，维修、新项目、操作需求都会移除保温隔热材料而且还不恢复原状。因此，应该每3~5年对装置的保温隔热进行一次调查，确定保温隔热材料缺失或没有做保温隔热的区域。可以根据目前的能源价格对这些修补项目进行初始安装项目一样的经济测算。

九、结语

　　保温隔热除了对工艺安全很重要以外，还可以降低内热外冷的表面能耗损失。可以利用计算工具估算保温隔热项目的节能收益和成本费用以及投资回收期。在新装置的设计和建设中一定要考虑到保温隔热问题，现有设施中的保温隔热项目也能产生良好的回报。修补老旧破损的保温隔热材料一般不是很划算，在工艺装置中仍有许多未进行保温隔热的表面，为这些表面做保温隔热的项目会节约大量能源获得丰厚回报。保温隔热现在是任何综合性能源管理项目的基本组成部分之一。

参考文献

1. North American Insulation Manufacturers Association, "3E Plus Computer Program (CI219)," Available at: http://www.naima.org/insulation−resources/installation−application/3e−plus−computerprogram−ci219.html, (accessed February 17, 2014).
2. Carlson, M. (2009) *"Energy Maintenance."* 2009 NPRA Reliability & Maintenance Conference & Exhibition, Grapevine, Texas, May 19−22, 2009.

第 17 章　热量、电量与蒸汽价格

Alan P. Rossiter, Joe L. Davis

加工工厂需要热能和机械能来运作。热能（热）当然可以通过燃烧燃料直接提供，而机械能（功）通常通过输入电力提供。然而，通过集成热和动力系统可以获得显著的效率。这一事实直接遵循经典热力学定律，所以我们在这一章开始简要回顾热力学。

一、热力学回顾

热力学第一定律指出，能量既不能被创造，也不能被消灭。然而，它可以改变形式。在工艺设施的环境中，我们看到的主要能源形式有以下几种：

1）化学能：包括燃料和过程流。燃料的燃烧和化学物质的放热反应都释放热量（热能）。这些热量可以被回收，用于工艺或设备的其他部分。有些化学反应是吸热的，这意味着它们消耗热量。石脑油重整是典型炼油厂常见的吸热过程。

2）热能：在某些领域，如蒸馏和其他分离操作中，几乎所有的过程都需要加热和冷却。

3）机械能：主要用于运输材料，例如泵和压缩机。

4）电能：有些工艺（如氯碱）是电化学的，因此该工艺明确要求用电。电力还用于照明、监测、计量和控制，当然，还用于提供上述许多泵和压缩机所需的机械能。

热力学第二定律关注的是能量的质量或价值。第二定律有几种不同的表述或定义。对于我们目前的目的，开尔文的定义是最有用的：

"任何热机，无论可逆或不可逆，都不能在一个循环中工作，从周围环境中吸收热能，并把所有的热能转换成功[1]。"

这个原理是理解加工设备中热量和机械功（或机械能）的相对值的关键。几乎所有的机械能都来自某种类型的热机，无论是现场的汽轮机还是远程的联合循环电站。由于没有热机循环可以把所有输入的热量转换成机械能，机械能比热能更有价值，因为每 1 个单位的机械能需要 $1+x$ 个单位的热能（见下面关于效率的讨论）。此外，由于电能和机械能可以通过发电机和电动机以非常高的效率相互转换，所以电能基本上与机械能相等，因此它在本质上也比热能更有价值。

我们可以通过考虑热机的效率来量化这种内在的价值差异（见图17.1）。萨迪·卡诺特从理论上研究了这个问题，并于1824年发表了他的研究结果[1]。他证明了所有热机循环在供热温度 T_c 与排热的温度 T_h 之间进行，最有效的是一个可逆的引擎，供应所有固定温度 T_h 下的热量 Q_h，排放所有的固定温度 T_c 下的热量 Q_c，这就是卡诺循环。

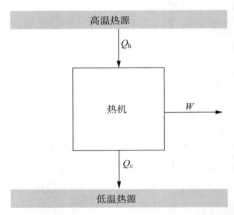

图17.1 广义热机，显示热量流动 Q_h、Q_c 和输出功 W

我们可以定义"第一定律效率"或热机的"热效率"（ε_{th}），$\varepsilon_{th} = W / Q_h$，这里的 W 是输出功。根据第一定律，$W = Q_h - Q_c$（假设无摩擦损失）。所以：

$$\varepsilon_{th} = (Q_h - Q_c) / Q_h = 1 - Q_c / Q_h$$

至于卡诺循环，通过定义[1]，$Q_c / Q_h = T_c / T_h$，所以 $\varepsilon_{th} = 1 - T_c / T_h$，这里 T_c 和 T_h 为绝对热力学温度。因此，对于卡诺循环来说，热效率完全是热量供应和排出的温度的函数。当输入温度最大，输出温度最小时，效率最高。这通常也适用于"真实世界"的非卡诺发动机，如汽轮机、燃气轮机和往复式发动机，这些发动机通常用于商业用途。卡诺循环为热机的效率提供了理论极限。然而，对于真实的应用程序中，$\varepsilon_{th} < 1 - T_c / T_h$，也就是说，对于任何给定的供热和排热温度，非卡诺热机的热效率总是比卡诺热机低。

现在，我们转向一个实际问题，即如何定义真实设备的效率。就商业的性能而言，非卡诺发动机热引擎，尤其是蒸汽涡轮机，通常以"第二定律效率"或"等熵效率"（ε_{is}）来进行效率计量。要解释 ε_{is}，我们首先需要定义熵，然后考虑热力学第二定律的另一种表述：

熵 S 由 dS = dQ/T 定义。其中，Q 是热流，T 是绝对温度，ΔS 是熵的变化。

因此，对于一个给定的过程是由给定上下限的积分 $\Delta S = \int dQ / T$ 来进行计算的。

另一种热力学第二定律的表述是 ΔS 总是大于或等于0（$\Delta S \geqslant 0$）对于任何一个孤立的系统，系统的总熵随时间保持不变或增加[1]。

考虑两个汽轮机，一个是理想的和可逆的，另一个是实际的汽轮机，有一些不可逆。上面的热力学第二定律的表达式的等式（$\Delta S = 0$，没有熵变和等熵）适用于理想、可逆的汽轮机。不等式（$\Delta S > 0$）适用于实际的汽轮机。如果进入两个汽轮机的蒸汽的压力和温度相同，它们的排气压力也相同，那么理想汽轮机（W_i）的单位蒸汽流量的输出功总是大于实际汽轮机（W_a）的输出功。随着更多的热能在理想涡轮中转化为机械功，理想涡轮的排汽温度必须低于实际涡轮的排汽温度。我们定义的实际汽轮机等熵或第二定律效率 $\varepsilon_{is} = W_a / W_i$。

二、蒸汽系统类型

图17.2（a）~（d）为四种不同类型的蒸汽系统[2]的简化图。图17.2（a）是一个标准的汽轮机兰金循环，一种非常常见的热机循环，在许多电站中用于发电。高压蒸汽［本例中为2000psi（表）］是在锅炉中产生的，利用的是燃烧燃料提供的热量。蒸汽从锅炉进入汽轮机，在汽轮机中膨胀，并把一部分热能以机械能的形式传递给转子，转子又把机械能转化为发电机的动力。汽轮机排出的蒸汽处于真空状态，以使汽轮机之间的压差达到最大，从而使汽轮机的功率输出达到最大。通常情况下，真空是由喷射器（蒸汽喷射器）产生的。将排出的蒸汽冷凝后泵入锅炉重复这个循环。在本例中，燃料消耗量为307MBtu/h，发电量（相同能源单位）为110MBtu/h，所以总体第一定律效率为110/307，即35.8%（这忽略了泵中消耗的能量和除了冷凝器中的烟囱损失和散热之外的系统损失）。

除了在发电中所起的作用外，蒸汽还常被用作流程工厂的主要传热介质。水有很高的汽化潜热，所以蒸汽有很高的能量密度。蒸汽在任何给定的压力下都能在恒定的温度下凝结，这有利于温度控制。此外，当水和蒸汽通过热交换器时，会产生很高的传热系数，它们安全、无污染，而且（通常）便宜并容易获得。

图17.2（b）~（d）展示了在发电和不发电的情况下，使用三种不同类型的蒸汽系统的能量分布。不同系统的关键参数见表17.1。在所有情况下，泵的功率被忽略，除了烟气损失外，系统的任何损失都被忽略，在图17.2（a）中，冷凝器的热损失也被忽略。

图17.2（b）中的系统从150psi（表）的锅炉提供蒸汽，以满足工艺加热的要求。100MBtu/h的燃料在锅炉中燃烧，产生150psi（表）的蒸汽。15MBtu/h的热量在烟气中留了下来，85MBtu/h的热量在蒸汽产生过程中被回收，随后在工艺加

热器中被排出。因此，锅炉的第一定律效率为85/100×100%，即85%。没有产生发电。

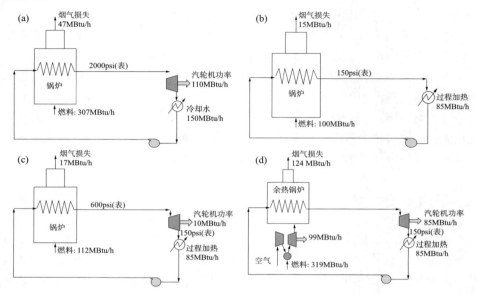

图17.2 （a）只发电；（b）只用锅炉；（c）锅炉+汽轮机；
（d）燃气轮机能量流组合汽凝汽的发电和散热的相对能量流

典型蒸汽系统的关键参数见表17.1。

表 17.1　图 17.2 中典型蒸汽系统的关键参数[2]

	（a）冷凝式汽轮机	（b）锅炉	（c）锅炉及汽轮机	（d）联合循环
燃料	307	100	112	319
增加燃料	307	0	12	219
电量	110	0	10	110
电量和增加燃料	0.36		0.85	0.5
电量和进入系统热量		0	0.12	1.29

在图17.2（c）中，锅炉压力增加到600psi（表），并增加了一台背压汽轮机。这将蒸汽压力降至150psi（表），同时产生10MBtu/h的电力，既可以用来发电，也可以用来驱动水泵或压缩机。废气提供85MBtu/h的工艺加热负荷。锅炉燃油消耗增加到112MBtu/h，烟囱损失增加到17MBtu/h，锅炉效率保持在85%（舍入

误差较小）。如果我们将图 17.2（c）的能耗与图 17.2（b）的能耗进行对比，我们可以看到油耗从 100MBtu/h 增加到 112MBtu/h，变化为 12MBtu/h。另一方面，发电量从 0MBtu/h 增加到 10MBtu/h。因此，对于增加 12MBtu/h 的燃料，我们产生 10MBtu/h 的功率，使发电的第一定律效率增加 10/12 × 100%，即 83.3%。这大约相当于锅炉的效率，是图 17.2（a）所示的独立发电系统效率的 2.3 倍。这种比较说明了热电联产或热电联产系统的价值。通过在同一蒸汽系统中集成发电和供热，我们可以以比传统发电厂更高的效率增量进行发电。

然而，背压式汽轮机热电联产系统的有效发电能力受到汽轮机排气侧蒸汽需求大小的限制。如果有太多的蒸汽通过涡轮，多余的蒸汽将被排放或凝结，并将热量散发到周围环境，这将导致非常低效的发电。根据工艺的限制，我们可以通过提高蒸汽进口压力或降低排气压力来增加有效的共发功率。如果我们使用等熵效率更高的汽轮机，我们也可以在给定的蒸汽流量下获得更多的动力。然而，这些共同产生的电力的增加通常是温和的，而且它们可以增加安装的成本相当大。通过增加一个燃气轮机来创建一个"联合循环热电联产系统"，我们可以实现更大的热电联产，无论是为了满足工艺用电需求，还是为了使我们能够出口电力，如图 17.2 所示。

联合循环首先在燃气轮机燃烧燃料。从涡轮机排出的热废气进入废热锅炉或"热回收蒸汽发生器"（HRSG），在那里，大部分的废热以蒸汽的形式被回收。蒸汽从余热锅炉通过一个背压汽轮机进入过程加热器，如图 17.2 所示。

图 17.2 燃气轮机和汽轮机的联合发电量比图 17.2（c）单独蒸汽轮机的联合发电量大得多。这种类型的系统使许多石化厂成为向公用事业单位输出联合发电的企业。然而，如表 17.1 中的数字所示，简单背压汽轮机［图 17.2（c）］在增量能耗最低的情况下提供了副产功率。

在加工工业中，大多数燃气轮机的应用都与蒸汽循环有关，但是燃气轮机可以集成在加工过程中任何需要大量加热的地方，尤其是在高温下。以某炼油厂[4]乙烯裂解炉[3]为例，采用燃气轮机废气对空气进行预热。在动力方面，燃气轮机可以用来发电，或者它们可以连接到压缩机或泵。

开发新的联合循环项目的经济效益可能是引人注目的。然而，评估项目的各个方面是很重要的。有几家炼油厂安装了新的联合循环装置，目的是获得更便宜、更可靠的蒸汽和电力供应。当他们关闭了老式的、效率往往低得多的蒸汽锅炉时，他们突然失去了大量炼油厂生产的燃气的消耗途径，因此导致了燃除。第 20 章更详细地讨论了炼油厂的燃料气体控制。联合循环也适用于专用电源的生产。当余热锅炉的蒸汽被输送到冷凝涡轮时，有可能将燃料的总转化效率达到 50% 或更高。

三、价格同等效率

价格等效效率（PEE）的概念为量化热电联产的能源转换效益提供了另一种非常简单的方法。在2005年5月10~13日于美国路易斯安那州新奥尔良市举行的第27届工业能源技术会议上，对PEE进行了正式提出，并经许可进行了修改。

在前一节对蒸汽系统的讨论中，热流和功率都用相同的单位，用MBtu/h表示，以便更容易地说明能量是如何分布的。这些装置在美国通常用于燃料和热流，但功率通常以kW、MW表示，其中$1W = 3.414Btu/h$。

考虑这样一种情况：炼油厂或化工厂使用天然气作为边际燃料，价格为3.25美元/MBtu。这家工厂以85美元/（MW·h）的价格进口边际电力。PEE是边际燃料成本与边际动力成本之比，单位是一致的。在这种情况下，PEE是3.25/85/3.414），即13%。这意味着进口功率的成本可以被认为等于热机产生的能量，其第一定律效率为13%。任何边际效率超过13%的电力生产系统，如图17.2（c）、（d）所示的系统，都可以减少为电厂提供热和电力的净成本。当然，在这些系统中安装涡轮机和其他设备需要一些投资，而且必须将这些投资与节省的能源进行比较，以确定发电在经济上是否合理。

四、简单边际蒸汽定价法

当考虑节能机会，影响蒸汽负荷时，重要的是要知道蒸汽的真正价值。在考虑改善现有设施时，蒸汽系统本身已经就位。在这种情况下，安装蒸汽系统的成本已经"沉没"了，我们在为蒸汽定价时不需要考虑它。此外，大多数提高能源效率的机会，如减少汽提蒸汽流量或小型热集成项目，只涉及蒸汽流量的微小变化。由于这些原因，我们通常对边际蒸汽成本感兴趣，即实时提供或消除少量蒸汽生产的增量成本。虽然对这个主题的详细讨论超出了本章的范围，但是简短的讨论是必要的。在2005年5月10~13日于美国路易斯安那州新奥尔良举行的第27届工业能源技术会议上，这种简单边际蒸汽定价的处理方法得到了许可。

高压蒸汽的边际成本可以简单地用美元/klb确定：它是用整个锅炉的焓变，除以锅炉的循环效率，再乘以燃料的成本。然而，建立中低压蒸汽的边际成本就比较困难。许多人简单地将一个基于焓的成本分配给这些蒸汽联箱。这种方法并不能代表蒸汽的真实成本，事实上经常会夸大其价值。除非蒸汽是通过高压联箱的放气阀提供的，否则中低压蒸汽的实际燃料等效成本是边际燃料与功率价格的比值和提供废气蒸汽的背压涡轮效率的函数。

图17.3说明了确定各压力等级蒸汽边际成本的适当方法。这个例子演示了一

个简单的双压头蒸汽系统，其中一个85%第一定律高效锅炉在150psi（表）时产生高压蒸汽。高压蒸汽用于驱动50%等熵效率的背压涡轮，每1000lb蒸汽产生19kW·h的电力。汽轮机以15psi（表）的功率将蒸汽排进低压头。边际燃料价格为3.25美元/MBtu，电厂以85美元/（MW·h）的价格进口边际电力。

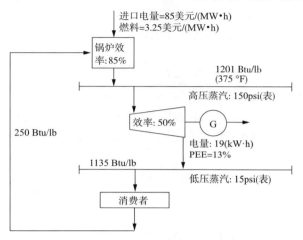

图17.3　边际蒸汽成本计算的例子[5]

高压蒸汽的边际成本就是整个锅炉的焓变除以锅炉效率：（1201–250）/0.85 = 1120［Btu/lb（或1.12MBtu/klb）］，然后乘以燃料成本（3.25美元/MBtu）得到3.64美元/klb。低压蒸汽的边际成本必须考虑到汽轮机所产生的功率。考虑下面的例子：在汽提塔上使用低压蒸汽。目前汽提率高于行业标准，设定了降低汽提汽量的节能目标。在这个简单的例子中，节省低压蒸汽将导致涡轮产生更少的功率。损失的这部分功率将被进口电力所取代。因此，低压蒸汽的取值必须考虑运行背压汽轮机的"功率信用"。

因此，低压蒸汽的边际成本等于高压蒸汽的边际成本减去动力信贷。电力信贷就是发电量乘以电价。在上面的例子中，蒸汽每1000lb（1.0klb）的动力值是0.019×8 = 1.62（美元/klb）。低压蒸汽的边际成本（3.64 – 1.62）= 2.02（美元/klb）。另一种方法是，电力信贷可以通过用PEE除以所产生的功率来计算。在本例中，电力信贷为0.019×3.414/0.13 = 0.5（MBtu/klb）。低压蒸汽的成本为（1.12 – 0.5）×3.25 = 2.02（美元/klb），与之前的计算结果一致。

需要注意的是，如果进口电价相对于燃料上涨，或者涡轮效率提高，低压蒸汽的边际成本降低。在极端情况下，低压蒸汽的边际成本可以变为负值，这意味着，排放低压蒸汽可以赚钱，因为另一种选择是降低背压涡轮的使用，而购买更昂贵的进口电力。

五、提高边际蒸汽定价和效率

上面的例子只包括一个在两个压头之间运行的汽轮机。在许多工厂，有三个或三个以上的压头，许多汽轮机在它们之间运行，而且边际蒸汽成本的计算很难手工进行。此外，上述估计边际成本的方法只关注两个主要因素：锅炉效率和发电。如果需要计算更严格的边际成本，则需要考虑其他因素。

（1）水和化学制品

生产蒸汽需要水，提供水的成本很高。根据获取水的方式，典型的成本可能包括市政收费或从河流或其他天然水源提取水所需的费用。此外，还需要处理，以确保水质达到锅炉的质量要求标准，这就使得水处理设施要消耗化学品。如果蒸汽冷凝水得到回收利用，那么淡水补给的数量和成本都可以大大降低。

（2）抽水

淡水、经过处理的锅炉给水和冷凝水都需要抽水，这增加了动力需求和运行蒸汽系统的成本。

（3）除氧器蒸汽使用

大多数蒸汽系统使用热除氧器来除去锅炉给水中的氧气和其他气体。除氧器使用大量的蒸汽，通常超过锅炉蒸汽生产总量的10%，这就增加了将蒸汽输送到生产过程中的能量需求和成本。减少除氧器蒸汽使用的机会将在下一章进一步讨论。

（4）锅炉排污

锅炉给水中含有溶解的固体，当水在锅炉中蒸发时，它们集中在液相中。如果浓缩太多，固体会沉淀，形成积垢，使传热表面隔热，并可能导致锅炉故障。为了防止溶解固体的浓度过度上升，一部分水，通常是2%~10%，被从锅炉中抽出或"吹下来"。

虽然排污对锅炉的安全运行是必要的，但它同时造成了水和能量的损失，增加了蒸汽的生产成本。可以采取若干步骤来减轻由此造成的效率低下，其中最常见的有：

1）通过闪蒸器进行泄放：闪蒸蒸汽可以进入低压压头，也可以直接进入除氧器，而液相则进入排水沟。

2）增加一个热交换器：将吹出的热量回收到锅炉给水或其他散热器中。

3）减少排污：几乎所有的锅炉都使用经过处理的锅炉给水，其中一些自然产生的溶解固体已被除去。然而，有可能对水处理进行升级，去除额外的溶解固体，从而减少所需的排污量。

（5）分布损失

包括蒸汽泄漏、疏水阀性能（第13章）、管道和设备的热损失（第16章）。

为了解决所有这些复杂的问题，能源管理的最佳实践是建立一个详细的蒸汽和电力系统模型，以计算准确的边际成本并评估能效机会。如果没有这样一个模型，精确的蒸汽成本计算是很难实现的，这可能会导致错误的选择。蒸汽系统模型将在第18章进一步讨论。

参考文献

1. Weidner, R.T. and Sells, R.L. (1965) *Elementary Classical Physics*, Vol. 1, Allyn & Bacon, Inc., Boston, MA.

2. Rossiter, A. (2004) Energy management, in *Kirk-Othmer Encyclopedia of Chemical Technology*, Vol. 10, 5th edition, John Wiley & Sons, Inc., pp. 133–168.

3. Kenney, W.F. (1983) Combustion air preheat on steam cracker furnaces. *Proceedings of the 1983 Industrial Energy Conservation Technology Conference*, Texas Industrial Commission, p. 595.

4. *New ExxonMobil cogeneration plant presented at COGEN Europe's Annual Conference.* March 27, 2009. Available at http://www.cogeneurope.eu/medialibrary/2011/05/27/82444a1a/270309%20 COGEN%20Europe%20Press%20Release%20–%20FINAL.pdf. Accessed February 13, 2015.

5. Davis, J.L., Jr. and Knight, N. (2005) Integrating process unit energy metrics into plant energy management systems. *27th Industrial Energy Technology Conference*, New Orleans, LA, May 10–13, 2005.

第18章　平衡蒸汽压头和管理蒸汽、电力系统操作

Alan P. Rossiter，　*Ven V. Venkatesan*

蒸汽系统为大多数工厂提供核心能源。在许多情况下，他们一般不仅仅生产和分配蒸汽，而且还产生动力。典型的设备包括锅炉、汽轮机和除氧器。许多更大的系统也将增加发电量的燃气轮机和回收涡轮废气中的热量的热回收蒸汽发生器（HRSG）组合在一起。单个设备的性能作用很重要，在其他地方也有涉及。这一章着重于全面考虑蒸汽、电力系统的效率，特别是蒸汽压头平衡和操作优化。

一、蒸汽平衡

在蒸汽平衡中有三种非常常见的低效现象：蒸汽出口、排放蒸汽通过减压阀（放压阀）而不是蒸汽涡轮机，以及在除氧器中过量使用蒸汽。图18.1所示为通用的蒸汽系统"梯形图"。关于"梯形图"的讨论内容由世界科学出版公司发表[1]。

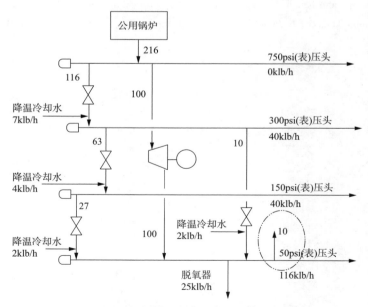

图18.1　通用蒸汽平衡梯形图排气技术流程

梯形图只是一种简化的表示，它提供了一种方便的方法来展示如何通过汽轮机和放气阀将蒸汽从较高的压力降到较低的压力。

1）蒸汽从锅炉进入。在这个简化的通用示例中（图18.1），只有一个锅炉连接到最高压头。流量如图中所示，单位为klb/h，压力单位为psi（表）。

2）如图右侧所示的流程中使用的用于除气的蒸汽取自流程图底部的最低压头。

3）蒸汽通过蒸汽涡轮和放气阀在压头之间流动并降低压力。

4）蒸汽出口（如果存在）会出现在最低压头。

1. 蒸汽排气

图18.1所示为一个蒸汽出口。在低压头会有多余的蒸汽，而多余的蒸汽必须从系统中排出。通过蒸汽平衡，过多的蒸汽通过涡轮和放气阀降低压力。另外有一个锅炉超负荷，意味着不必要的高能输入（燃料燃烧），以及额外的锅炉给水（BFW）。因此，蒸汽排放是一个非常明显的能源和水的损失过程。

排放可能由以下原因引起：

1）通常有太多的流量通过背压汽轮机，这就产生了系统无法容纳的更多的低压蒸汽（LP）。这通常可以通过切换电机来避免（参见下一节）。

2）在其他情况下，余热锅炉（WHB）或冷凝水收集罐回收闪蒸汽产生大量低压蒸汽（图18.1没有绘出）。如果没有足够的低压蒸汽消耗器，过量的低压蒸汽将会被排出。

3）锅炉通常有一个有限的调节能力。如果蒸汽需求低于锅炉上的"最低关断"，通常会导致排放。有时可以通过修改锅炉使其能够在较低的负荷下运行来避免这一点。

4）在另一些情况下，蒸汽排放口和降压口在不同的区域，并由不同的人员控制。图18.1中的简化图显示了总体平衡，但是每个操作工通常只知道他们自己的区域。因此，很容易打开一个放气阀，以满足一个工艺单元的工艺要求，而没有意识到相同压力水平的多余蒸汽正在设施的另一部分排出。这种情况往往可以通过改进监测和控制系统加以避免。

5）蒸汽源和工厂不同位置的用户之间的管道尺寸过小会造成水力限制。如第4条所述，结果可能是在一个区域排放，在另一个区域降压。这种情况通常可以通过添加平行压头或用直径更大的管道替换现有管道来加以避免。

图18.2显示了相同的通用蒸汽系统，通过减少通过放压阀的流量来校正排放。

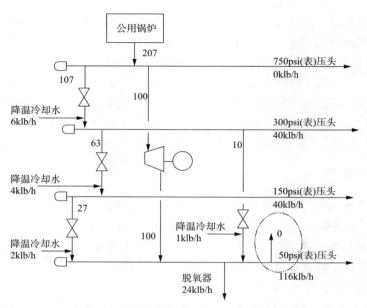

图18.2 通用蒸汽平衡梯形图与排气纠正

2. 蒸汽下降与蒸汽涡轮机

　　如前所述，蒸汽可以通过放压阀或蒸汽涡轮机从高压头流向低压头。涡轮机消耗蒸汽中的一部分热量来发电；如果蒸汽通过放气阀，既不消耗热量，也不产生动力。当蒸汽流向低压头以控制压头温度时，可以注入水来冷却（降温）蒸汽。由于电力（以电力输入的形式）通常比热能（来自进口燃料）昂贵得多，因此一般都希望最大限度地增加蒸汽通过涡轮机的流量，并尽量减少通过放气阀的流量。如图18.3所示，其中在两个最高压力头之间添加了一个汽轮机（如图阴影所示）。

　　常见的有两种使用产生的电能的方法：

　　1）如果涡轮与发电机耦合（如图18.3中圆形所示），则产生电能，这些电能既可由现场用电用户使用，也可输往当地电网。在这种结构中，蒸汽通过涡轮的流量可以根据其设计限制进行调整，以平衡蒸汽压头和最小化放压流量，同时避免过高蒸汽流动而导致排气。

　　2）或者，汽轮机可以"直接耦合"到泵或压缩机上（如图18.3中连接到新汽轮机的正方形所示）。在这种情况下，涡轮的功率输出（因此就需要蒸汽）是由泵或压缩机的要求决定的，在不影响工厂正常生产的情况下不能进行调整。

　　由于许多原因，蒸汽平衡会不断地发生变化，例如，环境条件的变化，或使设备联机或脱机，随着蒸汽平衡的变化，直接耦合的汽轮机会引起排气。这可以通过设备的备台来纠正。在一对可切换的泵中，有两个泵，一个由电动机驱动，另一个由汽轮机驱动，操作者可以根据当前蒸汽平衡的要求来选择操作哪一个。一个可切换的机组可能包括三个泵，一个带汽轮机，两个带电力驱动。假设任意给定时间只需要两台泵，操作者可以根据蒸汽平衡的要求来决定是运行两台电动泵，还是运行一台电动泵和一台蒸汽驱动泵。

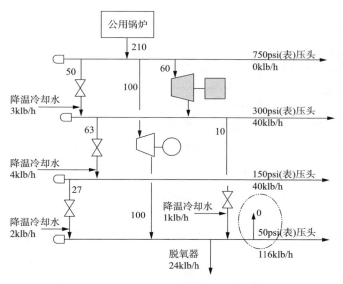

图18.3　添加了汽轮机的通用蒸汽平衡梯形图

除了降低流量外，蒸汽温度也是决定蒸汽系统能产生多大功率的一个重要因素。这个例子来自欧洲的一个商品化工厂[2]。在工厂里，两个汽轮机驱动一个大型压缩机和一个单轴发电机。第一个（高压）汽轮机是一个背压机，提供蒸汽为930psi（表），排气为290psi（表）。第二个（低压）汽轮机提供290psi（表）的蒸汽，它有两个排气口：73psi（表）的抽汽口和一个进入冷凝器的真空排气口（图18.4）。

在原设计中，低压汽轮机只使用高压汽轮机的排汽。低压机械的设计规范将其最大进汽温度限制在660℉，由于所使用的HP机器的排气温度高于此温度，所以设计中包括减温器。在这里，锅炉给水被注入蒸汽以降低其温度。减温器出口温度控制在600℉，以提供安全余量。汽轮机的比功率随着进口温度的降低而降低，减温器对低压机组的发电造成一定的损失。

后面将余热锅炉的蒸汽加入排汽中，增加低压涡轮的蒸汽流量，从而增加低压涡轮的功率输出。余热锅炉的蒸汽温度为550℉，明显低于高压汽轮机的排汽温度。然而，当加入蒸汽时，并没有对减温器的运行进行重新评估。典型工况如图18.4所示。

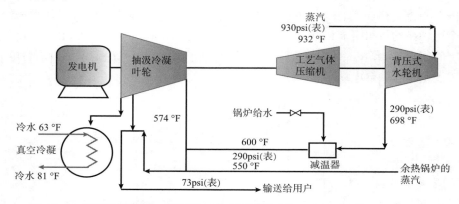

图18.4　修改前的涡轮、压缩机、发电机配置（Reprinted with permission from Ref. [2]. Copyright 2012, American Institute of Chemical Engineers）

有学者对该系统的后续研究发现，低压汽轮机的联合蒸汽流量所能达到的最高温度低于汽轮机进口温度的极限，可以安全地消除高压汽轮机排汽的减过热。根据这一发现，在减温器周围安装了旁路管线，关闭了减温器的供水，改造后的流程图如图18.5所示。这一变化使发电量增加了500kW，每年节省能源成本40万美元。

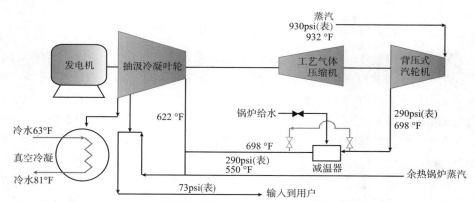

图18.5　修改后的涡轮、压缩机、发电机配置（Reprinted with permission from Ref. [2]. Copyright 2012, American Institute of Chemical Engineers）

此例显示了挑战现有操作实践的需要，以及在进行流程更改时重新评估条件的需要。虽然在设计范围内运行总是必要的，但是过大的安全裕度会导致不必要的能源效率损失。

3. 除氧器蒸汽

大多数蒸汽系统使用热除氧器（图18.6）从锅炉给水中驱除氧气和其他溶解气体。原则上，只需要少量的蒸汽就可以做到这一点。然而，由于进入的水往往远低于除氧器的饱和温度，大量额外的蒸汽被消耗在预热水。如图18.1~图18.3所示，在加热除氧器时消耗10%甚至15%的总蒸汽并不罕见。

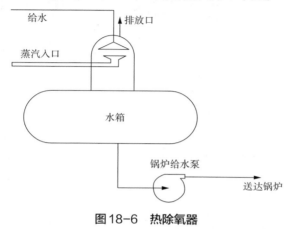

图18-6　热除氧器

管理除氧器蒸汽需求以提高能源效率有两种常见的选择：

1）有时仅仅通过调整除氧器的工作压力就可以提高能源效率。例如，如果过量的低压蒸汽正在形成蒸汽排放，提高除氧器压力可以节约能源。增加除氧器压力也会提高其温度，从而增加其蒸汽需求，这就为额外的低压蒸汽提供了消耗，从而减少了排放。由于锅炉除氧器的给水温度更高，锅炉产生蒸汽所需的燃料更少，这就构成了节能。然而，在所有这样的情况下，考虑整个蒸汽系统是很重要的，因为可能会有其他的变化来抵消这些节省。本章后面将讨论蒸汽平衡模型，这些模型对于实现这一目的非常有用。

2）许多设施安装有除氧器给水预热工程，用来回收余热以降低蒸汽负荷。下面的示例[2]说明了这一点。

某化工厂的除氧器处理了回热凝结水和冷软化水的混合物。软化水没有预热器。

锅炉房内还有多台水冷式空气压缩机（图18.7），其中一台冷却塔长期存在维修问题，正在考虑更换冷却塔。然而，观察到补水流量（115~150gal/min）的平均量几乎与空压机（120gal/min）的冷却水流量要求相同，在此基础上，提出了一种新的方案，将补水通过空压机，用百叶窗将冷却塔隔离（图18.8）。对新方案进行了评估和接受，并在2个月内完成了管道改造。

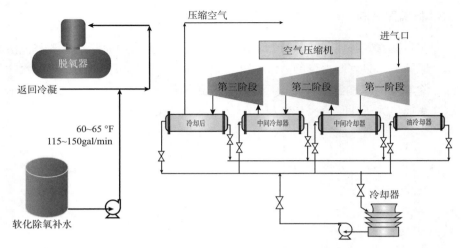

图18-7 空压机改造前冷却（Reprinted with permission from Ref. [2]. Copyright 2012, American Institute of Chemical Engineers）

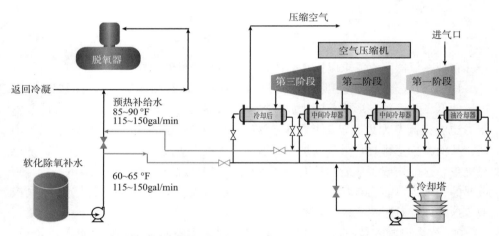

图18-8 空压机改造后冷却采用热回收（Reprinted with permission from Ref. [2]. Copyright 2012, American Institute of Chemical Engineers）

　　由于这个项目，空气压缩机的热量现在被用来回收软化水，每年可节省除氧器蒸汽费用8万美元。这个项目实现起来非常便宜，因为它只需要对本地管道进行更改；该项目不再需要维护或更换冷却塔的费用，从而节约了巨大的成本。

　　这个例子说明了预热除氧器给水的好处。也许更重要的是，它展示了单个项目如何实现多个目标——在本例中，即同时实现节约能源和消除长期维护问题的目标。它还说明了寻找创造性的方法重新部署现有设备以开发低成本项目以节约能源的重要性。与往常一样，在进行工艺修改时，检查设备限制并遵循适当的变更程序管理是必要的。

二、计算和优化蒸汽平衡

有几种方法可以建立蒸汽平衡并填充梯形图。例如，蒸汽系统中的压力、温度表和流量计的数据可以直接连接到锅炉厂控制台的显示器上，为操作人员和工程师提供蒸汽系统的当前情况。这可以用来识别操作问题并实施纠正措施。同样，也可以导入工厂生产的历史数据，以提供以前蒸汽系统性能的概况。

然而，大多数蒸汽系统中只有有限的仪表，特别是在较低的压头上，而且很少能够从测量数据中构建一个完整的蒸汽平衡。此外，纯由实测数据导出的蒸汽平衡没有预测能力。相反，计算机模型可以用来开发完整的、内部一致的蒸汽平衡，从而检查当前运行数据的一致性，并预测不同场景下的性能，例如更高和更低的生产速率、启动和关闭，以及夏天和冬天的天气条件等。

（1）构建模型

在可能的情况下，基于计算机的蒸汽平衡应该建立在每个蒸汽压头进出蒸汽逐项累积的基础上。尽可能在可以用到流量计的地方使用流量计。设备的设计参数可以在仪表数据缺失的情况下进行弥补。不可避免地，在输入数据中会出现一些不一致的地方，可以利用计算机模型来突击解决这些不一致的地方，从而提高蒸汽平衡的精度。

简单的模型可以使用没有特殊功能的电子表格来构建，只需构建热量和物质平衡。另外，可以利用商业上专门的软件来促进开发更严格和更全面的蒸汽平衡。这些程序包含了物理特性（焓、熵、相平衡等）和蒸汽系统各部件（锅炉、除氧器、汽轮机、放气阀、燃气轮机、热回收蒸汽发生器等）的计算功能。

（2）模型的输出

商业软件包通常对蒸汽平衡和功率平衡进行建模，从而提供了现场热功率平衡的真实模拟。这些模型对每个压头进行物质和能量平衡。此外，它们还计算了蒸汽每一压力级的比能、每一压力级之间产生的轴功以及边际燃料和电力价格。这对于低压蒸汽尤其重要，因为它的价值经常被夸大。在许多设施中，低压蒸汽值是根据焓单独计算的，它没有考虑通过背压涡轮给低压头提供高压蒸汽所产生的功率。

一个好的蒸汽模型将提供整个蒸汽系统的图解，并包括以下内容[3]：

1）蒸汽和凝结水分配系统：包括整个设施的平衡、流动和条件，以及匹配供需的逻辑。这可以用来检查仪表读数的一致性。

2）蒸汽生成设备：可根据制造商数据或适当的生产数据对成套锅炉进行建模。工艺余热锅炉的产量应与生产率有关。

3）燃气轮机：这些模型将燃料消耗与功率输出和废气特性联系起来。

4）余热锅炉和辅助燃烧：通常，这些都是基于供应商数据建模的。

5）汽轮机（背压或冷凝）：这些模型用于将蒸汽流量与工作负载联系起来，并包括涡轮机可选使用的开关。

6）燃料平衡：这与蒸汽系统模型集成在一起，以便于将锅炉负荷和燃气轮机运行的变化与燃料平衡的变化相关联。

7）除氧器、减热器、放空器、闪蒸筒等：这些都包括在内，以确保计算出整个设施的热量和物质平衡。

8）公用事业系统的总运营成本：这是基于向现场提供燃料和电力的成本，原水成本，以及模型得出的热量和功率平衡。总运行成本信息可以用来计算蒸汽在每个压头中的边际成本，在执行"假设"情况下也非常有价值。例如，它可以解决以下问题：如果必须把这个锅炉拿出来维修，那么运行公用事业系统的成本是多少？在保持系统平衡的同时，可以采取哪些缓解措施来使成本的影响最小？

以下是一些商业模型系统提供的其他功能：

1）显示模型计算的关键运行参数，如油耗、发电量、各项目效率等。

2）从每个燃烧源计算的排放量表（CO_2 和 SO_2）。

3）用于计算的补充数据表格、设备性能参数列表、机械约束等。

（3）一些建模系统

一些用于简单蒸汽系统建模的免费工具可以在互联网上找到。例如，美国能源部的蒸汽系统建模器。其他一些具有更大灵活性的建模工具在商业上也是可用的。其中包括KBC公司的ProSteam™、Aspen科技公司的Aspen Utilities Operations™以及Soteica Visual MESA公司的Visual MESA™。

（4）建模和优化

正如前面所讨论的，大多数公用事业系统的功能是同时向运行场所提供蒸汽和电力。通常，可以运行许多不同方式的设备以满足蒸汽和电力需求，而满足这些需求的成本可能相差很大，这取决于项目的设备使用和它们是如何加载的（例如，选择蒸汽涡轮机或可切换的双电机、蒸汽从锅炉以产生的速度流经每个汽轮机）。由于生产速率、原料质量和天气条件等因素，工艺条件不断变化。此外，进口燃料和电力的价格也在变化，有时时间跨度短至几分钟。由此可见，设备选择和最大限度降低运行成本，装载组合也在不断变化。

主要的商业建模软件包包括优化功能，它允许模型为任何给定的蒸汽和动力需求确定最低成本的操作模式。通过将模型与站点仪表或分布式控制系统的数据进行交互，可以为实时优化（RTO）建立模型。这使得模型能够验证一致的热量和物质平衡，并确定蒸汽/动力设备的最佳运行条件，以满足现场对蒸汽和电力的电流需求。

据报道，大多数RTO系统可以节省蒸汽/发电厂运行成本的1%~3%。虽然节省似乎不是很大，但为大型炼油厂或化工厂提供蒸汽和电力的成本通常是每年数亿美元，因此，每年的绝对节省往往是几百万美元。

实时蒸汽/电力系统优化将在第19章中详细讨论。

参考文献

1. Rossiter, A. (2012) Energy management for the process industries, in *Recent Advances in Sustainable Process Development* (eds D.C.Y. Foo, M.M. El–Halwagi, and R.R. Tan), World Scientific, Singapore, pp. 609–628.

2. Rossiter, A.P. and Venkatesan, V. (2012) Easy ways to improve energy efficiency. *Chemical Engineering Progress*, 108 (12), 16–20.

3. Davis, J.L. Jr. (2004) Overcoming fuel gas containment limitations to energy improvement. *Proceedings of the Twenty-Sixth Industrial Energy Technology Conference*, Houston, TX, April 20–23, 2004.

第19章 蒸汽和电力系统实时优化

R. Tyler Reitmeier

从历史上看，工业操作的重点一直是提高过程方面的性能，但是，支持工业过程的公用工程（蒸汽、动力、燃料和水）的性能往往不是那么重要，在某些情况下，不幸的是，它完全被遗忘了。但在许多情况下，可以通过对公用工程能源管理的结构化方法来实现显著的改进和持续的节约。例如，美国的一家炼油公司已经节省了超过2500万美元，每投资1美元，每年就能获得2美元的回报。

公用工程必须随时提供工业过程所需的热量和电力。这种供应的安全性和可靠性是至关重要的。优化这些系统的成本是通过调整手动控制元件实现的，而不影响调节控制，如蒸汽压头压力控制器或汽轮机在过程中使用的功率控制。

由于公用工程不是工业过程生产的重点，这些系统常常缺乏计量，这可能导致负责操作以最大限度地提高效率和降低成本的操作员严重缺乏可用的实时测量信息。由于实时建议有限，运营商对公用工程的运营采取了保守的做法，将"过度可靠性"置于效率和成本考虑之上。

"过度可靠性"是指系统的容量超过满足需求和维护系统运行所需的容量，以防对公用工程平衡发挥作用最大的设备意外停机。因此，过度的可靠性不仅是不必要的，而且可能被证明是非常昂贵的。例如，可以运行一个额外的锅炉来提供额外的可靠性（通常称为 N+1）。然而，系统的实际负荷可能已经足够低，以至于一个设施的两个锅炉必须以最小容量运行，而不是关闭一个锅炉，以更高的容量运行其余的锅炉。锅炉运行包线的下端与中间包线之间的效率差可高达20%~25%。过高的可靠性，旨在防止不常见的高成本问题，可能导致长期运行效率低下，这可以使一个大型设施每年增加100万美元或更多的蒸汽生产的成本。

为了保持竞争力，使用大量能源的工业设施现在不仅必须考虑到可靠性过高的代价，而且还必须考虑到每一个潜在的低效率的运作。运营商必须了解每一个实时决策的真实成本增量。可以借助某一站点范围内严格的公用系统的热力学模型提供严格有效的信息，准确地计算燃料和电力购买或销售的成本，满足实时过程的热量和电力需求。

然而，大多数现代公用工程的复杂性产生了没有数千也有数百种的潜在的运营模式，运营商必须从中选择，以实现最低成本运营的目标。可以利用现场范围的热力学模型，通过应用优化引擎计算当前可用的最低成本运行模式。

成功应用这种优化方法的一个关键因素是对优化器必须识别的限制进行适当的约束。根据定义，数学优化器将寻求更低的成本，直到遇到一个约束，不允许它找到一个可行的更低成本的操作模式。当然，优化不能违反任何可靠性、环境、安全性或契约约束。

优化的限制必须是现实的，考虑到实际操作，并保持从管理人员、工程人员到操作人员的一致。管理人员必须确定能源管理框架的期望，在该框架下，运营商将采取行动，以确保成功。

ISO 50001能源管理标准（第6章）解决了这一需求，并定义了允许组织设计、实施和不断改进能源管理的具体原则。该标准使用"计划—实施—检查—执行"的方法来持续改进。图19.1描述了从管理计划到本地执行，再到检查和调整，再到能源管理过程改进所需的计划的周期。

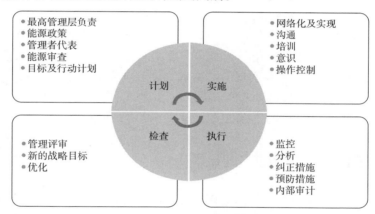

图19.1 持续改进的"计划—实施—检查—执行"

公用工程的实时优化和管理系统可以通过将推荐的操作员行为与管理部门对工业设施能源使用的期望相结合，为"计划—实施—检查—执行"周期提供严格的基础。在这个过程中，它们可以大大节省运营成本，并且可以随着时间的推移而持续下去。

一、实时能源的历史背景和背景优化技术的发展

20世纪80年代和90年代，随着能源价格的上涨，以及电力市场的放松管制和限制排放成为新重点，工业企业认识到有必要减少其公用工程的浪费。许多人

开始寻找更有效地管理蒸汽平衡的方法，通过使用电子表格来执行任务手工操作。公用工程模拟系统的目的是使蒸汽系统和其他公用事业系统平衡，以便比电子表格方法更有效地了解实时操作，这些系统开始使用实时数据将其连接到工厂信息系统。

一旦理解了实时操作和能量平衡，操作的下一步就是专注于理解实时效率，以便利用可用的数据和模拟来提高公用工程的运行效率。

然而，最高效率并不总是与最低成本相关。优化必然要考虑公用工程的"边际成本"，正如在第17章中对蒸汽特别讨论的那样。优化模型的结果有时会挑战长期以来对公用工程运行的假设。具有不同成本的多种燃料来源的工业企业可能会发现，即使在效率较低的锅炉中燃烧成本较低的燃料产生蒸汽，也比在效率较高的锅炉中燃烧成本较高的天然气具有更高的成本效益，尽管蒸汽生产的总效率较低。由于运营商的工作最终是在所有可靠性、合同和管理规定的其他约束条件下，以最低成本向工业企业提供公用工程，因此开发了工业公用工程系统，以满足实时最低成本运营的持续需求。

为取得最大效益，这些系统应被纳入标准作业程序，并被纳入设施的变更管理程序之中，以确保随着公用工程的改进或过程的改变，该系统得以长期维持。一些优化系统对操作人员要实现的控制系统设置点提出了建议。通过"闭环"，使系统与控制系统直接修订设定值，可以获得更大的效益。与需要操作员干预的"开环"配置相比，闭环系统能够更频繁地实现成本最低的操作。

二、实时能源优化系统的关键要素

本节将描述在设计实时效用优化系统时应该考虑的重要功能。在所有情况下，根据整个公用工程的局部测算，实时显示运行状态的信息是优化的必要条件。

大多数工业设施需要从第三方购买燃料和电力，例如从当地电网购买电力。此外，与工业工厂运营相结合的热电联产技术（蒸汽和电力在工厂内部生产）的普及，使一些工厂有机会向电网输入电力。

第三方电力和燃料采购和销售的实时价格是寻找最低成本运营的一个重要驱动力。天然气和其他燃料价格的变化，如果不知道，可以通过网络来估算，如www.theice.com。此外，还应估算运输和配送费用，并将其计入天然气优化使用的价格中。类似地，电价可以通过对在受监管的电力市场运行的设施的适用电价建模来确定，也可以通过在电网运营商（或独立系统运营商）网站上对那些在不受监管的市场运行的设施的实时定价来确定。

对于蒸汽系统，在第18章中讨论的精确测量排汽口流量对于优化是至关重要的，因为减少排汽口流量是优化器用来持续节省成本的关键。在没有流量计的地方，蒸汽流量通常可以从其他来源推断出来，比如使用阀门位置的实时测量来估计通过阀门的流量。

数据协调是任何解决方案中计算质量和热量平衡的重要部分，就像实时能源优化解决方案所必须做的那样。公用工程历来缺乏有效的计量，测量误差普遍存在。因此，优化系统必须找到解决失衡的方法，而失衡总是存在的，同时仍能有效地找到成本最低的操作。实现此目的的一种方法是通过压力"气球"，如图19.2所示，它来自商业蒸汽系统优化器 Visual MESA™。

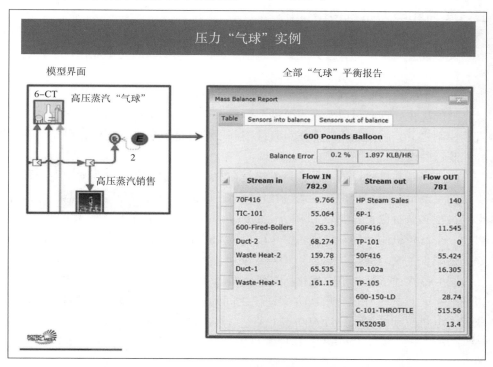

图19.2　压力"气球"模块提供了一种跟踪压头不平衡的协调机制（Courtesy of Soteica Visual MESA LLC）

在上面的例子中，优化过程中保持了压力平衡不变，所以在计算成本时充分考虑了操作的所有增量变化。这提供了一种非常有效的解决方法，在优化和简化对该目标不重要的元素方面提供了所需的细节。这使得解决方案的构建和维护所需的资源更少。

解决方案的一个基本方面是，它在本质上应该是"站点周围"的，这意味着整个公用工程应该包括在模型中。其原因是，在"局部"优化中发现的节省可能是以公用工程中不包括在"局部"优化范围内的部分成本增加为代价的。这可能导致总体运营成本的增加，从而破坏优化的最终目标。

优化系统应考虑所有适用于操作的约束，包括法规、环境、合同和可靠性约束。有效的解决方案永远不会建议让操作人员进行不安全、不可靠或非法的更改。在设计和测试时应该谨慎，以确保模型很好地理解和正确地考虑了所有的约束。ISO 50001提出的"计划—实施—检查—执行"的持续改进方法是适用的，如果在模型测试中有效地应用，将会很有帮助。

三、蒸汽和电力系统设备优化

大多数公用系统都有公共元素，包括类似的"句柄"或变量优化。尤其是许多蒸汽系统元素在各个站点之间是通用的。

从一个较高的压头到一个较低的压头的蒸汽排放和蒸汽放压是很典型的，通过有效的优化处理，可以实现显著的节约。由于降压和排放口通常不在操作员的直接控制之下，因此需要对操作员直接控制下的其他设备进行更改，以施加影响和控制这些设备。

改变降压和排放口的一种常见方法是在共享服务中，在蒸汽驱动和电动马达驱动的泵或组之间进行切换。通过在任何运行时间段中选择合适的机器，操作者可以做很多选择来减少排气和降压。例如，如果入口和排放口都是相同的压头，启动一个汽轮机驱动的泵来代替一个电机驱动的泵可以减少蒸汽排放。这样做的好处是减少了电力消耗。在18章中对这个概念有过详细的阐述。

图19.3描述了站点范围优化所提供的减压和排气的减少过程。粗体灰色线旁边的数字表示起点和优化解决方案建议之间的流量差异。涡轮驱动的BFW 4#泵取代了电机驱动的3#泵。净600psi（表）蒸汽出口流量减少20klb/h，600~150psi（表）蒸汽出口减少29klb/h。其他常见的优化"句柄"包括蒸汽发生器、燃料源、蒸汽涡轮和一些热电联产生产变量。

随需应变的蒸汽发生器，如辅助锅炉和热回收蒸汽发生器上的管道，可以通过锅炉与锅炉之间的再平衡来降低现场成本，从而最大限度地提高系统效率。当多种燃料选项（如炼油厂燃气和天然气）可用时，优化可以协调差别定价的复杂性和约束条件，以发现实时的可以节约的操作。即使是复杂的限制也得到了重视，例如为了避免爆燃，必须消耗掉所有炼油厂的燃料气（在第20章中讨论）。

如果汽轮机的运作可以调整，便可以提供很好的处理优化。例如，带有手动设定值的汽轮机为优化器提供了一个机会，可以对燃料增量与电价的变化做出反应。因此，如果电力价格相对于燃料价格上涨，对于减少现场电力采购或增加电力销售来说，汽轮机可能是一个划算的选择。

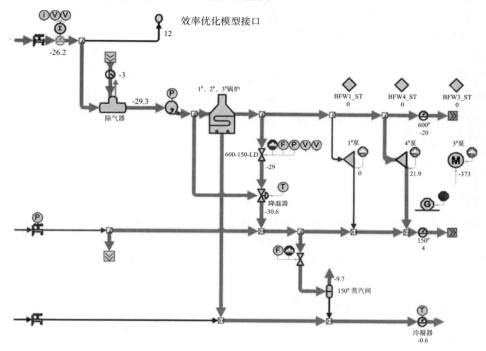

图19.3　通过全站优化减少泄压和排气（Courtesy of Soteica Visual MESA LLC.）

　　即使抽汽或冷凝涡轮有一个恒定的功率要求，也可以通过调整涡轮的高、低压部分之间的功率，并在手动控制中调整其他蒸汽设备实现节能。

　　如果发电过程在手动控制下，带有燃气轮机和热回收蒸汽发生器的热电联产系统可以对燃料与电力购买和销售价格的变化做出反应。用于增压器、进气冷却和燃烧空气再循环的过量蒸汽或注水都为热电联产操作提供了额外的灵活性，优化系统可以使用这些额外的灵活性通过实时调节来增加节能。

　　在站点开始开发优化解决方案之前，应该理解优化系统的目标，并在操作人员、工程人员和管理人员之间进行协调。

　　对于运营商来说，在日常决策中最重要的是可靠和安全的运营。由于对实时公用事业系统来说可用的信息通常是有限的，因此很少有一个标准来衡量过去操作的有效性。引入优化系统可能使操作人员的操作方法发生重大变化，为确保效率，这通常需要对其培训和持续的监督。

　　对于工程师来说，一个"项目"的重点经常优先于日常运营的改进。此外，由于工程人员关注其他优先事项，他们可能缺乏对操作员日常决策的理解和协调。优化解决方案的实现可以看作是另一个"项目"，而不是一个持续的"过程"，需要一致的、持续的工程监督和调整才能保持有效。随着时间的推移，缺乏承诺的工程支持也会破坏解决方案的有效性。

管理层有时可能在没有完全理解优化系统价值实现的基础上批准优化解决方案。因此，在某些情况下，优化解决方案对组织的优先解决事项的信息并不是从顶部传递的。众多的优先解决事项决策占据着经理的时间和注意力，由于时间的限制可能不允许在所有其他优先级中持续关注优化计划。最后造成的结果便是，维持成本效益最佳的解决方案缺乏管理赞助或"买账"，工作人员和资源的优先次序和资金不足。

由于缺乏所有权和日常监督的模型和建议的实施，内部"冠军"之间的过渡对于优化系统可能会导致优化价值恶化。此外，如果"变更管理"程序没有解决优化系统所需变更的完成问题，随着时间的推移，过程和公用事业系统设备和操作被修改，系统模型将不会保持最新，并将给出不准确的结果。

不足或无效的测算也会阻碍优化机会的实现。没有被测算的东西是无法优化的，因此解决方案的价值受到缺乏重要测算和预测不准确的负面影响。

四、成功的实时优化解决方案的特点

为了避免前面讨论的陷阱，管理人员与操作员保持一致是至关重要的。首先，网站的"冠军"承诺和高层管理人员的支持是成功和持续价值创造的必要条件。运营商"买进"解决方案的价值是至关重要的，因为他们必须实现建议的更改，才能产生节约。

系统必须以适合现有操作系统和首选项的格式提供准确和直接的建议。当操作员看到对手动设置点的建议更改和财务效益的明确指示时，他们就会积极地执行优化器的建议。

实时优化系统成功需要考虑的另一个重要因素是技术方法。优化模型应基于严格的热力学和有效的优化算法。只有质量平衡才能提供次优解。热力学平衡对于完整地描述系统并实现真正的最优是必不可少的。

除了"连续"变量外，系统还必须能够考虑设备的启动和停止，以便最大限度地节省机会。而且，即使这种"开/关"决策有额外的复杂性，计算引擎也应该在几分钟内解决问题，以便向操作员提供及时的建议。

除了在本章前面所讨论的在站点范围内的重要性，这个系统应该在一个固定的频率运行，并为运营商提供自动更新的建议，经常使用的系统如果发生改变，也应该被包括在操作程序过程中。

与使用定制模型的任何系统一样，组织必须优先考虑解决方案的持续维护。无论选择解决方案提供者提供的共享所有权模型，还是选择内部的"卓越中心"模型，组织都必须提交足够的资源来确保持续的成功。这包括在过渡期间提供支持和培训新员工的权利，并将模型更新和维护集成到"变更管理"过程中，以便模型在一段时间内保持准确和有效，从而推动节约。

定期检验系统过去的表现也很重要。应分析推荐性能与实际性能之间的差距。应根据ISO 50001"计划—实施—检查—执行"建议的持续改进，适当调整优化约束条件，以准确地考虑实际允许的操作限度。如果某些约束总是变动的，那么组织应该质疑该约束是否有效（系统是否能够运行到接近某个限制）或者该约束是否可以通过设备或流程更改来移除。优化器可以为更改提供经济合理性。

最后，组织应该定期审查、记录、发布并考虑对实现的节约目标的奖励。当"团队"方法与严格的技术基础相结合，并随着时间的推移对解决方案提供持续的支持时，站点将获得成本节约、提高操作的可靠性，以及基于严格的实用模型的环保达标等方面的持续收益。

五、保守预测

在当今激烈的市场竞争中，工业企业为了保持竞争力，越来越需要对能源和环境进行管理。一个有效的实时能源优化解决方案可以解决这一需求。一个工厂持续节省3%~6%的总能源开支并不罕见，在许多工业设施中，这一数字每年高达100万美元。

第20章　炼油厂中的燃气管理和能源效率

R. Tyler Reitmeier

　　炼油厂将原油转化为高价值产品，如汽油、柴油、液化石油气（LPG）和石化原料。在尽可能多地从原油中提炼出可销售的产品后，仍然存在一种被称为炼油厂燃料气（RFG）的轻气流，对于任何高价值的产品来说都太轻了。RFG（主要由氢、甲烷和乙烷的混合物组成）被送回工厂，用作燃料来点燃过程加热器。有一段时间，一个典型的工厂没有生产足够的RFG来供应所有的加热器，因此需要从第三方供应商购买补充替代燃料。在美国，购买的燃料通常是天然气，通常直接注入RFG歧管或混合筒中，代替炼油商所谓的"燃料缓冲"。

　　近年来成品油需求、环境要求和技术指标的变化，以及对能源优化的日益重视，都改变了炼油厂的燃气平衡。随着炼油厂精炼产品的低硫限制和重整装置的大幅度降产，氢的供应变得越来越重要，而低排放燃烧器对燃料系统中氢的容忍度也受到了限制。环境限制和燃料成本推动了许多"火炬气"回收项目。炼油厂的燃气系统已经成为优化的沃土，以确保每个组件都达到其最高价值的配置。将优化目标——减少总体能源使用、回收氢气和最小化排放——结合起来，可以产生具有强大理由的有趣项目。

　　随着能源价格飙升，炼油商开始调查能源削减项目，许多炼油商发现，他们降低能源消耗的能力受到了炼油厂生产的炼油厂燃气量（相对于天然气进口）的限制。随着节能项目的实施，边际进口燃料的数量减少到一定程度，下一个关于炼油厂气燃除的能源项目将启动（图20.1）。在燃烧过程中浪费RFG的经济效益，更不用说对燃除的环境限制，使得增加的能源项目对炼油商完全没有吸引力。因此，许多炼油商都在寻找经济有效的方法来减少炼油厂生产的燃气量。

一、燃气产量高的原因

　　炼油厂燃气生产过剩可归因于多种因素。其中一个突出的问题与流体催化裂化装置（FCCU）和改造装置在过去35年的运行变化有关。当从生产含铅汽油转向生产无铅汽油时，需要更高的辛烷值粗汽油。很多种方式均可得到较高的辛烷值，从而提高燃气产量。首先，FCCU的剧烈程度随着反应温度的升高而增加。

这样的副作用是FCCU增加了液化石油气和燃气的产量。其次，提高重整装置的强度，使辛烷值提高。与FCCU的情况一样，对重整装置的这种更为严格的操作导致了由于反应温度升高而产生的裂化，从而导致了更多的燃料气体产生。最近，汽油、馏分油的需求和汽油规格的变化，已经降低了许多重整装置和FCCU面临的严峻的形势。FCCU将燃料气平衡重新转向短缺。然而，较低的反应程度的重整操作也降低了原料氢和产品脱硫的可用性，而产品硫的要求已经收紧，一些原料的质量已经下降。许多炼油商发现，有必要提高炼油用燃气的氢回收率，甚至通过购买或生产来补充氢的供应。

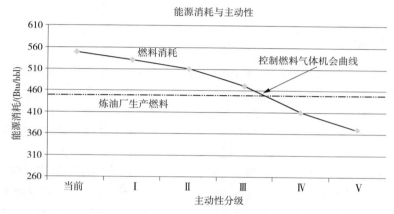

图20.1　燃气缓冲与能源项目实施（1bbl = 159L）

除了FCCU的高强度操作外，FCCU产量的简单增加也会影响炼油厂的燃料平衡。FCCU催化剂再生器的热气体被输送到CO锅炉，其热量用于产生蒸汽。在较高的流量下，即使转换率保持不变，CO锅炉的余热也会产生更多的蒸汽。由于FCCU通常产生的蒸汽是炼油厂的最高水平，这导致炼油厂的专用锅炉降低负荷，从而降低了对燃气的需求。

除了转换单元的基本原理，低效的操作还会将轻分子物质送入燃料系统。例如，氢的使用不当会导致氢进入燃料系统。此外，炼油厂在炎热的夏季往往面临着更大的燃料气体密封问题，因为此时大量的C_{3+}物质进入了燃料系统。这可能是由于夏季冷却水供应温度高达90℉而造成冷却塔运行不良引起的。

二、站点范围内的能量平衡

站点范围内的能量平衡，包括燃料、蒸汽和电力，是任何能源研究的基础。只有在产生了基本的能量平衡之后，才能从经济角度和纯效用平衡角度有效地评估节能和燃料优化项目对整个系统的影响。

例如，如果没有充分了解蒸汽系统，人们如何知道炼油厂某一地区余热蒸汽产量的增加不会简单地导致蒸汽在其他地方的排放？或者，没有详细的燃料平衡，当锅炉被关闭或完全关闭时，如何确定减少蒸汽使用项目对燃料气体平衡的影响？

作为一个额外的好处，本章讨论的燃料、蒸汽和功率平衡成为用于为站点设计新的设备的一个非常有价值的工具。例如，一个易于理解的工厂能量平衡将有助于选择主要的驱动设备，特别是在决定使用汽轮机还是电动机之间，这对平衡的所有三个组成部分（燃料、蒸汽和电力）有非常不同的影响。

1. 燃料平衡

正如前面提到的，对于未来的能源削减和其他燃料相关项目对燃料系统产生的影响，一个合理准确的燃料平衡对理解这个影响是很重要的。燃料平衡还应尽可能考虑到未来项目的影响，例如为该场址规划的新工艺装置或扩建工程。在开发燃料平衡时，假设所有消耗的燃料流量都是通过熔炉的仪表得知，生产的燃料在源头进行计量，燃料气体成分可以通过实验室或在线分析得到。

生产仪表的准确性和对这些物流的实验室分析的可用性的挑战是很典型的。根据燃气系统的配置，通常可以在收集桶出口处测量燃气产量，那里的仪表通常维护得更好，实验室取样也更频繁。然而，为了预测未来操作更改的影响，以及为了将正确的燃气流追溯到正确的最终用户，知道各个生产者的作用是很重要的。以 Btu 为单位，良好的炼油厂燃料平衡在5%~10%以内（国内燃料生产总量加上进口与燃料消耗总量之比）。

表20.1显示了炼油厂燃料平衡的一个例子。请注意，余额是基于整体的余额（Btu），而不是基于某一具体组分。热平衡通常足以预测对未来能源项目的影响，尽管粗略的组分平衡对于更复杂的优化是必要的。各流程的热值可通过实验室分析确定。如果不同的原油馏分或其他运行方式（如夏季和冬季）经常改变燃气组分，那么炼油厂应该为每种运行方式开发单独的燃料平衡。

表20.1　炼油厂燃料平衡表

项目		LHV		
		$10^3 ft^3$（标）/d	Btu/ft^3（标）	MBtu/h
生产	天然气混合	30835	976	1254
	FCCU	914	1023	39
	SGRU	9940	811	336

项目		LHV		
		10³ft³（标）/d	Btu/ft³（标）	MBtu/h
生产	CDU 2	7770	434	141
	GU	2053	786	67
	PACC	27603	971	1117
	PSA净化气	1880	781	61
	PSA旁路	2831	434	51
	苯装置	573	781	19
	EU	13205	622	342
	CU	15	781	0
	生产气体总计	97620	843	3427
消耗	GFU	915	781	30
	CDU 1	13972	781	455
	DU 2	12995	781	423
	HFAU	3530	781	115
	GU 1	1109	781	36
	GU 2	396	781	13
	锅炉房1	12093	969	488
	锅炉房2	18569	747	578
	锅炉房3	14326	781	466
	加氢裂化	2775	971	112
	延迟焦化	9938	971	402
	制氢装置和PSA单元	6439	781	210
	苯装置罐区	8	781	0.28
	火炬	16	781	1
	消耗气体总计	97082	823	3328
生产与消耗差值		538		99
生产与消耗差值/%		0.60		2.90

如果炼油商在取得5%或更好的燃料气体平衡方面遇到困难，以下一些步骤可能有助于平衡：

1）确认所有天然气生产流程都已记录在案。一些炼油厂从原油蒸馏装置等装置中生产出尾气，这些尾气绕过炼油厂的燃料收集桶，直接进入流程加热器，从而绕过燃料桶周围的主要仪表。

2）检查并重新校准所有流量计，特别是那些有一段时间没有检查过的流量计。

3）验证历史数据，对温度、压力和重力进行适当的仪表流量校正。

4）验证气体取样程序。例如，确认实验室正在正确运行气相色谱仪（GC），使用第三方实验室进行验证。

2．电力平衡

通过将总电源（购买的和厂内生产的）与总连接负载进行比较，通常可以开发出良好的电力平衡。总连接负载由现场提供的电机列表生成，其中包含每个电机的额定功率和"开/关"状态。所有运行电机的额定功率总和与所提供的总功率进行比较。一般情况下，这种方法估计的连接负载比测量的总电源高10%~20%。这是预料之中的，因为许多发动机将不会以额定功率全速运行，而是在某个较低的曲线上。我们可以简单地分配整个电机总体上的百分比差异，以达到平衡。

一个好的功率平衡也将考虑到"可切换"的驱动设备，即泵或压缩机，可以在电动机和汽轮机之间切换。当电动机使用时，就需要电力。当使用汽轮机时，电力需求消失，但会对蒸汽平衡产生影响（第18章）。

3．蒸汽平衡

蒸汽平衡通常是现场能量平衡中最具挑战性的部分。这一主题已在第18章中讨论。蒸汽平衡应与电力平衡和燃料平衡相结合，使锅炉负荷和涡轮运行的变化与动力和燃料需求的变化相关联。

三、评估优化燃气配置的选项

如果上文所述的能源平衡证实炼油厂在不减少燃料气体供应的情况下无法实现其能源削减目标，则应考虑本节简述的意见：

1）燃气（H_2、C_{3+}、H_2S）的组成：燃料系统是由氢气、C_{3+}组成，还是两者的混合物？一个好的燃气系统的氢含量低于25%，氢在脱硫装置中的含量可能更高。然而，在许多炼油厂，燃料系统中含有50%以上的氢。在这些情况下，液化石油气往往必须汽化到燃料系统中，以提高燃气的热值，从而进一步加剧燃料过剩。

2）工厂氢需求——当前和未来：是否需要一种新的蒸汽甲烷重整器（SMR），或者是否有从燃气中回收氢的项目？

3）替代燃料（LSFO、LSR 和 LPG）：目前还可以减少或消除哪些其他燃料来源，它们在其他地方的价值更高吗？

4）夏季与冬季需求：燃气不平衡是季节性的吗？

5）蒸汽平衡——当前和未来：是否计划建立一个热电联产厂，关闭旧的成套锅炉，从而降低燃气需求？燃气轮机可以使用供应的燃气的任何组分吗？

6）氢装置进料的灵活性：如果氢装置当前的进料是购买的天然气，是否可以用炼油厂燃料气或其他？

7）长期发电策略：工厂会继续从第三方购买所有电力，还是会安装现场发电设施？

8）燃料桶配置、出口计量和取样：是否可以从一个普通混合桶的上方计量以实现对炼油厂生产的整个燃料气体池取样？

9）燃气供应控制策略：大多数炼油厂在供气管道压力下控制燃油，但一些炼油厂发现，提供先进的控制来管理燃油供应和成分是值得的。

10）第三方燃气采购或销售：是否以最划算的方式进行？是否需要新的选择？

11）火炬气回收：火炬气中是否有可回收的燃料组分？火炬气回收项目可以收到意想不到的红利——不仅在实现环境合规方面，而且避免了新的火炬增量，特别是在新的和更严格的法规下。

根据实际情况，应考虑几种燃料优化策略，并考虑它们的能源改善和其他好处。中短期策略包括提高液体采收率、改进氢采收率和优化燃料系统控制参数。

1）提高液体回收率：

①优化吸收塔稀油的选择和效率。

②改进除乙烷操作，使 C_3 对燃料的消耗降到最低。

③绕过气体或蒸汽回收装置(GRU/VRU)周围的低回收进料以减少 GRU/VRU 负载，提高更好的进料能力。

④升级填料，提高冷却塔效率。

2）提高氢回收：

①消除未计量的燃油泄漏。

②改善从高压加氢脱硫装置到低压加氢脱硫装置的级联现象。

③优化膜和 PSA 供给的选择和操作。

3）改进燃气系统控制：

①检查并在必要时修改天然气进口的最低限制。

②检查控制策略的能力和一致性，特别是如果有多个燃料桶。

③检验液化石油气气化策略。如果液化石油气只在非测试期间添加到燃料系统，去避免这种情况。

较长期的解决方案可能涉及下列新项目：

1）新一代电力：

①新锅炉/汽轮发电机（STG）组合。

②新燃气轮机（HRSG）/热回收蒸汽发生器（STG）组合。

2）扩大回收能力：

①新建天然气回收厂。

②新型变压吸附（PSA）装置。

③新的氢压缩设备。

④新建氨吸收式制冷（AARU）装置。

3）制氢装置进料转化：

用炼厂燃料气或燃料气组分原料交换或补充天然气原料。

1. 案例研究

美国一家炼油厂已经成功启用了 AARU，它实际上解决了两个问题[2]。通过一个 300℉ 的工艺流程，这个流程流目前通过翅片风扇冷却器与大气交换其余热，现在将其作为 AARU 热源，炼油厂能够使用产生的制冷剂冷却燃气流，可回收 C_{3+} 并将其加入炼油厂燃料气系统（见图 20.2）。炼油厂现在对燃油燃除几乎没有问题，因为 LPG 的平均采收率至少比前 AARU 高出 50%。这导致增加了燃料系统的天然气组成，从而为进一步的节能措施的实施腾出了空间。

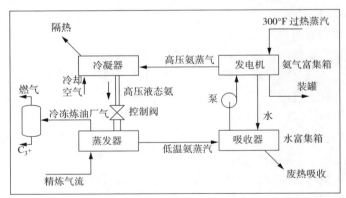

图20.2　氨吸收式制冷机组（AARU）

氨的吸收循环是以在水中吸收氨使蒸汽压力降低为原理的。与丙烷或乙烯等其他制冷循环相比，吸收式制冷循环具有明显的优势，因为吸收式制冷循环不需要大型机械压缩机，只需要一台泵和非常少量的电力。此外，工作液、氨和水不含消耗臭氧的碳氢化合物[3]。

2. 结语

所有炼油商仍面临巨大的成本压力。由于能源占一个典型炼油厂运营成本的30%~50%（包括原油），这无疑是一个值得关注的领域。在多大程度上炼油厂可以进行能源优化，炼油厂的燃气系统可能是一个限制因素。成功实现节能目标的关键在于对当前和未来的燃料平衡有一个全面的了解，并在降低能源需求的同时确定和执行保持整体燃料平衡的项目。许多节能项目可以与其他轻组分和环境约束相结合，以提高回报和满足多个目标。

参考文献

1. Davis, J.L. Jr. (2004) Overcoming fuel gas containment limitations to energy improvement. *Proceedings of the Twenty-Sixth Industrial Energy Technology Conference*, Houston, TX, April 20–23, 2004.

2. Energy Concepts, Inc. (2014) *Ammonia absorption refrigeration unit provides environmentally friendly profits for an oil refinery*. Available at http://www.energy-concepts.com/_pages/app_refinery_chilling.htm (accessed March 13).

3. Energy Concepts, Inc. (2014) *The absorption process*. Available at http://www.energyconcepts.com/index.html (accessed March 13).

第21章　制冷、制冷机和冷却水

William (Bill) Turpish

冷却是加工业的一项重要要求。冷却系统可能是非常耗能的，而糟糕的冷却系统也会导致其他系统的能源消耗增加。例如，较高的冷却水温度会导致蒸馏塔的塔顶温度和压力升高，从而增加了塔再沸器的温度和热负荷。相反，适当的冷却可以在最低的能量投入下实现高生产率，还可以提高产品质量。

因为有一个大家都愿意把重点集中在热量输入而不是热量去除这样一个趋势，尽管存在这些问题，冷却系统往往在能源效率方面被忽视。在这一章中，我们简要介绍了冷却水、冷却系统和制冷系统的主要组成部分，然后重点介绍了提高能源效率的方法。

一、冷却水、冷却器和制冷系统

几乎所有的加工厂都必须排出大量的热量，这些热量以这样或那样的方式排放到环境中。大部分热量产生于高于环境温度的地方，相对简单地，可以在空气中使用空气扇、风扇冷却器或冷却水去除它们。

然而，一些热源低于环境温度。在这种情况下，必须提高热量的温度水平，才能将其排放到环境中，并且需要制冷。通常，这是通过循环流体（最常见的是水）完成的，它在生产过程中去除热量，然后将热量排放到制冷回路。冷水机一般适用于这类系统，冷水机广泛应用于工艺设备和建筑物的供暖、通风和空调（HVAC）应用（第24章）。

在许多工艺应用中，热量直接从环境热源下转移到制冷循环的工作液中，而不需要使用中间循环液。制冷系统一般适用于这些情况下使用的设备。在加工工业中，制冷系统通常用于温度明显低于水冰点的负荷，例如烯烃厂的轻端分离段，可能需要 $-250\,^\circ\text{F}$ 或更低的温度。

冷冻机和制冷系统依赖于相同的技术和设备类型，而且术语经常互换使用。

1. 冷却水及冷却塔

有许多不同类型的冷却水系统，包括直流河流水和海水系统。然而美国的大多数工艺设备都使用循环冷却水，其中最关键的部件是冷却塔。该塔只需要适度的补充水便可以将热量散发到周围的空气中并将冷却水返回到系统中。

冷却塔最常见的分类是根据其产生气流的方法，其中主要有两种类型：

1）自然通风，在大型烟囱结构中使用浮力效应。这些通常用于大型发电厂，但很少用于炼油厂、化工厂或其他工艺设施。

2）机械通风，使用电动风扇产生气流。这些在流程工业中很常见。两个主要的子分类是强制通风和诱导通风（图21.1），前者是进风口的风机将空气吹入冷却塔，后者是排气口的风机将空气吸入冷却塔。

图21.1 诱导通风横流冷却塔(Courtesy Baltimore
Aircoil Company. All rights reserved)

混合设计（如"风扇辅助自然通风"）使用这两种机制来产生气流。

冷却塔内的冷却主要是通过部分循环水的蒸发来实现的。湿球温度是水可以冷却到的理论温度极限。在实践中，大多数现代冷却塔的设计温度都接近当地湿球温度的5~7℉。

湿球温度[1]是指当纯水蒸发到空气中冷却到饱和时，大量空气所达到的温度，即空气所提供的蒸发时带走的潜热。

2. 制冷循环和冷水机组类型

有几种类型的冷水机和制冷系统。根据制冷循环和使用的压缩机的类型，它们彼此不同。

使用蒸汽压缩制冷循环的系统可以使用以下几种不同类型的压缩机：

1）往复式和涡旋压缩机通常用于小型冷水机组。

2）螺旋压缩机通常用于中型冷水机组。

3）离心式压缩机通常用于大型制冷机和制冷系统。值得注意的是，如今螺杆式制冷机和离心式制冷机之间的差别正在逐渐消失，而且两者的尺寸都差不多。

吸收式冷水机组采用吸收式制冷循环，不使用机械压缩机。最常见的应用介质是溴化锂和水。这些在流程应用中并不常见，不做进一步描述。

图21.2为带省煤器的两级离心制冷循环。液体制冷剂从冷凝器通过膨胀装置进入省煤器，并在减压状态下闪烁。这就产生了与省煤器压力相对应的饱和温度下的气液两相混合物。蒸汽从混合物中分离出来，直接流向二级叶轮的入口。剩余的饱和液体制冷剂进入第二箱扩展设备。

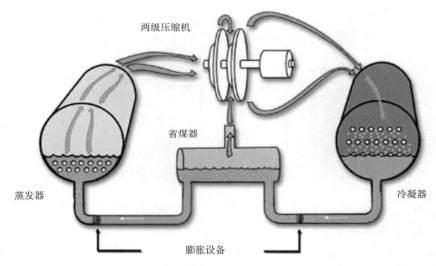

图21.2　一种带省煤器的两级离心压缩机的制冷循环（Used by permission from Trane）

第二膨胀装置产生的压降使部分液体制冷剂汽化，进一步降低制冷剂温度。由此产生的冷却的液体和蒸汽混合物进入蒸发器。

在蒸发器中，液体制冷剂在低于大气的压力下沸腾，因为它从水或工艺流程中吸收热量，产生的蒸汽被送回压缩机并重复这个循环。

制冷剂蒸汽离开蒸发器，流向压缩机，在那里被压缩到更高的压力和温度。然后，高温高压的制冷剂蒸汽进入冷凝器，在那里它把热量排放到冷却水中冷凝，然后以饱和液体的形式返回到蒸发器并重复这个循环。

图21.3为螺旋回转压缩机制冷电路。该电路与离心式制冷循环相同，但在这种情况下是单级系统，因此没有节能器。另一个关键的区别是，大量的油注入压缩机与制冷剂，以提供密封和润滑。油也被用来冷却和润滑轴承。油在油分离器中回收再利用。

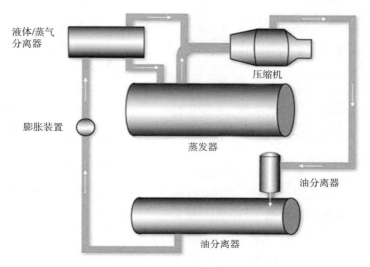

图21.3　螺旋回转冷水机组制冷回路
（Used by permission from Trane）

图中标注：液体/蒸气分离器、压缩机、膨胀装置、蒸发器、油分离器、油分离器

3. 制冷机、制冷系统和冷却塔的能源术语

制冷机的制冷负荷一般以吨（t）为单位，其中1t是在24h内融化1t（2000lb）冰的热量，即12000Btu/h。

当我们考虑将冷却塔耦合到制冷器或制冷系统时，我们需要对吨使用不同的定义。如果我们使用一个冷却器冷却过程水，冷却塔的冷却的不仅仅是热水，但也相当于热驱动冷水机组的压缩机所需要的能量，通常认为是3000Btu/h（尽管现代冷却装置经常使用更少的能源）。因此冷却塔冷却1t的负荷=工艺负荷+电机负荷= 12000 + 3000 = 15000（Btu/h）。

制冷机或制冷机的能源效率通常以kW/t表示。另一个常用的测量方法是性能系数（COP），它是有用的功除以所需的能量。下面的例子说明了这一点：

1kW = 3413btu /h，1t制冷 =（12000Btu/h）/（3413Btu/kW·h）= 3.51kW。由此可知，如果电动制冷机或电冰箱每吨制冷消耗1.0kW电力，其"electric COP" = 3.51/1.0 = 3.51。

二、改善冷却水系统的效率

冷却水系统可分为两个主要部分：冷却塔和冷却水分配系统。下面将讨论在这两个领域改进能源效率的机会。

1. 冷却塔

冷却塔提供了空气和冷却水接触的环境，允许冷却蒸发发生。冷却塔效率的关键是使空气和水在冷却塔内流动所带来的效率最大化。

冷却塔的设计对其节能效果有重要影响。设计中的许多变量包括塔的大小、空气和水流模式、填料的类型、填料间距和高度、每平方英尺填料的空气和水的负荷量、喷嘴的间距、类型和尺寸。下面将讨论关键的设计和维护问题，以及可能的改进。

现代冷却塔一般采用高效填充物，它们的典型设计温度为 $7{}^\circ\mathrm{F}$，湿球温度为 $78{}^\circ\mathrm{F}$。然而，在某些情况下，采用 $4{}^\circ\mathrm{F}$ 或 $5{}^\circ\mathrm{F}$ 的设计可能是合理的，因为系统可以从较低的水温中获得更大的输出和更低的能源使用。

旧塔通常可以通过升级到高效填料来提高成本效益（图21.4）。它不仅可以通过更有效的填充来降低整个系统和塔的能源成本，还经常可以提供其他的好处，如增加工厂的吞吐量或产品产量。

图21.4　对旧冷却塔(a)进行升级改造为高效冷却塔 (b)

（1）水流量

水流量也是水塔设计中的一个重要因素。与大多数能源决策一样，在指定流量时应考虑生命周期成本。低流量设计（约2gal/min/t）通常比更常见的高流量（3gal/min/t）设计提供更低的第一成本。然而，更高的流量设计可以提供更接近湿球温度的方法，通常需要更低功率的风扇电机，从而节约能源。更高的冷却塔流量也增加了减少噪音和利用水自由冷却的选择。

（2）流动模式

空气和水的流动模式对冷却塔的效率有很大的影响。两种基本配置是并流和逆流（参见图21.5）。逆流布置是将最冷的水与最冷的进入空气逆流热交换，这通常会在给定的负载下减小冷却塔的尺寸。然而，在某些情况下，其他因素可能仍然有利于交叉流设计，例如：

1）第一成本；

2）污垢负荷；

3）一定的结冰条件；

4）易于维护和访问；

5）高温度；

6）位置和空间；

7）水流分配/添水（流量下降时）。

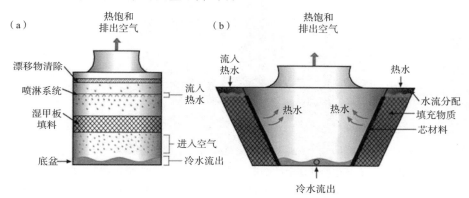

**图21.5 冷却塔内空气和水的流动模式：逆流(a)
和横流(b) (Courtesy Tower Components, Inc.)**

（3）风扇

风扇也应根据生命周期成本进行选择。速度应保持在12000ft/min以下，以延长风机寿命，防止过早发生故障，而排风速度应在1200ft/min以上，以尽量减少饱和排风回流到进风口。

风机功率是冷却水系统运行成本的重要组成部分。在给定的冷却负荷下，选择一个带有较小风扇电机的较大冷却塔可以节省大量能源，通常可获得2~3年或更少时间的回报。

有些风扇配有双速电机或变速驱动器，可以根据需要调节气流。如果带有固定速度风扇的冷却塔需要使风速永久性下降（例如，由于工艺部分的能源效率提高，或冷却塔提供的一些设备被淘汰），降低风扇的成本效益可能是划算的。如果系统中有多个冷却塔，则最好将其中一个冷却塔停用，并将其与其他冷却塔隔离，甚至完全报废它。

皮带传动通常用于风扇，但这些在效率上有很大的差异。在皮带的使用寿命方面，同步带传动的效率通常比V型带传动高出4%左右，并大大提高了皮带的使用寿命。当正确安装时，它们不需要保持张力。

降低风扇功率要求（或增加容量）的另一个选项是增加速度恢复（VR）堆栈（stack）（图21.6）。虚拟现实堆栈是一个扩展的锥形风扇罩，它可以减少风扇工作时必须的放电压力，这使得风扇可以在相同的电量输入下移动更多的空气。VR堆栈可以被纳入冷却塔的初始设计或改造。然而，它们的成本并不总是合理的。

图21.6　安装在冷却塔上的虚拟现实堆栈增加相同能量输入的气流

（4）水质

水质是冷却塔的另一个重要影响因素。水里的污垢和水垢会导致喷嘴堵塞和填充物堵塞。这些问题通常在低水流 [< 3gal/min/t] 时表现最为严重，因此必须保持足够的水流。此外，如果水的化学成分没有得到适当的控制，就会导致冷却回路换热器的结垢和腐蚀，也会导致冷却回路内生物污染物的增长。

水质一般受以下因素综合影响：

1）过滤；

2）水软化；

3）吹掉一部分循环水流中的杂质；

4）化学添加。

水处理专业人员，无论是内部人员还是外部人员，应咨询管理水处理的专家。

（5）维护

未能保持冷却塔的物理状态，必然会导致其性能下降。这可能表现在许多不同的方面，包括减少冷却能力，增加接近湿球温度，增加水的漂移损失和不断上升的对电力需求。要检查和维护的关键部件包括：进口百叶窗，芯材料，套管，范甲板，热甲板盖，结构，小的分区，电机、齿轮传动和支架，振动开关。

2. 冷却水分配系统

分配系统从冷却塔中抽取冷却水，通过需要冷却的热交换器进行循环，然后将其送回冷却塔，此时水的温度更高了。由于泵工作需消耗电力，分配过程是系统中主要的能源消耗过程。参考文献［1］研究了提高能源效率的常见方法，并在 John Wiley & Sons 公司的允许下对讨论进行了调整和扩展：

（1）确保水流不过多超过需求

许多冷却水泵都是超大型的。此外，随着新设备的加入，冷却水系统通常会扩大，这种扩大通常包括额外的泵。如果将设备从系统中移走，就会留下剩余的泵送能力。其结果是，在大多数情况下，泵的输出与消费者的需求之间可能存在严重的不匹配。有很多方法可以解决这种情况，例如，降低泵的排量，安装变速驱动器，为特定的泵提供能量以满足系统需求等。本主题更多的细节在第 15 章有更详细的讨论。

需要注意的是：降低水流量可以节约能源，但如果流量低于冷却塔制造商的建议，这可能会导致冷却塔和换热器结垢，导致性能下降，并抵消泵的节能效果。

（2）避免不必要的压降

为了最大限度地减少液压损失和相关增加的泵送成本，系统应该设计相对较大的管径（根据生命周期成本分析），并且不应该有不必要的阀门和配件。不必要的阀门和配件也应该从现有的配电系统中移除。

（3）设计确保系统平衡

在大多数工艺设备中，冷却水系统的主要压降是由换热器引起的，确保系统的设计是为了保证冷却水系统的压力平衡，以提供每个换热器的预期冷却，这一点很重要。这需要仔细考虑每个换热器的基础设计（设计流量和设计压降）。然而，在许多情况下，热交换器是随着时间的推移而增加或重新使用的。这些变化可能导致冷却水系统的部分溢流和下溢。有些热交换器需要两倍于设计的冷却水流量，而另一些热交换器只需要一半或更少的设计流量，这种情况并不罕见。这种不平衡可能导致较差的控制和较弱的容量限制，以及对能源效率和可靠性的负面影响。

改进的仪器（特别是流量和温度测量）可用于监测和管理流量不平衡。理想情况下，应该有足够的仪器来计算所有热交换器周围的热平衡。流体流动模型也可用作评估和管理流动不平衡的工具。在许多情况下，特别是在复杂的配电系统中，模型可以发现意想不到的效果，并找到非直观的解决方案来解决流量平衡问题。

三、提高制冷和制冷系统的效率

在制冷和制冷系统中，只要很少或没有资本投资，就可以实现许多能源效率的改进。下面描述的18个省钱方法是由工程系统提供的（www.esmagazine.com）[2]。它们分为三个领域：

1）与组件相关的方法，包括正确操作和维护冷水机或制冷部件，包括设置最佳水温和流速。

2）多个机组冷却设备的系统相关方法，包括在不同负载条件下运行最高效的设备组合。

3）改造方法，包括使用最新的节能技术和升级现有设备系统。

1. 组件相关的方法

（1）重置冷却水出口温度

当温和的温度和较低的室外湿度降低了对冷水系统的需求时，冷水系统通常在一年中的大部分时间都处于部分负荷状态。在减少负荷的情况下，冷却盘管可以在较高的冷却水温度下产生所需的冷却。提高冷却水温度可以降低压缩机势头，降低能耗。

对离心式冷水机组的研究表明，对于定速冷水机组，该策略在运行负荷在40%~80% 范围内仅是名义上的能量节省。在此范围内，冷却水出口温度每增加 $1°F$，可节省约 0.5%~0.75% 的能量。令人惊讶的是，负载低于40%的恒速冷水机组的效率会随着负载的减少而降低到功率消耗增加的程度（图21.7）。

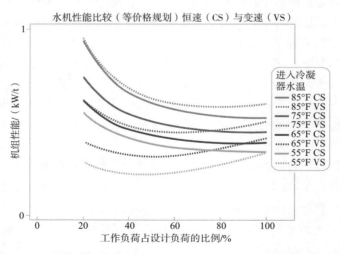

图21.7　制冷机特定功率需求随负荷变化（Used by permission from Trane）

配备变频驱动（VFD）的离心式冷水机组（见后面讨论的第15项）对冷水重置的响应更好。当负荷在10%~80%之间时，每增加1℉，一台变速制冷机消耗的能量将减少2%~3%。

（2）保持适当的制冷剂填充

制冷剂填充过少或过多会限制制冷机或制冷机的传热能力，增加水头压力和能耗。不适当的填充水平也会降低蒸发器的温度。在一台典型的冷水机组中，蒸发器温度每升高1℉，就可节省1.5%的满载能量需求。制冷系统的节能率因其设计而异。对于离心式冷水机组，蒸发器壳体上的一个观察玻璃孔用于监测制冷剂的水平。对于往复式冷水机组，液体管路瞄准镜中的气泡表示欠充，而冷凝器的排放压力过高或低制冷剂温度表示过量填充。系统应按照制造商的说明进行填充。

（3）降低进入冷凝器的水温

大多数制造商规定了进入冷凝器的最低水温。然而，为了节约能源，许多制造商重新评估了最低温度。制冷机和制冷能耗在一定程度上受冷凝器压力和温度的影响。降低凝汽器水温也会降低制冷剂的冷凝温度和冷凝压力。这样做的结果是降低了扬程，降低了能量。

对于一台典型的冷水机组，每降低进入冷凝器水温1℉，就能在满载时节约1.5%的能源。配备VFD（见后面讨论的第15项）的离心式冷水机组对冷凝器水重置的响应更好。当负荷在10%~80%之间时，一台变速制冷机每降低一次能耗，就会减少2%~3%的能耗。在制冷方面的节省会因设计而异。

（4）消除制冷剂和空气泄漏

应消除制冷剂系统中的泄漏。在高压制冷机和制冷系统中，制冷剂会泄漏，减少制冷剂库存，增加能源需求（见前面讨论的第2项）。空气会泄漏到低压系统中，聚集在冷凝器中，取代制冷剂蒸汽，导致冷凝器压力升高。在一台典型的制冷机中，离开冷凝器的制冷剂温度每升高1℉，能量就会增加1.5%左右。根据不同的设计，消除制冷系统中的空气泄漏所节省的百分比是不同的。配备VFD的冷水机的节省往往更大。

低压冷水机组和制冷系统使用净化装置来清除空气。当吹扫装置不能正常工作时，或者当泄漏的空气量超过吹扫装置的清除能力时，就会出现问题。

要检查是否有多余的空气，可以使用从饱和冷凝温度中减去剩余冷凝器制冷剂温度（使用标准制冷剂表将冷凝压力转换为温度）的方式。这就产生了一种用温度来衡量空气的方法，因为是空气决定了温度的区别。如果差异大于设计规范中给出的差异，则采取纠正措施，检查泄漏和正常运行的清洗装置。

（5）减少冷凝管结垢

凝汽器管道的污染——包括结晶或结垢、沉积、黏液和藻类生长——是由于水处理和系统水维护不善造成的。这种污垢导致低效的热交换，增加冷凝温度和创造更大的水头。随着水头的增大，压缩机电机消耗更多的能量。为了保持相同的冷却效果，必须增大离开冷凝器水温与制冷剂冷凝温度之间的差值。这种温差称为"小温差"。对于一台典型的冷水机，每降低1℉的微小差异通常会降低1%的满载能耗。制冷系统的节能将随设计而异。

凝汽器管道应定期清洗，以清除污垢，并将微小的差异保持在设计规格范围内——通常为0.5~3.0℉。虽然有时需要化学（酸）清洗或高压水爆破，用刷子清洗通常就足够了。持续污垢表明需要更好的水处理或自动管道清洗系统（ATCS），有时称为自动管道清洗系统（ATCS）。

侧流介质过滤的应用将大大有助于防止悬浮颗粒和污垢的污染。

（6）保持凝汽器水的适当流量

冷凝器中水流量的减少增加了水头和能耗。流量降低20%通常会使满载能耗增加3%。

造成流量减少的常见原因是部分关闭的阀门、冷却塔内堵塞的喷嘴、污染的过滤器、冷凝器管内的泥浆以及水管内的空气。通常可以通过冷凝器泵上的排气阀调整流量，使其保持在设计限度内。如果调节之后没有效果，确定并纠正流量减少的原因。将换热器的压降与设计压降进行比较，可以得到粗略的流量测量结果。

（7）控制需求消耗

大多数电力公司的收费是根据在任何区间内使用的最大能源量计算的。峰值需求发生在机器启动期间。最严重的需求通常发生在炎热的夏季早晨，当几台机器启动时，冷冻水回路或需要制冷的设备是温暖的。

限制需求可以大大节省需求成本。大多数离心式冷水机组都有手动或自动的需求限制器。使用限制器将启动时的需求限制在最大值的60%左右。为了进一步降低需求费用，将多台机器在多个需求间隔上错开启动，以便每隔一段时间就有一台机器出现需求。VFD还可以减少机器启动期间的电流（参见后面讨论的第15项）。

虽然限制需求的策略可以降低能源成本，但实际节约了的能源取决于公用事业的费率结构。

（8）保持电动机的效率

压缩机电机是制冷机或制冷系统中最大的能源消耗设备。电机效率下降最常见的原因是缺乏冷却。如果操作日志显示电流增加而电压没有增加，电机可能没有被正常冷却。对于密封电机，检查制冷剂流量受限或制冷剂过滤器是否堵塞。对于打开的电机，检查通风是否不足，进气和排气口是否堵塞，以及进气过滤器是否堵塞。在这两种情况下，检查污油和滤油器，检查松动或腐蚀的电器连接。

2. 系统相关的方法

（1）按正确的顺序操作设备

当几台冷水机或制冷压缩机共同工作时，对每台机器进行仔细的评估，可以根据情况选择最佳的操作顺序。不仅要评估每台机器的部分负载相对于满载的效率，还要评估多台机器部分负载相对于一台机器负载的效率。当带有 VFD 的冷却器可用时，存在许多可用的方法。

（2）按正确顺序操作冷凝器和蒸发器泵

当冷水机停止时，按照顺序使泵停止工作，并将空闲冷水机与冷水回路隔离，这样可以节约能源。

水可以通过一台闲置的冷水机泵送，这不必要地消耗了能量，并且可以将冷冻水系统的温度提高 2.5℉。可以增加自动关闭阀，以防止水通过闲置的冷水机组。在水回路其余部分的设计条件下，保持循环水的温度和流量，关闭水可以节约能源。同样，对于多压缩机制冷系统，制冷剂流量应该与任何空转的压缩机断开。

另一种节省泵送能量的方法是使用双速或变速泵，其中一个泵可为多台机器提供服务。

有一点需要注意。对泵送系统策略的修改可能是复杂的，并可能以意想不到的方式影响系统。流体流动模型可用于评价泵送系统，预测问题或方便故障排除。

3. 改造的方法

（1）互连系统

许多设施都有几个独立的制冷或制冷机组，这往往是多年来设施扩建的结果。有时，部分或全部系统在低效率的部分负载下运行。通过将系统互连和集中负载，可以在任何情况下通过关闭某些单元和更充分地加载其他单元来优化系统效率。

（2）使用功率因子校正电容器

功率因子是电力系统中电流与电压的相位关系。理想因子为 1.0，实际因子通常在 0.8~0.9。一个较低的因子意味着必须在分配电路中流动更大的电流，以提供一定数量的电力负荷。提高功率因子降低了对电力的需求；因此，许多公用事业公司为电力因子较高的设施提供较低的费率。一般情况下，通过添加校正电容，可以将系数提高到 0.88~0.95。电容器的安装相当简单，投资小，潜在的回报大，取决于公用事业费用的计划。

（3）安装遥测系统

遥测系统提供24h/d的电子监测，以持续评估制冷或制冷装置的运作，并将信息传达给远程服务办公室。遥测技术可以检测和预测问题，以便快速纠正。遥测系统有三个主要目的：当发生设计外的情况时通过发送信号来降低能源消耗，预测和发送信号的问题（如污油过滤器），这些问题可以在安全关闭发生之前纠正（如低油压），并规避严重问题带来的风险。

遥测系统并不减少由合格的服务人员进行准确记录和定期检查设备的需要。相反，只是增加了一个已经很好的维护程序。

（4）增加热回收

热回收可以应用于许多同时需要加热和冷却的情况。在有制冷设备的建筑物中，可能有应用包括生活热水和机械冷却的情况同时存在。在需求较大的建筑中，热回收投资成本应在3年或更短时间内收回。

在工业过程的冷冻和冷藏部分也有许多热回收和热集成的机会，例如，制冷冷凝器的热量可以用来驱动低温蒸馏塔再沸器。第26章描述的Pinch分析已被广泛用于识别和定义这类机会。

（5）安装变速驱动器

压缩机入口的导向叶片传统上是被用来限制带有恒速电机的离心式冷水机和制冷机的容量的（第15章）。叶片的作用是限制制冷剂的流量和减少容量。虽然这种方法降低了总电耗，但节省的电量与容量减少不成比例，因为在低负荷下，由于驱动损耗，制冷所消耗的电力单耗增加了。

VFD应用的最新发展使容量可以由电机转速控制，降低能源消耗，并更好地利用进口导叶。当恒速电机通过关闭叶片来响应较低的凝汽器水温时，变速电机在限制叶片之前会减慢电机的转速，从而提高效率。

当冷水机组在低扬程条件下运行时，VFD提供了极高的部分负荷效率。在冷水机或制冷系统中，VFD调节压缩机的速度和进口导叶，自动匹配负载和工作条件，以达到最高效率。一般来说，压缩机的速度越慢，安装VFD节省的能源越多；然而，这只可能在低功率输出的条件下。作为一个额外的优势，VFD还控制了启动时的涌流，减少了压缩机电机的压力。

某些系统特性有利于VFD的应用，包括：

1）在部分负荷下较大比例的工作时间。

2）过程制冷负荷的可变性。

3）在降低凝汽器水温下大比例的工作时间。

4）冷水复位控制。

5）高电价。

用VFD替代传统电机可以节省30%的能源，尽管具体的节省取决于操作时间、负载以及进入冷凝器水温的"低于设计温度"的可用性。

（6）采用更小的压缩机——电机传动系统

随着节能措施的实施和冷却负荷的下降，现有的制冷机或制冷系统可能会因剩余的冷却负荷而显得过大。在这种情况下，使用更小的传动系统来匹配当前的负载可以降低运营成本。减小传动系统的尺寸使制冷机或制冷系统符合负载要求，从而提高运行效率。然而，在设计温差流速较低（ΔT）时，应该小心谨慎为小型压缩机进行设计，否则可能导致热交换器的速度过低紊流。在这些情况下，较小的ΔT_s原始流量可能是一个更好的解决方案。

考虑对传动系统进行改造的另一个原因是为了降低老化系统的维护成本。由于压缩机驱动系统包含了大部分需要大量维护的部件，单是一条新的传动系统就能以比购买全新系统低得多的成本对冷水机或制冷设备进行重大升级。一种新的传动系统也可以通过引进压缩机和控制设计的最新进展来降低操作成本。传动系统的改造也可以用来更换制冷剂。此外，用更小的压缩机来保持现有的换热器壳体，实际上会进一步提高效率，因为现在过大的壳体会导致压缩机头更低。

（7）更换冷水机组或制冷机组

当一个陈旧的系统无法达到预期的效率时，考虑更换整个装置。最近的技术改进包括更好的管材性能、增加的表面积、更高效的压缩机、新的制冷剂、变速和更高效率的电机。

应该仔细分析当前运行成本的单耗，并与新系统的预期成本进行比较。然后，必须将初始资本支出与降低的运营成本进行比较。随着新的离心式和往复式制冷机和制冷系统的效率的提高，这种转变可能是相当有吸引力的。

（8）安装冷水机或制冷设备自动化组件

改进的控制和自动化可以大大提高制冷机或制冷系统的整体性能和能源效率。制冷机组自动化系统是一种能源管理系统，专门设计用于制冷机组（冷水机组、水泵和塔台）的最高效率运行。类似的自动化组件也可应用于过程制冷系统。冷水机组根据其复杂程度，可执行下列一项或多项功能：

1）需求限制——监控总体负荷，并根据预先设定的策略自动限制制冷机的需求。

2）冷水重置——自动重置水温以减少能源消耗（见前面讨论的第1项和第3项）。

3）一天的启动、停止，利用室外温度和其他因素来预测冷却需求，控制机器的启动和关闭，并以最有效的方式运行机器。

4）优化顺序——根据负载情况，正确组合冷水机、水泵和冷却塔。

5）维护需求识别——根据性能记录发现和发出维护需求信号，从而维护冷水机组的最高效率。冷水机组自动化控制面板允许按下按钮编程设置点，电力需求峰值和装载率。面板还显示系统温度、压力、电机电流和油压等参数。

四、结语

加热和冷却对大多数加工业的操作都是必不可少的。在本章中，我们讨论了经常被忽略的冷却方面的公式。应用本文提出的思想可以极大地提高冷却系统的效率，并提高工厂的容量、产品质量和可靠性。

参考文献

1. Rossiter, A. (2004) Energy management, in *Kirk-Othmer Encyclopedia of Chemical Technology*, 5th edition, Vol. 10, John Wiley & Sons, pp. 133–167.
2. Barr, R. (1986) 18 ways to improve chiller efficiency. *Engineered Systems*, September/October, pp. 29–35.

第22章　压缩空气系统效率

Joe Ghislain

压缩空气通常被称为"第四效用"是有充分理由的。在一些工业设施中，空气是电能的最大消耗者，而空气成本可高达总能源成本的70%。即使在大型连续加工场所，空气的成本也不是微不足道的。根据系统和电力成本的不同，空气的价格在20~40美分/1000ft³之间。无论行业如何，压缩空气仍然为节省成本提供了有意义的机会。

笔者的专业背景是汽车行业。汽车行业是压缩空气的主要用户，本章从这个行业中抽取了一些例子。然而，这里提出的原则适用于所有使用压缩空气的工业部门，包括流程工业。

一、系统方法

作为一个创建成员和压缩空气的高级讲师，以及与网站（www.compressed-airchallenge.org）的合作者，笔者一直致力于压缩空气系统性能的改进，坚信采用系统的方法是减少能源消耗的最有效的方法。多年来，压缩空气系统的效率是根据压缩机和供方设备来评估的，很少考虑在机房的另一边发生了什么。如果压缩机运行有效，则认为压缩空气系统是有效的。但是，如果这个高效的空压机给一个有50%漏气的系统供气呢？这个系统有多高效？与所有公用事业一样，需求的一面驱动供应的一面，而压缩空气系统非常动态化。如果只看供给面，就会限制改善的机会，因此需求面也必须成为关注的焦点。因此，在采用系统方法时可以确定一些机会。第一步是建立一个基本的系统理解。这可以通过开发压缩空气系统的简单框图来实现（图22.1）。图表首先列出了供应端组件，然后在较高的层次上添加了需求端。这提供了一个很好的基本视图，并允许更好地理解和诊断系统。

我坚信，减少能源消耗最有效的方法是采用系统方法。多年来，压缩空气系统的效率是根据压缩机和供方设备来评估的，很少考虑在机房的另一边发生了什么。如果压缩机运行有效，则认为压缩空气系统是有效的。但是，如果这个高效的空压机给一个有50%漏气的系统供气呢？这个系统会有多高效？与所有公用事业一样，需求驱动供应，压缩空气系统非常动态。如果只看供给面，就会限制改善的机会，因此需求面也必须成为关注的焦点。因此，在采用系统方法时可以确定一些方法。

第一步是建立一个基本的系统理解。这可以通过开发压缩空气系统的简单框图来实现（图22.1）。图表首先列出了供应端组件，然后在较高的层次上添加了需求端。这提供了一个很好的基本视图，并允许更好地理解和诊断系统。

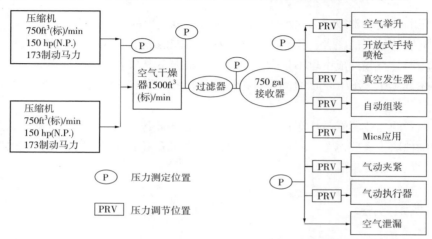

图22.1　典型压缩空气系统的框图（两台压缩机都是注入润滑旋转螺丝）[1]

二、建立一个基线

压缩空气系统的动力是由生产或制造过程不断变化的需求驱动的。了解真正的需求，以及如何最好地满足这些需求，是高效和低成本的压缩空气系统运行的关键。开发压力剖面、建立使用基准和计算操作成本对于提高压缩空气系统性能至关重要。记住，"如果你不能衡量它，你就不能管理它。"为了编制压力剖面，在主要供应部件之后，在主要管道分配系统的开始和结束，以及在几个关键或应用较大的点上，进行压力读数。读数应在一段时间内重复，以确定系统的高、低和平均需求。这段时间内压力变化的大小反映了系统需求的动态行为。变化越大，系统的动态性越强。压缩机和辅助设备如何应对这些需求至关重要。

压力只是建立基线所必需的系统参数之一。其他因素包括电气使用和气流、温度和露点。虽然温度和露点可能影响操作效率，但它们在确定系统健康（维护需求）方面比能源效率更有用，这里不讨论。因此，CFM（ft^3/min）的压力流量、电力的使用量（kW和kW·h）是监测系统运行、建立基线、确定运行成本以及评估和比较改进所需要的测量值。

　　压缩空气系统的效率是基于流量［ft³（标）/min］和实时功耗（kW）之间的关系。流量计用于确定压缩空气的使用情况。仪表的类型和位置应由系统的大小、部件的位置以及估计的最大和最小流量决定。获得电力使用情况的最佳方法是使用计量表。数据记录器用于捕获压力、功率、能耗和随时间推移的流量，以帮助绘制系统的更完整的图像。对于较小的系统，功率可以通过获得的伏特和安培读数来计算。一旦获得了数据［kW/（ft³/min）］，就可以将其转化为电能成本。由于美元是商业中的通用语言，将压缩空气的使用成本转换成美元是一个重要的步骤，它将系统操作和改进放在每个人都能理解的术语中。把这换算成每单位需要的美元，就进一步强调了压缩空气的成本。

三、节能的方法

　　既然已经建立了基线，并且知道了需求概要，那么就可以开始改进操作效率了。最常见的方法类型如下所述。

1. 改进控制

　　第一类需要考虑的方法是改进控制——不仅是对空气压缩机和供方组件，而且是对系统影响最大的最终用户。

　　不同类型的压缩机具有不同的工作特性。离心和调节控制旋转螺杆压缩机最适合作为基础负荷机使用，因为它们在部分负荷下会降低效率。相比之下，其他的压缩机，包括多级往复VSD（变速传动）和变排量压缩机，是很好的"摆动"机，因为它们具有更好的部分负荷效率，可以用来满足系统的变化需求。了解压缩机的类型、控制、大小和数量，以及处理设备，是非常重要的，特别是当试图使供应与需求保持一致时。

　　高效压缩机运行的关键是只运行必要数量的压缩机，基础负荷（满负荷运行）尽可能多的压缩机，并只使用一个压缩机来改变负荷以满足需求。记住，最高效的压缩机是关闭的压缩机。因此，任何压缩机控制方案的目标都是关闭压缩机，并尽可能长时间地保持关闭状态，同时仍能满足生产的需要。

　　对于负载稳定的小型压缩机系统，一个简单的级联可以很好地工作，但大多数系统受益于某种类型的控制系统。对于同一类型的多台压缩机，机载控制可以连接在一起，也可以使用简单的顺序控制系统。我们的目标是空余出一台压缩机外的所有压缩机都满负荷运转。这些控制器不仅可以控制"微调"压缩机的关闭，还可以根据系统需求关闭压缩机并使其恢复工作。与不同类型的压缩机压缩空气系统（如旋转螺丝，往复式和离心式）相比，它可能在分离不同类型压缩机的控制方面具有优势，但在控制多个类型的压缩机上，最终使用更复杂的测序控制器和"全球"系统（第21章）中描述的能源系统是最可行的方法。所需的复杂程度取决于压缩机的数量、大小和类型、系统的动态以及最重要的安装成本。系统越大、越有活力，就越需要一个更先进的控制系统，也就越有必要证明该系统是正确的。

2. 使用空气接收器

仅仅控制并不能解决所有的系统问题，还需要其他方法来获得帮助使供应与需求保持一致。整个系统都使用空气接收器来存储压缩空气，以满足高峰需求。为帮助使供应与需求保持一致，主要存储和次要存储这两种类型用于将高需求终端用户对系统的不利影响最小化。主存储器靠近空气压缩机，并对系统中的任何事件做出反应。位于烘干机前的主接收器称为"湿"或"控制"接收器，位于烘干机后的副接收器称为"干"接收器。虽然两者都有各自的优点和缺点，但是如图22.2所示，最佳实践是两者都参与提供。

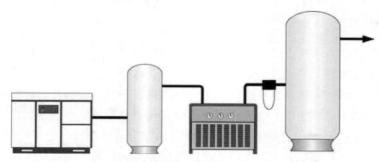

图22.2　位于干燥机前主要的（或"湿"）接收器和位于干燥机后次要的（或"干"）接收器[1]

存储容器的大小应该基于满足需求所需的容量，这样大型的需求就不需要启动额外的压缩器。传统上，主储系统设计的经验法则是压缩机容量为1~3gal/（ft³/min），但这往往不足以满足系统的需求。对于润滑的旋转螺杆压缩机，充足的一次储存量尤其重要，因为它允许卸载所需的时间，减少短循环，并可以帮助延迟额外压缩机的启动，所有这些都能带来更高效的运行和节能。例如，一个负载/卸载润滑的旋转螺杆压缩机以40%的容量运行时，在一个10gal/（ft³/min）存储的系统中使用的功率将比在一个1gal/（ft³/min）存储的系统中使用的功率少27%左右。一个有效控制的更新经验法则是压缩机容量的3~5gal/（ft³/min），但在应用此规则时应谨慎使用。如前所述，主接收器的尺寸要求不仅取决于需求，还取决于压缩机的类型和压缩机控制。

压力、流量控制器可用于需要紧密压力带宽的系统或过程应用程序的存储。压缩空气以较高的压力储存在压力、流量控制器上游的接收器中。控制器监控下游压力，并在需求期间快速打开阀门，使用存储的压缩空气来维持管道压力。通常，设置点压力保持在 ±1% 以内。

系统中剧烈的需求波动通常是由高容量、间歇性的用户引起的。这些应用在短时间内使用大量空气。这种用途的一个例子是布袋室或除尘器。袋装箱内的过滤介质上积有灰尘。当粉尘积聚后，用压缩空气膨胀袋式过滤器将粉尘吹除。这在短时间内使用大量的空气，经常导致压缩空气系统压力急剧下降。可以使用辅助存储来满足这些需求。在这种情况下，空气接收器被放置在靠近间歇用户的位置，其大小可以满足这个单独的需求。储存的空气被用来尽量减少高需求对系统的不利影响。

3. 降低系统压力

高容量间歇需求和其他导致压力波动的终端要求更高的系统压力来满足终端用户的需求。同样，高压应用也需要更高的系统压力。在许多系统中，这些高压要求只占压缩空气总消耗的一小部分，但它们决定了整个系统的工作压力。更高的系统压力也会增加"人为需求"。人为需求是用来描述系统中不受控制的空气泄漏的影响的术语。压力越大，泄漏的流量就越大。随着系统压力的增加，空气泄漏的影响也会增加，从而导致额外的人为需求和能源消耗的增加。稳定系统压力和处理高压需求可以降低系统压力。减压的效果与系统中的压降遵循相同的经验法则：系统压力每降低2psi，能耗就减少1%。例如，将一台100hp的压缩机的压力从110psi降低到90psi，每周7天，每天24h运转，每年可节省6500美元，而电费仅为10美分/（kW·h）。在尽可能低的压力下操作空气系统是非常值得的努力。

降低系统压力的一个促进因素是解决最终用户的高压力问题。有时需要的压力是"感觉"而不是现实。生产部门可能会说："如果设备低于这个压力，我们就会有问题。"造成这种感觉的原因有很多，包括系统的摆动、设备上的漏气、磨损的钢瓶或工具，以及流向设备的压力下降。如果这是一个"感知的"高需求，那么应该找出原因并加以解决。如果最终用户确实需要更高的压力，是否应该允许提高整个系统的压力？局部高压要求可以通过改造设备或隔离最终用户来解决。

由于设备改造是非常具体的，可能包括修改控制、改变气缸、工具以及末端效应器等等，这一章不能解决设备改造的细节，但关键是了解设备驱动高压要求，进行修改，允许较低的压力，或代替压缩空气将需求转换为另一个能量来源（例如电动或液压）。

如果不能改造或替换，那么可以使用一些技术来隔离更高的压力负载。空气助推器或增强器可将较低的压力、较大的空气体积转化为较高压力下的较小体积，适用于间歇或非连续负载。增压压缩机或独立的小型压缩机可用于连续或高负荷循环负荷。如果存在多个高压负荷，则系统可分为高压系统和低压系统。高压系统将由一台或两台压缩机提供服务，其余的压缩机将用于低压系统，从而使主系统在较低的压力下运行。如果一台压缩机太大而不能承受高压负荷，可以使用减压器作为"溢出物"进入低压系统，从而使压缩机负荷增加。

4. 系统设计：第一成本与生命周期成本

系统设计是至关重要的，不仅要减少压力，而且要继续保持较低的压力。规模小往往会更便宜，而且在大多数公司，第一成本超过了生命周期成本。许多应用场合都使用更小、更便宜、满足更高压力的钢瓶，而不是使用更大、更昂贵、满足更低压力的钢瓶。这方面的一个极端例子涉及两个相同尺寸的转移压力机，从同一制造商购买，并安装在两个不同的位置。一个购买者让供应商指定操作压力，另一个由购买者指定操作压力。结果是，买方指定压力下的压力机工作压力为60psi，供应商指定压力下的压力机工作压力为80psi。由于系统的规模，如果购买80psi压力机的工厂能够在60psi的压力下运行，每年将节省30多万美元。

在购买或设计设备和系统时，通常不考虑压降。干燥机、过滤器，甚至管道系统的压降都会对能源成本产生显著影响，这是根据"2psi = 1%"的效率经验法则得出的结论。必须分析增加设备尺寸以降低系统压降的增量成本。

总成本与首次成本分析对压缩机也很重要。在10年的时间里，一台空压机的初始成本通常是其生命周期成本的5%~15%，而能源成本则是70%~90%甚至更多，这取决于电力成本。总成本和效益必须加权，因为80%~90%的操作成本是由系统设计和购买的设备类型决定的。总成本，而不是第一个成本，对一个有效的运作是重要的。正确的决策是根据生命周期成本为供应端和需求端选择最划算的选项。

5. 清除压缩空气用户

由于需求驱动供应需求，压缩空气效率节约的最大领域在于需求方和最终用户。用户需求可能不容易更改，因为它们可能会影响生产，但是潜在的改进是巨大的。最大的潜在机会之一是在某些应用中消除使用压缩空气，特别是在用于提供轴工作的地方。压缩空气不是一种非常有效的能源。在压缩空气最终用户处，输入功率需要7~8hp才能提供1hp的工作，如图22.3所示。典型压缩空气系统的整体效率可低至10%~15%。

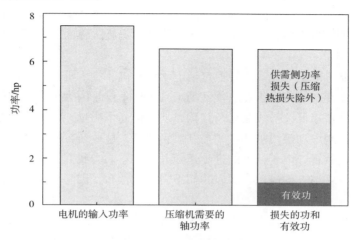

图22.3　利用压缩空气提供轴工作的效率损失[1]

图22.3中效率损失可以总结为：

1）1hp空气马达需要30ft³（标）/min［90psi（表）］。

2）30ft³（标）/min需要压缩轴功率6~7hp。

3）6~7hp轴功率需要7~8hp的电力。

根据这些数字，假设每周工作5天，轮班两次，电费为0.10美元/（kW·h），那么1hp空气马达和1hp电动马达的年能源成本分别为2330美元（压缩空气）和390美元（电力）。

如图22.3所示，从压缩空气到电力转换为能源和成本的降低提供了机会——但是是从哪里开始呢？第一步是对使用压缩空气的应用程序进行"盘点"。很多时候使用压缩空气是因为它很方便，有一个较低的第一成本，或只是"我们一直这样做"。批判性地看看每一种用法是否合适，是否可以转换。吹气、干燥、喷雾和冷却都是不恰当使用压缩空气的例子。这些应用程序可能是经过设计的，也可能只是对生产问题的一个简单的"快速修复"。不管原因是什么，都应该对这些应用程序进行分析，以找到更好的替代方案。低压电吹风通常可以作为替代压缩空气的可行选择。

如果需要压缩空气，通常可以在较低的压力下提供。通过调节压力或使用高效喷嘴，可大大减少其使用。这些喷嘴使用大气空气和压缩空气来完成任务，可以减少75%的压缩空气消耗。人员冷却和机柜冷却是另外两个不正确使用压缩空气的例子。为这些需求购买风扇或冷却装置的回报通常不到1年，而且通常在几个月内就会得到回报。真空发生器、真空杯和隔膜泵也有可能被电动设备取代，或者用新技术降低空气消耗。隔膜泵通常可以被电动"垃圾"泵取代，或者至少通过速度控制和污水坑关闭来调节。真空泵可用于真空产生，也可与真空杯配套使用。文丘里式真空杯也可以用涡旋式杯代替，涡旋式杯的工作原理与工程喷嘴相同，节能75%。

其他需要考虑的电气技术转换包括电动混合机、烘干机和鼓风机。在许多情况下，直接流动螺线流道正在取代气动工具，这不仅是因为提高了能源效率，而且还因为允许扭矩反馈与线路运行挂钩，从而提高了质量。空气执行器、止动器和气缸也可以用电动螺线管和气动控制装置替换，这些装置可以全部或部分地转换为电子控制装置。电子技术的进步是惊人的，它们为我们提供了许多更有效的选择来替代压缩空气的应用，所以我们不需要做什么，因为"我们一直都是这样做的。"

真空杯是在运输过程中用来将零件进行提升和搬运的装置。压缩空气被吹过橡胶杯顶部的一个端口，在杯子和零件之间形成真空，保持它的位置，直到压缩空气被关闭，零件被释放。虽然真空杯子是有效的，但它们的能源效率通常很低。

6. 维护

维护经常被认为是"必不可少的恶魔"，它是削减开支的第一个地方之一。然而，缺乏对压缩空气系统的维护是要付出代价的。正确的供给侧和需求侧的维护对高效运行至关重要。干燥机和过滤器之间的压降会对系统运行产生不利影响。差的空气过滤器维护会增加压降，根据经验，适用"2psi = 1%"法则。更换过滤器和清洁烘干机以尽量减少压力下降是至关重要的。进气滤清器是供气侧另一个经常被忽略的区域。脏的进气口过滤器就像一个关闭的进气阀，导致空气压缩机的容量和效率下降。入口空气过滤器的经验法则是每减少4in，通过入口空气过滤器的水压力下降效率损失1%。但到目前为止，空气泄漏是由于维护不足造成的最大损失。

7. 泄漏维修

在压缩空气系统中，空气泄漏通常是造成能源浪费的最大原因，通常会浪费20%~30%的压缩空气。即使是维护良好的系统，泄漏负载也可能达到10%。有两种漏气：故意漏气和无意漏气。有意的泄漏被设计和添加到系统中，作为方便或"快速修复"使用。这些包括冷却、吹气、干燥、喷雾等，这些在本章前面讨论过可以降低系统压力。意外泄漏是由于正常运行和缺乏有效维护而造成的"磨损"。以下是一些最可能发生漏气的地方：

1）联轴器、软管、管道和配件。

2）过滤器、调节器和润滑器（FRL）。

3）断开。

4）因为冷凝水疏水阀被污染而开启冷凝水疏水阀或排污阀。

5）设备使用过程中维护不善的工具。

6）管道接头和法兰。

7）使用不当的螺纹密封胶。

8）活塞杆填料。

这些空气泄漏的代价也非常大。例如，如表22.1所示，在100psi每0.25in损失为0.10美元/（kW·h），喷嘴压力损失的成本将超过18000美元/a。

表 22.1 100psi 压缩空气通过不同大小喷嘴时的流量

泄漏率/ [ft³（标）/min]	孔尺寸/in	年费用/美元或0.05 美元/（kW·h）	年费用/美元或0.10 美元/（kW·h）	年费用/美元或0.15 美元/（kW·h）
6.5	1/16	589	1178	1766
26	1/8	2359	4718	707
104	1/4	9436	18871	28307
415	1/2	37652	75303	112955

注：成本计算假设压力为100psi，电机效率为90%，每年运行8760h，流量系数为100%。对于圆形入口，将值乘以0.97。对于边缘锋利的孔，将值乘以0.65。所有结果都是近似的。

这突出强调了减少空气泄漏的必要性。成功的减少空气泄漏的关键因素是：

1）建立压缩空气使用和泄漏损失的基线。

2）计算漏气的成本。

3）识别并记录泄漏。

4）优先考虑泄漏修复，修复泄漏，并记录修复过程。

5）比较基准，计算节省，并发布结果。

6）重复这个过程。

无论使用的是简单的查找和修复查找过程，还是更复杂的泄漏标记程序，其基础都是相同的。这是一个持续的过程，最重要的部分是"修复漏洞！"

8. 泄漏检测

要修复泄漏，首先必须找到它们，所以空气泄漏的另一个重要方面是泄漏检测。你知道在100psi和0.10美元/（kW·h），每年200美元的泄漏无法被感觉到或听到吗？每年800美元的泄漏可以感觉到，但听不到？每年1400美元的泄漏能被感觉到和听到吗？

这反映了泄漏检测方法的类型和有效性的重要性。最常用和有效的方法是超声检漏，如图22.4所示。

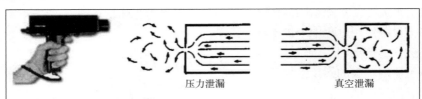

压力泄漏　　　　真空泄漏

- 在泄漏过程中，流体（液体或气体）从高压移动到低压
- 当它通过泄漏点时，会产生带有强超声波成分的湍流，这些强超声波成分可以通过耳机听到，在仪表上可以看到强度的增加
- 一般可以注意到，泄漏越大，超声水平越高
- 超声波是一种高频短波信号，随着声音远离声源，其强度迅速下降
- 泄漏现场的泄漏声音最大，这就使得定位源（即泄漏的位置）相当简单

图22.4　超声波检漏工作原理

如图22.4所示，超声波检漏使用高频声波来定位人耳听不到、手摸不到的漏洞。这使得寻找和修复每年200美元的空气泄漏成为可能。此外，由于更大的泄漏产生更大的超声波噪音水平，空气泄漏不仅可以被发现，而且可以优先考虑。

9. 热回收

热回收是提高压缩空气系统效率的另一个方法。空气压缩机使用的80%~93%的电能转化为热能。在许多情况下，50%~90%的热量可以通过适当地设计一个热回收系统来回收，利用现有的热能来加热空气或水。热回收的机会包括：

1）空间加热（仅适用于寒冷天气）；
2）生活用水和清洁用水加热；
3）干燥压缩空气；
4）工业过程加热（通常全年）；
5）清洁空气加热；
6）燃烧空气预热；
7）锅炉补给水预热。

根据压缩机类型，可以从中间冷却器、后冷却器、油冷却器和水套（汽缸）中回收热量。从风冷螺杆压缩机中获取热量的策略包括在压缩机中增加带有辅助风扇的管道系统，以回收用于空间加热的热量。对于水冷式压缩机，安装热交换器是为了回收热量并用于空间加热或产生非饮用水或饮用水。无润滑油压缩机可以使用"压缩干燥机的热量"，回收压缩空气产生的热量，并将其用于干燥压缩空气。使用水冷发动机的压缩机提供了额外的热回收机会，因为发动机产生的热量也可以回收。发动机驱动的压缩机提供了更多的热回收机会，因为热可以从发动机外表和发动机排气中回收。

在福特公司的芝加哥装配厂实施了一个热回收项目。该项目包括：

1）安装新设备（四台200000ft³/min直燃机组，四台间接机组加热器）；

2）利用现有设备（1台直燃，24台间接燃，18台单元加热器，6台红外线）；

3）安装新的直接接触式热水器；

4）安装3台新的5000ft³/min水冷离心压缩机和烘干机；

5）安装全球控制系统。

整个系统的控制方案将三个水冷式压缩机与一个热回收系统连接起来，允许从电动机、中间冷却器、后冷却器和油冷却器以及水冷式制冷空气干燥器中回收热量。三种空气压缩机有三种模式：①全生产，70℉，三种压缩机运行；②排气，70℉，两台压缩机运行；③排气，65℉，一台压缩机运行。这样，只需要使用必要的压缩机，在工厂没有完全投产的情况下，可以节省另外一两台压缩机的能源。这个正压加热系统取代了一个有70年历史的蒸汽系统，并升级了压缩空气系统，节省了超过180万美元的能源，其中空气压缩机贡献很大。

10. 案例研究：压缩空气系统方法的优点

那么，这些行动如何转化为可节约的费用呢？在福特公司的Woodhaven Stamping冲压厂采用压缩空气系统方法后，节省了大量费用。该团队实施了一个空气泄漏修复计划，确定并修复了大量泄漏。改造了平衡缸，更换了冲压模具自动阀上的泄漏密封件。用低损失文丘里管和平均皮托管代替用于测量流量的孔板，以降低压降。机器人文丘里真空杯的高压要求被移除，消除了对高压卫星压缩机及其相关烘干机的需要。降低了联箱压力，减少了人为的需求。结果表明，压缩空气消耗降低约18%。关闭1台800hp和6台小型（各30hp左右）带烘干机的压缩机。对其余压缩机的控制进行了调整，以降低能耗。总节能790×10⁴kW·h，降低了36万美元的能源成本，降幅超过3.5%。

11. 员工敬业度

本章的最后一个领域不仅涉及压缩空气系统，而且涉及所有能源效率，即人员和员工的参与。人们使用压缩空气，这是减少能源消耗的一个重要因素。虽然笔者在福特汽车公司的职业生涯中有过几个这样的例子，但Monroe Stamping Energy团队是迄今为止笔者最喜欢、也是最有效的团队。如果告诉你，你可以通过购买夹克、帽子和钥匙链来减少压缩空气的使用和能源消耗，你会怎么说？你会买吗？Monroe Stamping Energy就是这么做的！该小组采取了下列行动：

能源团队实施了一项积极的提高能源意识和减少空气泄漏的计划。这个团队免费向人们赠送纽扣、钥匙链、帽子和T恤，用于人们帮助他们报告和修复空气泄漏，以及通过能源审计；在整个工厂张贴"泄漏通告板"，以追踪进度；在设备上粘贴设备关机贴纸，显示设备开机的成本；使用福特通讯网络向整个工厂广播有关能源成本的信息。

他们取得了以下成果：

1）空气使用量从 $1740 \times 10^4 \mathrm{ft}^3/\mathrm{d}$ 下降到 $900 \times 10^4 \mathrm{ft}^3/\mathrm{d}$。

2）非生产使用量从 $5400 \mathrm{ft}^3/\mathrm{min}$ 降低到小于 $600 \mathrm{ft}^3/\mathrm{min}$。

3）每天节省电费超过 2000 美元。

4）最重要的是，该项目为工厂创造了一种文化变革，让人们意识到能源的成本、使用和浪费。

四、结语

总之，采用系统的方法可以节省压缩空气的能源，但不要忘记真正起作用的是人，所以让所有人都参与进来吧！

参考文献

1. Fundamentals of Compressed Air Systems (2013) *Training course, the compressed air challenge*, Available at: http://www.compressedairchallenge.org/.

第 23 章　照明系统

Bruce Bremer

在大多数设施中，照明系统是一个昂贵的能源消耗者，但它们的能源成本往往被忽视或低估。典型的照明系统是为人类的舒适、安全和质量而安装的，对设施的运行以及工艺设备都有重大影响。在某些类型的制造设施中，照明的年度能源成本可能高达年度总能源消耗的15%~20%。照明类型包括白炽灯、荧光灯、感应灯、发光二极管（LED）、金属卤化物、钠等。本章的目的是关注典型的室内和室外公用设施照明系统，包括办公区域，从而确定一些基本的节能机会。

设施照明系统直接影响使用者的舒适度、情绪、工作效率、健康和安全。而且，作为最直观的设施系统，它也直接影响着设施的美观和形象。虽然这种影响很难量化，但对员工的影响应该被视为每一个照明系统的一部分。改进的照明提高了视觉舒适度，减少了眼睛疲劳，提高了视觉效果，有关这方面的研究工作正在进行。照明也有助于居住者的安全和设施的安全。在停电期间必须有应急照明，夜间大部分主照明关闭时必须有最低限度的照明。此外，安全守则要求在火灾或其他紧急情况下，出口标志必须突出逃生路线。室外照明和室内照明可以阻止犯罪，并帮助员工安全地通过一些设施或避免撞车。室外照明水平和室内照明水平可以取决于当地法规，但是北美照明工程协会（IESNA）[1]和能源之星[2]都提供了应该遵循的一般照明指南。

专注于一个典型照明系统的正常运行和维护，将可以得到最高的运行效率和最低的能源成本。照明系统的许多功能对能源效率很重要，本章将分析以下功能：

1) 供给侧与需求侧保持一致；
2) 操作控制；
3) 维护；
4) 现在和未来的技术。

一、供给侧与需求侧保持一致

在任何生产系统中，供应需求都是由需求侧需求驱动的，照明系统也不例外。了解生产设备的需求对理解照明系统的功能至关重要。单个灯可以独立运行和工作，但是所有组合在一起的灯则需要作为一个整体系统进行评估和工作。了解设施的需求是开发适当的系统控制的关键第一步。这种理解为以下问题奠定了基础：设施的照明要求是什么？什么时候需要什么灯？怎样控制设施内的灯光？

照明系统必须在许多不同的模式和条件下运行。这些条件是了解和使用的关键信息，以维护设施照明水平和整体设施环境，同时有效地运行系统。当考虑任何类型的改进时，在对系统进行任何更改之前，了解系统的当前基线操作是至关重要的。

二、操作

一般来说，各个设施的照明系统非常相似，这些系统似乎总是有机会提高能源效率。改善照明系统操作的两个重点领域是手动控制和自动控制。

1. 手动控制

在许多设施中，灯光是全天候的，即使设施不是连续运行的，也要确保在现场任何位置有人工作时保持照明水平。然而，个别的灯通常服务于不同的地区，有不同的要求。使用上一步收集的设施基本信息，应该很容易理解所有不同位置的照明概况。了解此信息将决定照明系统何时需要打开或关闭，以满足设施的要求。例如，如果工厂的生产模式是周一至周五每天的上午7点至次日凌晨1点，每天18h，照明系统应该在什么时候打开和关闭？将设施和时间框架分成更小的部分，可以提供最大的节能机会（见后面讨论的"分区"）。评估的关键参数是生产时间、非生产时间和周末休息时间。如表23.1所示，确定操作模式将有助于量化可能节省的能源，并创建控制照明操作的标准化方法。

表 23.1　照明系统节省时间操作实例

参数	模式	周一至周五	周六至周天	节假日
时间	生产	打开 6:00~2:00a.m.		
	不生产时间	关闭 2:00~6:00a.m.	关闭 6:00~6:00a.m.	关闭 6:00~6:00a.m.

根据表23.1所示的信息，使用这种操作方法，很容易系统地将照明需求与设施需求进行匹配。随着照明进度控制理念的实施，年节能20%~30%的情况并不鲜见。

（1）开关控制

开关设备的基本概念对照明系统也有很大的影响。开关是一种老式的控制方式，每个人都有责任关掉或打开他们工作区域的灯。提高能源效率的关键是训练人们只打开工作区域需要的灯，并在不需要的时候关掉灯。这听起来很基本，但实现起来可能是一个挑战。有效控制开关的关键操作包括分区、照明要求、员工敬业度和工厂可视化。

（2）分区

设施的不同区域有不同的照明需求。一个大的生产区域可能需要全天或一周的大部分时间都打开照明来满足生产需求。但是仓库区域可能只需要在工人在场时才需要开灯。一个大的开放式办公室可能需要一整天都开着灯，但在生产、晚上和周末结束时，可以关掉大部分灯来节约能源。精心规划的照明区域和照明控制策略应该组合在一起，并根据需要多少光、在哪里需要光和什么时候需要光来切换。较早前编制的关于设施照明需要的基本资料将有助于分区配置和照明系统操作使用。

（3）照明需求

除了减少照明时间外，光的位置和光的水平（如地脚/入墙灯的要求）也是非常重要的。优化灯光位置通常会以最小的投资在短时间内得到回报。首先要仔细分析设备灯光位置和地面设备位置。一些基本的问题：光线是否位于支撑地面照明需求的区域？一定需要光吗？如果答案是否定的，那么重新放置或移走灯。许多工厂照明系统被设计成一个网格网络，与地板上的设备布局相比，很少考虑光的位置。将照明位置与地板上的照明需求相匹配，对于良好的能源管理非常重要。

对充足的照明水平的要求也是一个考虑因素。指南要求在任何场所不同的活动需要不同的地脚灯强度。例如，如果一个员工在检查一个产品，那么就比开叉车需要更多的光线。安装正确的地脚灯也可以增加节能。例如，照明基线水平可以位于IESNA[1]或ENERGY STAR[2]。

（4）员工敬业度

手动控制灯光以减少能源消耗需要员工的参与和奉献。改变员工的行为并不总是一件容易的事，因为这与习惯和文化有很大关系。第一步是教育员工，让他们了解与照明设施或其工作区域相关的成本。这种教育可以是非常基础的：

1）第一步是传达这样一个概念：关灯这么长时间等于节省了一定的钱。节省的美元将产生比任何类型的工程的用电具有更大的意义。

2）第二步是确保关闭或打开灯的系统或开关到位。这些开关必须放在容易接近方便触摸到的地方。

3）第三步是建立某种标准化的工作流程，明确由谁负责关灯，何时关灯。

工厂要可视化。重要的是设计设施布局，并显示什么照明区域覆盖了工厂的什么区域，什么开关控制什么灯。视觉辅助的设施照明区域地图可以为员工提供一个简单的方法，来识别哪些灯需要打开和关闭。这些视觉辅助工具可以通过在每个灯光面板以及开关进行张贴，以便于识别。一个典型的例子如图23.1所示。

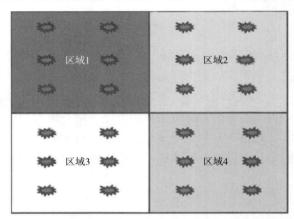

图23.1　典型的设施亮化区域布局

2. 自动控制

人工控制照明系统，使员工能够开灯和关灯只是最大限度地节约照明能源潜力的一部分。如果照明时间比需要的长，在无人居住的地方开着，或者有足够的日光时使用，可以考虑安装自动控制装置，作为手动控制装置的补充或替代。自动控制开关，如占用传感器、光电管、定时开关、调光控制、可寻址镇流器、无线控制和需求响应，或以上设施的多个组合，可以提供额外的机会。我们将更详细地分析这七个选项。随着自动化照明控制的实施，每年实现额外节能20%~30%的情况并不鲜见。

（1）占用（感应）传感器

感应传感器通过在空闲区域自动关灯来节约能源。当设备通过运动或体温感知到人的存在时，感应传感器会打开灯，从而增加了使用的方便性。这些设备可以从一个简单的内置在开关中的无源红外探测器，到一个网络化探测器来控制开灯和关灯，有助于实现综合系统自动化照明策略。将"占用/空置"信息（控制开和关的传感器信息）与设施自动化系统的其他组成部分共享也可以节省额外的能源。这些传感器可以安装在墙壁上，以取代现有的电灯开关，或安装在天花板上或安装在夹具上以方便操作。对照明系统进行分区是非常重要的，这样很容易确定当灯都关掉时对区域的影响。同样重要的是要审查被感应传感器控制的区域内有多少紧急照明设备可用，以确保足够的光在紧急情况下可用。

（2）光电管

光探测器的工作原理是基于测量光的级别的概念。这种类型的控制用在室外照明很好，无论是外部设施的壁灯或是外部停车场的灯。这种类型的控制操作需遵循以下指导原则：当外部自然光减少时，光电管可以打开外部灯光来照亮需要的区域，但当外部自然光增加时，光电管可以关闭外部灯光。光电池也可以用于室内照明，但是控制系统变得更加复杂。光电池是一种自动控制系统，工作良好，可以提供巨大的节能机会。

（3）定时开关

定时开关的操作基于触发后延时或使用时钟程序安排。延时开关，也称为定时器开关，通常安装在一个标准的墙壁开关盒中或上面，允许居住者在预定的时间内打开灯，这段时间由居住者或安装人员设置。在这个间隔结束时，除非使用者重新启动了这个循环，或者手动提前关闭，否则灯就会熄灭。时间间隔通常在10min~12h。定时开关比占用传感器更容易指定，用户调整更不容易发生错误，成本也更低。定时开关可以是机械的，也可以是电子的。机械单元通常由用户设置，电子开关通常由安装程序设置。这些电子设备看起来像传统的拨动开关，所以使用者通常不知道设备的存在。延时开关也是符合能源节省、呼吁自动照明控制的一种简单和经济的方法。

延时开关通过在预定的时间打开和关闭电灯来控制灯光，而不管占用多少时间。它们在感应照明遵循明确定义模式的地方最有用。这些设备安装成本相对较低，可以通过一组触发器控制大负载。设备可以由机械设备：电机、弹簧和继电器或复杂的电子系统组成，这些电子系统可以同时处理多个调度[3]。

（4）调光控制

调光作为照明控制策略，通过降低光的强度到最有效的水平可以最大限度地节省能源。在典型的办公区域，荧光照明虽然有效，但通常使用调暗效果不佳。然而，新的荧光高架照明系统在生产区或仓库进行调光控制效果良好。如果没有人在场，探测器也感觉不到移动，灯光就会变暗到正常输出的60%左右。新的LED技术提供了增强调光，不仅节约能源，而且通过提供最适合房间使用的照明水平，提高了空间照明的舒适度。

（5）可寻址镇流器

大多数调光是通过控制可调光镇流器组一起完成的。带有控制协议的数字控制镇流器提供了更大的灵活性。每个镇流器都被分配了一个标识符或"地址"，可以单独控制，也可以在易于分组的集群中控制。对于某些系统，可以实现双向通信。这一功能不仅使用户能够根据个人需要调整当地的照明条件，而且为能源管理人员提供了跟踪和控制能源使用以及响应减载信号的工具。传统的低压控制调光镇流器可以通过特殊的接口添加到数字照明控制系统中[3]。

（6）无线控制

无线照明控制是降低电线运行成本的一个解决方案。一个典型的无线照明控制系统由一组传感器、执行器和控制器组成，它们通过无线电波而不是电线进行通信。虽然照明设备本身仍然需要电线，但使用无线电波而不是电线来传输控制信号，在安装和维护方便以及灵活性方面，提供了许多潜在的优势。如果能够降低成本，更新的、更有能力的无线系统（其中一些目前可用）可以大大拓宽无线照明控制市场。作为一项使用了网格网络的概念的很有前途的技术，是由一组分散的无线节点彼此连接，形成的一个自组织、自修复的网络。控件被分割到不同的节点中，因此整个网络中存在多个冗余路径。网络上的每个设备都被设计成短距离传输，这就可以减少电力需求，并将干扰的可能性降到最低[3]。

（7）需求响应

为了降低电力需求高峰和能源成本，许多公用事业公司提供负荷削减或需求响应计划，以换取奖励或降低能源成本。网络照明控制系统可以利用这些程序，根据公用事业公司发出的信号暂时降低灯光亮度。许多公司没有能力在公用事业公司要求的响应时间内执行这样的技术计划，但如果有一个正式的计划在需要节能时建立并执行，即使是手工干预也可以减少能源的使用。

三、维护

在照明系统维护方面有许多提高能源效率的机会。维护包括清洗、调整、检查组件、校准组件和许多其他项目。我们主要考虑预防性和预测性维修方面。在预防性维修方面，我们将重点对照明进行预防性的清洗和调整，并在预防性维修中对灯泡进行更换。

1. 预防性维护

随着灯具的老化，它们会积累灰尘，减少光的输出。由于与灯具相关的静电荷，照明系统积累灰尘的速度甚至比周围物体的表面还要快。这种光输出减少是可避免的，可能会在实际需要更换灯具或固定装置之前，引发更换灯具或固定装置的要求。清洁灯具，灯具和房间表面将有助于保持原来设计的光输出。这种行为本身可以最大限度节省能源，但它确实有助于照明系统避免光输出下降，这可以减少居住者的抱怨，并有助于推迟设备更换或升级成本。另一个好处是，更少的居住者将需要补充照明，如工作照明，台灯，或特殊灯，这也将节省能源。

2. 预见性维护

（例如当灯失效时更换灯）可能无法有效地将照明维持在设计的水平，但积极主动的维护计划对任何照明系统的成功及其能源效率都是非常重要的。与预测维修有关的一些任务如下：

1）定期清洁灯具和照明器；
2）定期对灯具进行分组改造；
3）定期检查和维修照明设备；
4）检查和重新校准照明控制；
5）重新评估照明系统升级。

根据设备的类型和大小，启动一个小组重新启动维修计划，以替代按需更换灯的策略，可能会带来成本效益。与更换灯泡相关的主要节省因素是维护人工成本。然而，这一战略也带来了一些节能机遇。决定最有效的计划和重启照明计划的一个重要因素是由制造商提供的灯的额定寿命。在正常情况下，一组灯中有50%的灯会在这个时间点熄灭。最有效的重启照明点是当一个地区的灯开始有规律地烧坏时。这通常是在额定灯管寿命的70%~80%。当10%~15%的灯具烧坏时，应根据实际操作条件和使用者的需要来调整最佳的重启照明周期。在灯泡的流明输出进一步下降之前，组重启还将通过更换灯泡来保持更好的照明水平[3]。

四、照明技术的今天和明天

高效照明技术正在不断发展，而且变化很快。有许多类型的照明技术可以应用于各种不同的场合。对于企业和设施运营商来说，了解最新的照明技术可能会让他们感到选择上的困惑。目前，节能照明技术的产品生命周期为6mon，这意味着现有技术每6个月就会增加潜在的更新。如果现在找不到适合的照明改造方案，等一会儿，可能很快就会找到。因此，关注市场上可用的产品是至关重要的。

照明技术正迅速变得更加高效和廉价。例如，紧凑型荧光灯（CFL）灯泡几年前的价格约为5美元，而现在它们的价格往往只有2美元。发光二极管仍然比荧光灯贵，但随着市场的增长和越来越多的公司在产品组合中提供发光二极管，发光二极管价格正在迅速下降。固态照明并不是什么新鲜事，在交通信号等应用领域已经使用了半个世纪。白光照明是生活空间、工作环境、街道和停车场中使用最多的一种光，它消耗了大部分的照明能源。用于白光应用的LED正迅速变得更加高效，并降低了成本。目前，照明开发人员已经开发出了达到每瓦流明（1lm = 1cd·sr）（灯具每瓦释放多少光）的理论极限的一半左右的LED灯。这意味着LED仍有巨大的能源改进潜力，这将进一步降低成本，并产生节约。与同类产品相比，LED使用的能源最少。他们使用只相当于白炽光源五分之一的能量，和大约一半的低能量CFL技术的能量。在这一点上，LED的前期成本仍然高于荧光灯的前期成本，但LED实际上在灯泡的使用寿命内为最终用户节省了资金。审查总拥有成本可以克服LED更高的购买价格。目前，LED可持续使用25000~50000h，一些可以持续使用超出100000h。与白炽灯相比这是一个巨大的进步。白炽灯泡去年使用寿命约2000h而节能灯使用寿命去年约10000h。灯泡的使用寿命长不仅减少了未来灯泡的需求数量，也意味着灯泡在使用寿命内更可靠。LED需要更少的维护和维修，这可以省钱。LED可以很好地应用于户外照明，如停车位和停车场，以及商业空间，如办公区域[3]。

荧光灯泡耗电量比传统白炽灯少20%~40%，使用寿命达10000h。这种类型的管状灯在商业、工业和办公室环境中非常常见，为企业提供了一种节省金钱和能源的简单方法。荧光灯的种类很多，大小、形状和颜色各不相同。荧光灯泡和灯具在建筑照明设施中越来越普遍，并正在迅速取代金属卤素灯具。

另一种节能的荧光灯是磁感应照明。磁感应照明是一种荧光灯，比现有的类似技术，如高压钠灯或金属卤化物灯更节能。它的能源效率可与现有的LED产品相媲美。感应照明灯的使用寿命比许多现有技术的灯具都要长，与LED技术的使用寿命大致相同。今天的磁感应照明为停车场和其他户外照明可以立即打开提供了一个很好的解决方案，最大的光产量达到之前，有一个启动时间，这是对其他荧光灯的一个改进。它们在低温下也能很好地工作，但成本是金属卤化物灯的5~6倍。感应照明持续时间为 5×10^4~10×10^4h，只消耗金属卤化物灯一半的能量，这使得该种灯具在使用寿命内更便宜。

五、结语

照明系统是任何设施的必须系统，照明系统也有许多节能的方式。典型的理念是让电灯一年不间断地工作，而不考虑生产时间或非生产活动。从上面的例子可以看出，照明设备的运行和维护有很多节能的机会。其基本理念是将已经安装好的照明设备变得更加节能，从而达到节能的目的。基于这一理念，专注于业务变化和技术是非常划算的。能源效率可以通过只操作满足生产需要的照明设备来实现。

照明系统的技术每天都在改进，变得更加先进和经济化。不断监测新的照明技术是至关重要的，但同样重要的是，不要因为一项新技术已经上市就随意更换照明设备。许多新技术还没有得到验证，在您的设施中安装这些技术可能会产生负面影响。

以上所讨论的四个概念，即供应侧与需求侧一致、操作改进、维护改进和新技术，将为提高照明系统的能效节约提供所需的框架。

参考文献

1. Illuminating Engineering Society (2011) *IES Lighting Handbook*. Available at http://www.loveitlighting.com/ies_candle.html.

2. U.S. Environmental Protection Agency (2010) *Plant Lighting Level Best Practice*. Available at http://www.energystar.gov/index.cfm?c=in_focus.bus_motorveh_manuf_focus.

3. U.S. Environmental Protection Agency (2006) *Energy Star Building Upgrade Manual*, Chapter 6, p. 26. Available at http://www.energystar.gov/buildings/tools-and-resources/energystar- building-upgrade-manual-chapter-6-lig.

第 24 章　加热、通风和空调系统

Bruce Bremer

供暖、通风和空调（HVAC）系统是大多数设施中使用昂贵能源的系统，但这种能源成本往往被忽视或低估。暖通空调系统的安装通常是为了人类的舒适，但也会对工艺设备的运行产生重大影响。在许多生产设施中，暖通空调的年能耗成本在年总能耗的10%~15%之间。暖通空调系统的基本能源成本不仅包括风机和泵系统的电气成本，还包括支持运行需要的加热和冷却能源成本。暖通空调系统的种类和类型有很多，包括只加热的单元、只冷却的单元（有关冷却和冷却的讨论，请参阅第21章））、包装单元、补充空气单元、空气旋转单元等。本章的目的是集中在一个典型的用于制造设施的暖通空调系统，包括办公区域，到特定条件环境。典型的 HVAC 设备部件包括风机、电机、泵、加热段、冷却段、阻尼器、过滤器、管道系统、管道以及监控，如图24.1所示。

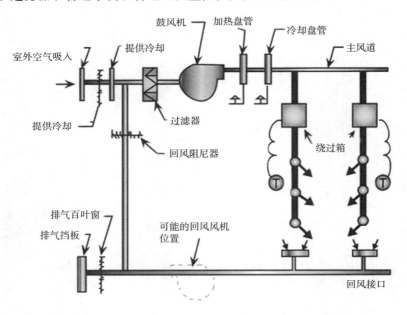

图24.1　典型的暖通设备布置（Courtesy of Technology Transfer Services, Inc.）

专注于暖通空调系统的正确运行和维护，将确保最高的运行效率和最低的能源成本。暖通空调的许多功能对能源效率都很重要，本章将分析以下四个功能：

1）供给侧与需求侧一致；

2）操作；

3）维护；

4）重新校验。

一、供给侧与需求侧保持一致

与任何生产系统一样，供应需求由需求侧需求驱动，暖通空调系统也不例外。了解制造设备的需求对理解 HVAC 系统的功能至关重要。单个 HVAC 可以独立运行和发挥作用，但是所有 HVAC 的组合应该作为一个整体系统进行评估后才可运行并发挥作用。了解设施的需求是开发适当的系统控制的关键第一步。这一理解为以下问题奠定了基础：设备的温度设定值要求是什么？设施的配风要求为何？工厂的运行参数是什么？

暖通空调系统必须在许多不同的模式和条件下运行，包括夏季的极热、冬季的极冷，以及两者之间的一切。了解季节，夏季、秋季、冬季和春季以及负荷和需求对系统的影响对于系统的高效运行是至关重要的。需要收集数据来了解设施基线负荷、系统概要和空气需求。这些信息对于维护和管理设施温度设定值和整个设施环境至关重要。了解这些负荷和配置也将有助于暖通空调系统的季节性运行。

除负荷和外形外，设备内的气流分布和静压控制也直接影响 HVAC 系统的能耗。收集有关需要维持何种设备气压、所需的外部空气量以及设备位置的信息。设施基线信息为设施 HVAC 设备的运行奠定了基础。任何类型的改进在进行更改之前，了解当前的情况是至关重要的。

二、操作

一般来说，各设施之间的暖通空调系统非常相似，这些系统似乎总是有许多提高能源效率的机会。改善 HVAC 系统运行部件的两个重点领域是运行时间设置点和运行参数。

1. 操作时间设定值

即使设施本身没有连续运行，许多设施的暖通机组运行时间也是全天候的。此外，整个设施 HVAC 系统中的各个 HVAC 通常服务于不同的区域，并具有不同的负载要求。以前收集的基本操作信息应该识别出设施中所有不同位置的HVAC配置文件。了解此配置文件将决定何时开启或关闭HVAC以满足设施的要求。

例如，如果设备生产运行模式为周一至周五7:00~1:00 a.m.或每天18h，冬季温度设定值为65℉，夏季温度设定值为75℉，暖通空调系统何时开启和关闭？将系统分成更小的部分和时间框架可以提供最大的节约能源的机会。需要评估的关键因素是生产时间、非生产时间、每个季节的周末的时间和每个季节的温度设定值。如表24.1所示，将上述参数划分为模式和季节，有助于量化可能的节能，并为暖通空调的运行创建一个标准化的方法。

表24.1 暖通空调运行时间节省的例子

参数	模式	季节			
		夏季	秋季	冬季	春季
时间	生产	6:00~2:00a.m.	6:30~1:00a.m.	6:00~2:00a.m.	6:30~1:00a.m.
	不生产	2:00~6:00a.m.	1:00~6:30a.m.	2:00~6:00a.m.	1:00~6:30a.m.
	周末	7:00~7:00a.m.	7:00~7:00a.m.	7:00~7:00a.m.	7:00~7:00a.m.
设定温度/℉	生产	65加热	65加热	65加热	65加热
		75冷却	75冷却	75冷却	75冷却
	不生产	55加热	55加热	55加热	55加热
		85冷却	85冷却	85冷却	85冷却
	周末	50加热	50加热	50加热	50加热
		90冷却	90冷却	90冷却	90冷却

根据表24.1所示的信息，使用这种操作方法，基于一种简单的系统方法，可以非常容易地节省很大一部分HVAC的能源。随着暖通空调进度控制理念的实施，年节能30%~40%的情况并不鲜见。

2. 运行参数

用于控制高压空调的典型设备设定值的运行参数在评估和分析方面也非常重要，可以提供额外的节能机会。暖通空调的参数包括混合空气温度、回风温度、静压、排气温度、阻尼位置、加热和冷却温度等。本章讨论了三个关键的操作参数：阻尼器位置（阻尼器节能控制）、静压（变速驱动操作）和排放空气温度（重置排放供气温度控制）。

3. 阻尼器技能控制

阻尼器节能器控制对提高能源效率有很大的好处，这种控制的一些操作基础如下。当一个典型的暖通空调系统试图冷却设备，而外部空气温度低于内部温度时，控制装置应打开外部阻尼器，使用外部空气进行自由冷却。分析外部空气湿度或熔也很重要，这样暖通空调就不会从外部引入饱和空气，从而在设备中造成湿度问题。当外部空气温度过高时，控制装置应将外部空气阻尼器关闭到最小，并使用回风，这样暖通空调就不会冷却外部的热空气。

阻尼器节能器控制的另一个终端是当HVAC加热设备时。室外空气阻尼器应设置在最小的室外空气位置，这样暖通空调就不会试图加热100%的室外冷空气，而是加热回风和少量的室外空气。该设施的最低外部空气要求可根据设施规范要求或美国供热、制冷和空调工程师协会（ASHRAE）的标准确定。采用自动控制系统对减振器进行控制，每年实现节能5%~10%的情况并不鲜见。

4. 变频驱动控制

变频驱动器（VFD）为提高能源效率提供了巨大的好处，但首先需要建立一些操作基础。VFD是一个电气控制模块，控制HVAC电机的转速，而HVAC电机又控制风扇的转速。许多暖通空调系统在任何时候都以100%的速度运行，无论是在夏季模式下，需要大量的空气进行冷却，还是在冬季模式下，需要较少的空气进行加热。VFD的目的是根据需要自动调节HVAC电机的转速，而HVAC电机的转速又根据设备内的压力传感装置来调节风机的风量。VFD的控制机构通常是安装在HVAC管道系统中的某种类型的静态压力传感器，它向VFD发送一个信号，自动提高或降低电机转速。在一个典型的HVAC控制系统中使用VFD，每年节省15%~20%的能源并不罕见。关于VFD的进一步讨论，请参见第15章。

5. 重置流量温度控制

典型的暖通空调系统使用自动控制来保持设备内部一定的空间温度。在夏季，暖通空调的送风温度通常会根据空间温度要求降低到55℉左右。在冬季，供气将被加热到70~100℉。作为一种节能方法，HVAC送风温度可以根据设备的实际空间温度进行调节或重置。例如，如果在冷却模式下，设备内部的空间温度满足，则不需要继续将供气冷却到55℉。供应温度可以自动升高，直到设备温度设定值再次达到需要冷却为止。这种重新设定供应温度的概念也可用于暖通空调系统的加热模式。通过在一个典型的HVAC系统中安装这种类型的控制系统，每年实现2%~5%的节能并不罕见。

三、维护

在与维护相关的 HVAC 系统中，有许多提高效率的机会。维护包括清洗、调整、润滑、检查组件、校准组件和许多其他项目。主要考虑预防性和预测性维修方面的机会。在预防性维护（PM）中，将讨论燃烧器校准、齿形带和传感器校准，以及预测维护、过滤器更换。

1. 预防性维护

预防性维护不仅对设备的日常高效运行至关重要，而且对维护或提高能源效率也至关重要。PM 协议通常包括制造商对要检查的设备项目的建议进行的列表，以确保系统有效运行。下一个步骤是提供一个例子，说明在何处集中精力提高能源效率，但实际上并不确定 PM 的逐步过程。本文讨论了暖通空调 PM 的三个例子：燃气燃烧器校准、皮带校准和传感器校准。

2. 气体燃烧器校准

许多 HVAC 系统都将某种类型的供暖系统作为整体单元的一部分。这种供暖系统可以包括多种热源，如热水、天然气、电力和各种其他能源。主要关注天然气系统，因为它是最常见的供暖系统类型之一。天然气加热系统通常由天然气系列机组和各种部件组成，如调节器、关闭阀、点火器和火焰监控以及安全联锁。我们应该定期进行校准，以验证燃气燃烧器的工作效率，从而将能耗降到最低。天然气管道燃烧器的气流速度必须保持在一个可接受的范围内，因为过多或过少的气流会导致原始气体的释放、燃料的不完全燃烧、产生大量废气和总的能源浪费。实施维护计划，根据预定的时间表校准燃气，通常可以实现每年 5%~8% 的节能。

3. 皮带校正

皮带驱动元件在暖通空调系统中很常见。皮带传动简单，可以手动控制 HVAC 系统的电机和风扇的速度。控制是通过调整不同大小的滑轮来实现的。虽然传送带驱动系统通常被认为是有效的，但某些传送带比其他传送带更有效。标准皮带传动通常使用 V 型皮带，有梯形截面，并通过楔入滑轮运行。这些 V 型带的初始效率约为 95%，如果不能定期地对 V 型带进行张紧，则在整个系统的使用寿命中，V 型带的效率会降低 5%。风扇与标准的 V 型皮带可以翻新。

在一个典型的暖通空调控制系统中安装一个节能的齿形 V 型带，通常每年可以节约 1%~2% 的能源。

4. 传感器校准

传感器的校准常常被忽视，但"如果它看起来不坏——就不要修理它"的理念并不是最佳的能效方法。不幸的是，传感器无法校准会导致巨大的能量损失，如果没有一个积极的维护计划，可能多年都无法检测到。为了将这种能量损失降到最低，标准的传感器校准程序至关重要。下列传感器应具有年度校准计划[1]：

1）外部空气温度传感器；

2）混合空气温度传感器；

3）排放或供应空气温度传感器；

4）冷水供应温度传感器；

5）加热供水温度传感器；

6）湿球温度或相对湿度传感器；

7）空间温度传感器；

8）回风温度传感器；

9）节能器及相关阻尼器；

10）冷却和加热盘管阀；

11）静压变送器；

12）空气和水流量变送器。

HVAC传感器已经定义了工作极限，给定传感器的精度主要取决于传感器类型。与任何传感器设备一样，随着时间的推移，精度可能会下降。因此，传感器的评估和校准应该成为日常。有关评估和校准建议，请参阅制造商的数据。在校准过程中，可以启动设备，如将阻尼器运行到全开再全关的位置，以验证传感器的功能。在此过程中，现场工作人员还应检查所有运动部件是否润滑良好，密封件是否处于良好状态。由于节能器是与外界空气相互作用的阻尼器，因此安装节能器的设施应受到特别注意。除了正常的PM程序外，节能器阻尼器应该在更高的频率下进行检查，以确保正确的调制、密封和传感器校准。温度或湿度，即用于控制节能器的传感器也应包括在常规校准计划中。对HVAC系统传感器进行适当的校准，通常每年可节省1%~2%的能源。

5. 预见性维护

空气过滤器在保持室内空气质量、保护下游部件免受灰尘污染从而影响设备效率的方面发挥着关键作用。在最坏的情况下，污染的过滤器可能导致供气绕过过滤器，并将污物沉积在加热或冷却线圈上，而不是过滤器上。这导致线圈变脏，传热不良低效运行。通常，站点应该根据过滤器的压降、工作日历安排或检查定期更改过滤器。计划间隔应根据室内和室外空气的污垢情况制定。测量整个过滤器的压降是评估过滤器状况最可靠的方法，并可用于建立基于预测维修理念的过滤器更换指南。这种类型的过程与手动预测更换过滤器的时间相比可以减少能源效率的低下。这一概念将减少风机的负荷，提高能源效率，从而达到节能的目的。使用预测维修的过滤器往往达到1%~2%的年节能。

四、重新调试

调试是系统设计、安装、功能测试，并能够根据所有者的操作需要进行操作和维护的过程。重新调试，或正在进行的调试，是指将调试过程应用于以前已投入使用的设施（无论是在建设期间还是作为现有设施）。通常每3~5年重新调试一次，以保持设备性能的最高水平，或在完成升级过程等其他阶段之后，确定新的改进机会。在重新调试过程中，需要关注的四个关键领域是：了解现状、确定机会、应用改进对策和规划下一步[2]。

1. 了解现状

重新启用的第一步是根据设计了解设备如何工作，并根据这些标准分析当前的情况。在重新调试过程中，可以通过审查设施文件来确定各种可能的问题。设备文件包括操作要求、原始设计文件、设备清单、设备主要能源使用系统的图纸、控制文件、操作和维护手册、测试、调整和平衡报告。评估这些信息可以带来可能的能源改善机会。

2. 确定机会

确定暖通空调系统中可能存在的问题是一项冗长而复杂的任务。为了更好地理解这些问题，将暖通空调系统分成几个部分是很重要的。例如，暖通空调系统的问题区域可能与监视、控制、空气系统、加热系统或冷却系统有关。一旦了解了当前的情况，重新调试的下一步是查看可能出现的机会，这些机会通常在演练中发现。机会指标如下[2]：

1）同时加热和冷却的系统，如恒风量和变风量再加热；

2）已被绕过且不能自动操作的设备；

3）温度、压力或湿度传感器读数不准确；

4）设备增压不当（无论是负压还是正压），也就是说，门是打开的，或者很难开；

5）设备或管道在不应该热或冷的时候是热的或冷的；

6）设备周期短；

7）以不必要的高速运行的变频驱动器；

8）即使负载有所变化，变速驱动器仍以恒定的速度运行；

9）需要修理或调整的节能器。潜在的问题包括冻结的阻尼器、断裂或断开的连杆、失灵的执行机构和传感器以及不正确的控制设置。

另外两项重要活动可以帮助了解现有的系统，并有助于确定改进之处：

1）能源系统的诊断性监控可以帮助确定特定问题所在。数据通常使用该设施现有的能源管理系统（EMS）和便携式数据记录器收集，以获得任何不能通过EMS获得的数据。通常监测的变量包括整个设施的能源消耗(包括电力、天然气、蒸汽和冷却水)、最终使用能源消耗、操作参数（例如温度、流速和压力）、天气数据、设备状态和运行时间、执行器位置和设定值。

2）功能测试是对一个系统或设备进行测试，而工作人员在所有关键操作模式下观察、测量和记录其性能。功能测试还可以用来帮助验证是否真的需要某个特定的改进，并且该改进将是有效的。例如，观察到泵上的节流阀没有完全打开，可以表明通过调整叶轮使阀门完全打开可以实现节能。功能泵的测试将决定这一可能的改进的价值。

3. 改进的对策

在重新调试过程中，加热和冷却系统的控制和组件都提供了节能的机会。提供舒适的设施环境方面，设施内的EMS和控制起着至关重要的作用。随着时间的推移，温度传感器或恒温器可能会失调。墙壁恒温器经常由居住者调节，从而脱离控制，并在设施内造成意想不到的能源消耗。校准不当的传感器会增加加热和冷却负荷，并导致居住者不适。要调整加热和冷却控制，请执行以下步骤[1]：

1）根据原始设计规范校准室内和室外设施传感器，包括室内恒温器、管道恒温器、加湿器、压力和温度传感器。

2）检查减振器和阀门控制装置，确保它们正常工作。检查气动控制的阻尼器，看压缩空气软管是否有泄漏。还要检查阻尼器，以确保它们的开启和关闭是正确的。刚性阻尼器会对送风气流中使用的外部空气量造成不适当的调节。有时发现阻尼器实际上只连接在一个单一的位置，甚至断开，违反了最小的外部空气要求。

3）审核设施运营计划。在工作时间内，必须调整HVAC控制装置，使其适当地加热和冷却。在设施的生命周期中，占用计划可能经常变化，控制计划应该相应地进行调整。操作计划也应根据时令进行调整。当设备空闲时，将温度调回来，以节省一些加热或冷却能量，但请记住，当设备空闲时，可能需要一些最小的加热和冷却。例如，在寒冷的气候中，可能需要加热来防止水管结冰。

4. 下一个步骤

重新调试的目标是确保该设施按预期运作并满足目前的业务需要。现场经验表明，采用这种方法可以节约10%~15%左右的能源，因此，重新采用这种方法是非常划算的。经过良好规划和执行的重新调试项目一般包括规划和执行阶段，以及通过培训、操作、预防性维护和绩效跟踪等措施确保效益持续，乃至增加的计划。还应制定计划，定期重新调试，至少每3~5年一次。

五、结语

HVAC是任何设施的必要系统，但是HVAC系统也有许多节能的机会。典型的理念是让HVAC设备一直运行，以保持设备的舒适性，无论生产时间或非生产活动。从以上的例子中可以看出，通过改善运行和维护，可以创造节约很多能源的机会，现有设备的能源效率得到了运行和维护。也可以只通过操作设备以满足生产需要的理念来提高能源效率。上述四个概念，即调整供方与需求方的关系，实施操作和维护方面的改进，以及重新调试暖通空调系统，为提高能效节约提供了必要的框架。

参考文献

1. U.S. Department of Energy (2010) *Operations & Maintenance Best Practices: A Guide to Achieving Operational Efficiency.* Release 3.0, Section 9.6.6, pp. 9.71–9.72. Available at http://energy.gov/eere/femp/downloads/operations–maintenance–best–practices–guide–chapter–9 (accessed February 8, 2015).

2. U.S. Environmental Protection Agency (2007) *Energy Star Building Upgrade Manual.* Chapter 5, Section 5.1, pp. 2–4. Available at http://www.energystar.gov/sites/default/files/buildings/tools/EPA_BUM_CH5_RetroComm.pdf (accessed February 8, 2015).

第25章　确定流程工业能源效率改进措施

Alan P. Rossiter, Joe L. Davis

　　具有讽刺意味的是，流程工业中最容易被忽视的能源效率评估领域是流程本身。在某种程度上，这反映出不愿对直接影响产品质量和生产率的设施进行干预。尽管这可能是一个合理的担忧，但不幸的是，许多可行的节能机会都被搁置了。第二个问题是，每个过程在某种程度上都是独特的，因此通常不可能简单地进行复制。相反，需要对每个工厂进行评估和了解，以便重新定义和改进，这通常需要专门的专业知识。这种趋势目前主要集中于公用工程（例如蒸汽）和特定设备项目（例如加热炉），在这些项目中，有一组众所周知的参数需要评估，并有一组公认的提高能源效率的选项。

　　在本章中，将介绍一种在流程领域中确定能效改进的通用方法，并通过几个简单的例子来说明这一点。我们还讨论了一旦确定了方法如何去评估它们。重点是改进现有工艺设施的运作，确定和评价改造项目，但许多原则也适用于评价和改进新工厂的设计。

一、工艺流程图评审

　　确定工艺单元能效改进的最有效方法是进行工艺流程图（PFD）评审。这可以被认为是一种"结构化的头脑风暴"活动，类似于分级过程评审[2]。应为每个工艺单元（如水力处理器和原油单元）开发PFD，以显示主要设备项目及其相互连接，以及整个单元的基本热能和物质平衡。所有被点燃的加热炉、蒸馏塔和热交换器都应该被显示出来，在每个设备的进气口和出口都应该标明温度、流量和压力。理想情况下，应该显示每个燃烧的加热炉、热交换器或交换器的作用。此外，任何用于加热或汽提的地方，或产生蒸汽的地方，都应该在PFD上注明，并标明流量。

　　PFD评审的过程类似于通常用于"HAZOP"研究的过程。通过标记的PFD，工厂运营和技术支持人员，在能效专家的帮助下，审查每一个主要流程、设备项目和系统，以确定降低能效和降低能效的机会领域。工厂的运营和技术人员将他们对工厂日常问题的知识带到桌面上。专家们带来了他们在不同地点获得的类似过程的知识，以及在其他地方行之有效的提高能源效率的机会。他们一起为正在考虑的过程单元集思广益。

通常，在PFD评审期间会确定大量的想法。从调整设定值和操作目标，到通过新的控制方案、较小的管道更改和设备修改，再到全新的工艺和新技术，这些都可以实现。所有的方法都应该在PFD评审中记录下来，然后再进行评审，以量化潜在的节约，估计实现成本，识别技术风险，并确定适用性。

1. PFD 评审方法的变化

各种组织已经成功使用有许多不同的PFD审查方法。例如，与工厂操作人员、技术支持人员和能效人员进行面对面的会议可能很困难，而且会议本身也很耗时。另一种方法是将PFD提供给能源效率专家，由他生成问题和想法列表，然后分发给其他人员进行审查和评论。在可能的情况下，当其他人员有机会回顾最初的发现时，能效专家应该与他们面对面，或者，如果做不到这一点，他们至少应该召开一次电话会议或网络会议。这种方法显然缺乏在创意产生阶段面对面讨论的好处，但在许多情况下被证明是有效的。

另一个相关的方法是改善"寻宝"[3]。Kaizen是日语，意为"持续改进"。这项技术是由日本汽车制造商丰田在美国首创的，主要用于离散的制造业。然而，它也成功地应用于其他行业，包括流程工业——尽管通常是在较小的设备上。跨职能团队（现场员工和外部专家）在现场开会，调查设施的能源使用情况。在相当短的时间内（通常是3天），团队观察设备的操作方式，收集数据，与其他设备的经验进行比较，确定潜在的改进，并完成"详细列表"，描述每个机会以及估计的成本和节省。这种方法提供了一种很好的方式，让各个级别的人员参与到整个设施的能效活动中，并取得了一些出色的成果。

重要的是要理解这些方法都不是孤立的活动。即使一系列PFD评审或改善寻宝通常只需要几天时间，也需要大量的准备工作，以确保在必要的地方包括合适的人员并对他们进行培训，同时提供必要的数据。此外，在PFD审查或寻宝结束后，重要的是已经产生的想法要有所进展，并在适当的地方得到实施。

2. 过程热集成

在PFD评审中经常探索的一个关键领域是热集成。我们之前注意到，通常不可能简单地在流程之间进行复制。经常可能发生复制的一个领域是热集成，因为有几种著名的"标准"热集成配置。例如，图25.1显示了一个带有给水 - 出水热交换器（FEHE）的反应器。在这种情况下，热反应器流出流体的热量用于预热冷进料流。这样既减少了进料加热器（H）的热负荷，也减少了出水冷却器（C）

的冷却负荷，其数量相当于FEHE中传递的热量。

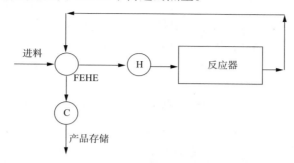

图25.1　带有给水－出水热交换器的反应器

　　图25.2显示了带有进料－底部换热器（FBHE）的蒸馏塔。冷进料流由塔底的热流加热，这就减少了再沸器所需的热量。这种排列方式很常见，它可以节省很多的能量。但是，必须注意，因为在这种情况下，在进料中回收的热量与再沸器上减少的热负荷之间不一定存在一一对应的关系。此外，加热进料会导致进料盘上方额外的蒸汽流量，从而使冷凝器过载。这些影响取决于被加工材料的性质和蒸馏塔的设计，需要进行模拟和在工厂进行试验来量化它们。

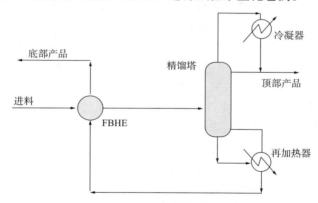

图25.2　带有进料－底部换热器的精馏塔

　　这些标准配置有许多变化方式。例如，在某些情况下，有可能从蒸馏塔塔顶回收热量，也有可能从塔底流回收热量，而且有些塔底流周围有泵，这也提供了热回收的机会（第26章）。

　　在某些情况下，标准配置不适用于热集成过程。这通常发生在有许多大型流被加热或冷却的地方，例如在炼油厂原油装置或流体催化裂化装置（FCCU）中。在这种情况下，需要更复杂的换热器网络。在这些情况下，有许多好的工具可用，其中最广泛使用的是夹点分析（第26章）。

3. PFD 评审的典型结果

如前所述，可在PFD审查中确定各种不同类型的能源效率。下面给出了一些典型的例子，它们大多来自炼油厂和化工厂的蒸馏应用，并对如何处理这些情况提出了建议。

（1）操作的目标

在几乎所有的过程中，都有一些关键的过程变量——通常称为"关键性能指标"（KPI）——可以进行调整以优化能源使用。这些通常会在PFD评审讨论期间显露出来，并记录下来以供进一步评估。

确定和管理KPI的最大挑战之一是为他们设定目标——这一活动将在PFD评审之后进行。如果不彻底了解这些过程，就很容易设定降低能源消耗但危害产量的目标。例如，泵的周转率必须设置在正确的位置，以同时优化产量和能源。

在制定目标时的另一个重要考虑是认识到这些目标必须具有灵活性。当进料板发生变化，或操作模式发生变化时，能量需求将受到影响。例如，较重的原油通常比较轻的原油需要更多的能量来加工。夏季和冬季的运行模式往往非常不同，这些差异会显著影响能源消耗。例如，炼油厂可能在冬季将其减压塔瓦斯油直接送至馏分混合，而在夏季则将瓦斯油送至催化裂化装置或加氢裂化装置进一步升级为汽油。因此，在夏季，瓦斯油分馏点不那么重要，因此应该设置真空柱泵的转速来优化能量回收，而不是分馏点。因此，对于某些KPI，需要根据操作模式分配几个目标。

最后，在应用高级过程控制（APC）或实时优化（RTO）时，更重要的可能是设置操作策略，而不是硬性目标。PFD评审过程可以是一个非常有效的过程，用于验证APC应用程序是否正确设置，以优化产量和能源。

有许多方法可以为KPI设置目标。最简单的方法是通过经验。有丰富经验的能源专家，可能能够将基于经验的目标应用于一些更简单的能源指标，例如通过将当前的操作与行业标准和最佳实践进行比较，来确定蒸汽率。对于更复杂的指标，如再沸器速率，需要进行流程模拟才能设置目标。然后可以使用测试运行来确认目标。或者，利用12个月的运行趋势，以确定"最佳实现"，并围绕该值设置目标。这可以帮助去除不同操作人员在倒班过程中引起的不同。本主题将在第27章进一步讨论，其中讨论了工厂操作员可以访问的KPI的工具。

（2）不恰当的操作实践

KPI的目标是为了将正常运行范围内的能耗降到最低。然而，PFD评审经常发现当前工厂的操作要么完全不合适，要么至少在能源使用方面明显不够理想。操作人员经常不恰当地将设备一直运行，一旦这些不恰当的操作规范建立起来，它们有时会停留多年。PFD评审经常识别这些情况，它们可以在很大程度上减少这类设备的误用，如下面的两个示例所示。

例25.1。流程工厂中一个常见的低效现象是不应该冷却的流体冷却。某石油化工装置在精馏塔的进给线上安装了空气冷却器（图25.3），以防止冷凝器在某些异常工作条件下发生过载。虽然空气冷却器的设计只在异常情况下使用，但在正常运行期间连续运行已成为公认的做法。在正常情况下，从进料中去除热量需要再沸器更加努力地工作，从而增加蒸汽负荷。

改变操作程序，以反映空气冷却器的初衷——在没有减少吞吐量或损失的产品质量，和不需要投资的前提下，关闭空气冷却器风扇幅度超过正常工作的30%，便可为工厂创收超过100万美元/a。

在正常操作期间关闭空气冷却器是良好的开端。然而，由于空气冷却器内的对流，仍然浪费了大量的热量。这种损失可以通过在空气冷却器周围安装旁路消除（图25.3），这个小项目每年可以节省额外开支200000美元。

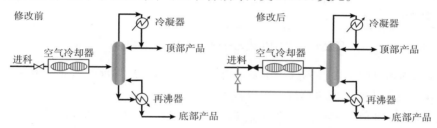

图25.3 在精馏塔的进料线上设计了一台空气冷却器。虽然冷却器只在异常情况下使用，但它是连续运行的，导致再沸器热负荷增加。在正常运行中关闭空气冷却器并没有完全解决这个问题，因为冷却器内的对流浪费了大量的热量。一个简单的解决方案：在空气冷却器周围安装旁路管线（Reprinted with permission from *Chemical Engineering Progress* (CEP), December 2012 [6]. Copyright 2012, American Institute of Chemical Engineers（AIChE））

因此，这种情况下的总体解决方案包括这两种方法：
1）"无成本"操作更改（关闭风扇）；
2）小型项目或"低投资成本"（添加旁路）。

例25.2。第二个例子来自 KBC Advanced Technologies (http://www.kbcat.com/)，于2005年5月10~13日在美国路易斯安那州新奥尔良市举行的第27届工业能源技术会议上展示，并经批准进行了修改。它还说明了PFD评审如何识别与精馏塔有关的设备的不适当使用，但在本例中，它是相当微妙的[1]。这个例子来自一家欧洲精炼厂，这家精炼厂对能耗最高的单元进行了PFD评审，在节能方面做得已经非常好。

异构化单元，如图25.4所示，有两个石脑油分离器，T-1和T-2。T-1有两个再沸器，E-1和E-2。E-1采用低压（低压）蒸汽作为加热介质。E-2采用热石脑油进料给T-2作为再沸介质。另一方面，T-2只有一个再沸器，它使用中压蒸汽作为加热介质。

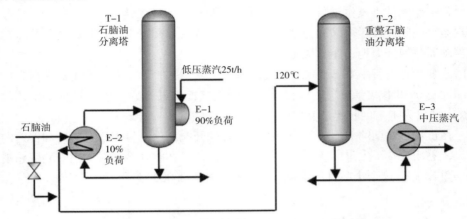

图25.4 异构化单元分离器：基本案例操作[1]

在基本情况下，T-1的热量主要来自E-1的低压蒸汽。这样做的逻辑很简单：在T-1中最大化使用低压蒸汽，可以减少T-2中对高压蒸汽的需求。

然而，在PFD审查期间，这种逻辑受到了挑战。首先，将进料预热量增加到T-2并不能直接节约E-3再沸器的负荷。然而，在E-2中使用石脑油确实可以直接节约低压蒸汽。此外，给石脑油分离器的进给温度不必要150℃那么高。对中压和低压蒸汽的定价也提出了质疑。

在PFD评审之外，对蒸汽系统进行了建模，如第18章所述。这表明中压蒸汽的价值仅略高于低压蒸汽。此外，石脑油分离器的模拟结果表明，进料预热回收率仅为0.5~0.6。因此，如图25.5所示，较好的解决方案是增加E-2的负荷，将T-2进料温度降低到120℃。即使这导致了4t/h的中压蒸汽增加到E-3，但是它减少了7t/h的低压蒸汽的数量到E-1。每年可节省215000美元。

总而言之，已采取下列步骤来确定这一能源机会：

1）通过PFD评审了解和质疑现有的热集成模式。

2）确定蒸汽和电力系统中的边缘机制。

3）计算边际蒸汽成本。

4）从模型T-2中找出E-3再沸器负荷与降低进料温度。

这项工作的结论是，进料经预热后进入到T-2，蒸汽同速率进入到E-1和E-3，成为异构化单元的可管理的能量指标。

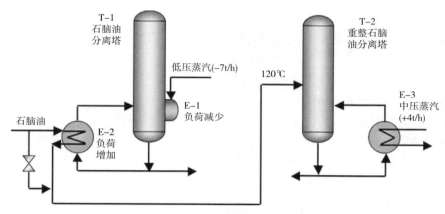

图25.5　异构化单元分离器：优化后[1]

（3）设备改造和添加

如例25.1所示，它可能是在特定情况下通过简单地改变操作方法取得的一些潜在的节省，然后用于对一些设施或改造设施的投资。前者有明显的优势（仅限操作更改）：它们不需要投资，通常可以很快就实现了。然而，在PFD审查期间，通常不可能确定使用现有设施可以达到多少，以及多少潜在的节省将需要投资于新设备。在审查过程中记录想法，然后再进行评估。

当所审查的工艺包括反应器或蒸馏塔时，审查将始终检查FEHE（图25.1）和FBHE（图25.2）。如果没有，这些可能会被记录为评估的想法。即使它们存在于现有的设计中，它们也常常被记录在案。评估是否存在安装附加热交换器的经济性，或改造现有的换热器以提高热回收率（第10章）。

到目前为止讨论的所有示例都集中在流程的一少部分——单个蒸馏塔及其外围设备、反应器系统或蒸馏系统。有时，PFD评审会发现跨越更大流程领域的机会，甚至整个流程[2]。如图25.6所示，其中显示了反应/分离循环结构。

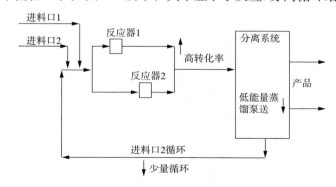

图25.6　作为PFD评审的一部分内容，对流程中反应/分离循环结构中参数设置的质疑

在许多工艺中，反应过程的转化率较低，未转化的原料必须回收再利用。因为能源是在回收未转化材料的分离过程中消耗的（蒸馏、结晶或萃取），这往往需要大量的能源。此外，能源被消耗在回收材料到反应器（泵送，压缩，或输送）过程中。由此可见，低转换、高回收过程是高能耗的过程，因此可采用增加转换和降低回收率来节约能源的方法。

然而，能源并不是唯一的问题。提高反应的转化率往往带来较差的选择性，这可能导致与不需要的副产品相关的处理额外原料所带来的压倒性成本。例如，炼油厂催化裂化装置（FCCU）的高强度运行会导致低价值燃气产量的增加，从而使额外的节能项目变得不经济（第20章）。此外，现有分离系统的性能可能会随着循环流量的下降而恶化（例如，蒸馏塔塔板可能会随着蒸汽流量的减少而开始工况恶化）。因此，这是一个复杂的优化过程，在PFD过程中，很可能会对其进行识别并记录下来，以便后续评估。这些评估的结果可能有很大的差异，有时可能违反直觉，如下两个例子所示。

1）在一家化工厂进行的一项研究中，添加原料的价值非常高，并控制了所有其他成本。最佳解决方案是降低转化率，提高回收率，使原料损失降到最低。这一举措增加了能源消耗，但由于节省了原料，每年节省了100万美元的总运营成本。不需要新的设施。

循环率的最优值取决于能源和原料的成本，也取决于其他几个参数。因此，回收率应被视为KPI并定期监控。

2）在炼油厂的一项研究中，一项类似的评估导致了反应体系的重新配置，以提高转化率。蒸馏塔的内部结构也必须改变，以适应流量的大幅度降低。这个项目每年节省了100多万美元的能源，同时也消除了这个过程中的瓶颈。然而，它需要大量的资本投资。

（4）PFD评审是一种激励工具

PFD评审通常为现场人员提供了展示其想法的机会。最近，某化工厂的控制工程师解释了他编写的一种新的控制算法，用来优化大型压缩机的运行。新的应用程序已经准备了好几个月，但是还没有启动，因为运营部门担心它会影响工厂的可操作性。

运营主管也参加了会议，一开始他非常明确地表示反对对现有控制方案进行任何修改。然而，控制工程师证明，新的工作模式所节省的能源远比业务主管所认识到的要多。此外，在PFD审查会议上来访的能源管理专家能够根据其他设施的经验批准新的控制方案。随后，就测试新算法的策略和保护工厂运营应采取的步骤进行了热烈的讨论。会议结束时，运营主管不仅致力于测试新的控制方案，而且还一致同意将新方案加快投入实施。

这个事件绝不是一个孤立的案例，它再次强调，成功的能源管理不仅仅是好的技术解决方案。它也是关于人类行为的：让人们参与到提高能源效率的过程中，并激励他们取得成功。

二、PFD 评审后评估机会

在大多数情况下，来自PFD评审的想法在被接受为可行的项目之前需要进行大量的审查。这种方式的具体形式可以有很大的不同，但至少需要将节省的能源加以量化，如果需要新的设施，则必须估计费用。

在许多能源评估项目中，会在评审会议结束后立即留出时间对PFD评审意见列表进行评估。这是可取的，因为这背后的思想是新鲜的和容易理解的。这一阶段的目标不是发展确定的设计和极其精确的费用估计。相反，这样做的目的是对这些想法进行足够精确的筛选，以剔除那些实际上无法带来切实可行的投资回报的想法。最终的结果是一个最具吸引力的项目的候选名单，也根据估计的回报进行排名。不需要新设施的可行方案可以由工厂运营组实施，需要投资的项目可以纳入公司项目工程组的工作计划。

1. 节能估算

在考虑节约能源时，需要考虑三个主要问题：

1）节省了多少能源？
2）什么类型的能源被节省？
3）能量的价值是多少？

有时，第一个问题的答案很简单，不需要计算。例如，如果唯一影响能源的是关闭一个泵这样一个特定的想法，那么直接节能最有可能是消除泵电机使用的电力。然而，谨慎总是必要的，因为更仔细的审查有时显示出隐藏的节能或带来的惩罚：

1）关闭一个泵可能会增加另一个泵的功率需求。
2）压缩机流量或排放压力的降低不一定会带来可实现的节约。如果压缩机运行在其喘振极限附近，任何降低其功耗的尝试都可能导致不稳定（见附录15.1）。
3）在其他情况下，有必要模拟流程的一部分，或至少建立一个简单的电子表格模型，以生成可信的节能估算。这通常是正确的，例如，在预热系统中添加一个进料底部热交换器或添加热交换器。第二个问题是：节省的能源类型是什么？两种主要的类型是热能（热，可以直接从燃烧的加热器中提供，也可以通过蒸汽或其他传热介质间接提供）和电力。许多站点都有不同压力级别的蒸汽，因此确定哪个级别受到影响非常重要。在某些情况下，蒸汽需求受到不止一个压力级别的影响，如本章前面的异构化分离器示例所示。

第三个问题（能源的价值是什么？）也可能比乍一看更加难以回答。就电力而言，节余通常转化为从电网进口电力的减少，因此我们需要知道随着电力负荷的下降，电费会发生多少变化。从概念上讲，这似乎很简单：我们只需要知道以美元/（kW·h）为单位的进口电力成本。然而，电力合同可能是复杂的。除简单的能源费用外，还可包括需求费用和使用时间组成部分以及各种其他因素。因此，在估算节电价值之前了解电力合同是很重要的。

节省热能也很复杂。我们已经注意到，蒸汽的边际成本在许多站点取决于其压力水平（第17章）。节约蒸汽的功劳还取决于冷凝液是否被回收再利用，因为如果不回收，就会造成能源和水的损失。

当热能通过燃烧的加热器直接提供给工艺流程时，最重要的考虑因素是燃料的成本。然而，加热炉的效率也很重要；例如，如果炉子的热效率是80%，那么需要的燃料量是过程热负荷的1.25倍。在某些情况下，节能项目会影响炉子的效率。例如，在加料炉前增加进料预热可能会提高烟气温度，从而降低炉膛效率。这种效率上的变化应包括在对节省能源的评价中。

2. 成本估算

在项目筛选活动期间，没有必要制定极其精确的成本估算，但估算至少必须是现实的。一个常见的错误是简单地获取一个小项目中主要设备项目的成本，并假设项目的最终成本大致相同。实际上，在任何项目的成本中都有许多额外的因素，包括基础、管道和控制，以及工程和各种劳动管理费用。此外，大多数提高能源效率的项目是进行改造，这些项目往往比新安装的成本更高，因为它们需要在现有设施内及周围工作。如果这项工作必须在扭亏为盈期间进行，那么成本通常会更高。此外，由于劳动力价格和其他因素，不同地区的成本差异很大。

虽然没有必要在确定范围阶段对每个因素进行量化，但是提供能够反映总体成本的估计是很重要的。在某些情况下，企业成本估算机构能够提供总安装成本数据或关键设备项目的简单数据，以促进可接受的成本估算的制定。另外，来自同一地点的类似项目的最近数据有时可以作为PFD评审对新项目想法的"大致"估计的基础。还有各种各样的软件工具和文献资料可以用来估计成本。

3. 技术的可信度

来自PFD评审的许多想法挑战了现有的操作哲学和操作边界。这些挑战通常是合理的，但重要的是要验证现有的设备和系统是否能够承受建议的操作条件。

如果没有，那么设备升级的成本可能必须包括在项目中。

一些PFD评审思想涉及"转换技术"——还没有被证明的概念或应用。虽然这不应该使一个想法失去考虑的资格，但它确实意味着可能需要大量的时间和金钱来实现这个想法，并且有显著的风险，那就是它将永远不会被实现。赞助PFD评审的公司需要决定是否对研发进行此类投资。

PFD评审中记录的少量想法显然是不可行的，进行筛选的人员需要警惕这种可能性。筛选不可行的项目是评估过程的重要组成部分。

三、PFD 审核

PFD评审可以作为一种独立的技术来识别和利用，以提高几乎任何类型的流程工厂的能源效率。全面的厂区能源评估，或能源管理系统发展的一个步骤，通常是更大的能源效率倡议的一部分。它们还经常与夹点分析一起使用，以探索一个过程或生产站点的广泛的能源效率选项。

虽然有很多PFD审查确认有效，但其中隐藏的陷阱也必须避免，需对时间和资源的投资进行全面审查，如本章中描述的在今天的复杂的炼油、石化、工厂和其他过程中，总是有许多可改进的有经济吸引力的机会。

参考文献

1. Davis, J.L., Jr. and Knight, N. (2005) Integrating process unit energy metrics into plant energy management systems. *27th Industrial Energy Technology Conference*, New Orleans, LA, May 10–13, 2005.

2. Rossiter, A.P. (ed.) (1995) *Waste Minimization Through Process Design*, McGraw–Hill, New York, pp. 149–163.

3. Bremer, B. (2005) *Toyota Treasure Hunt System Turns Up Savings and Uses the Expertise of Process Engineers*. Available at http://www.energystar.gov/ia/business/industry/Bremmer_Toyota.pdf (accessed January 11, 2014).

4. Environmental Defense Fund (2014) *Manufacturing Energy Productivity Pilot: Promising Results*. Available at http://www.edf.org/sites/default/files/Cobasys_Pilot_Case_Study_8_30_11.pdf (accessed January 11, 2014).

5. Rossiter, A.P. (2007) Back to the basics. *Hydrocarbon Engineering*, 12 (9), 69–73.

6. Rossiter, A.P. and Venkatesan, V. (2012) Easy ways to improve energy efficiency. *Chemical Engineering Progress*, 108(12), 16–20.

第 26 章　夹点分析与热集成处理

Alan P. Rossiter

使用夹点分析进行热集成过程是实现节能的一个受人称道的工具。它在需要复杂的热交换器网络的情况下特别有效，特别是在每个热交换器上的热负荷处于中等到很大（>1MBtu/h）的情况下。炼油厂原油装置的预热系统为夹点分析的应用提供了一个很好的范例。其他方法也适用于复杂的热集成问题。其中最引人注目的是各种数值优化方法[2,3]。然而，到目前为止，这些方法在成功应用和接受程度上还没有收到与夹点分析相同的效果。

一、夹点分析基础

夹点分析是一种基于基本热力学分析工业过程热流的系统技术。热力学第二定律要求热量自然地从热的物体流向冷的物体。这一关键概念在冷热复合曲线（图26.1）中得到了说明，它表示了作为温度函数的整个过程的热释放和热需求（附录26A）。

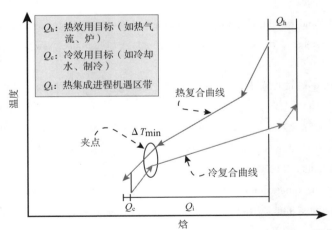

图26.1　任意过程的复合热源和复合热汇复合曲线的温度−焓交会图（用来显示通过热集成可以回收多少热量，以及有多少热量必须由外部设施提供或消除）

热复合曲线表示过程中所有热源（热流）的总和。同样，冷复合曲线表示过程中所有散热器（冷流）的总和。当这些曲线被放在一个温度-焓图上时（如图26.1所示），很明显，当热复合曲线的一部分高于冷复合曲线的一部分时，热量可以在这个过程中被回收；也就是说，热可以从温度较高的部分流向温度较低的部分（附录26A）。保持热回收设备的合理尺寸，温差（方法）必须大于规定的最低容许温度（$\Delta T_{\min}$）。

大多数过程均显示出一个纵向和横向均达到最低温度时的夹点区带。夹点将这个过程分为两个不同的区域：

1）高于夹点（即，在较高的温度范围内），一些热集成是可能的（热复合曲线位于冷复合曲线之上），但需要净热量补充和外部实用热源（Q_h）；

2）低于夹点（即，在较低的温度范围内），一些热集成是可能的（热复合曲线位于冷复合曲线之上），但需要有净热量过剩和外部实用散热器（Q_c）。

净热源和净吸热区之间的区别是夹点方法的一个关键特征，它构成了夹点原理的基础：不通过夹点传递热量。这有两个推论——不要在夹点以上使用外部（公用事业）冷却，也不要在夹点以下使用外部（公用事业）加热。

复合曲线和夹点原理是公认的最常用的夹点工具。许多其他基于夹点的技术也有助于过程热集成，如热交换器网格图[4]、大型复合曲线[4]和CP规则[4]（这里的CP是流量和比热容的乘积。CP规则规定了何时可以根据给定的热流和给定的冷流的CP值进行匹配）。

相关工具和技术包括定义能源消耗和资本投资之间的权衡的算法，以及热回收、精馏塔优化和现场的综合分析[5]的压降权衡。许多夹点分析的最新发展集中在材料资源的管理上，如水、废水[6,7]和氢[8]。然而，本章的主要目的是展示如何将简单的夹点技术应用于实际问题以提高能源效率，如下面的示例所示。

二、改造夹点过程

夹点分析最初用于新工厂的设计。对于改造工作，需要对这项技术进行修改。关键的区别在于，在改造的情况下，必须考虑现有设备和地块空间，而新工厂的设计者有更大的灵活性，可以随意添加或删除设备。

改进夹点分析可以有许多不同的渠道。这里讨论的例子使用了最简单的一个：

1）获取数据。

2）制定能源目标和公用事业目标。

3）确定现有热交换器网络中的主要低效节点。

4）定义减少或消除最大低效的选项。

5）评估选择。

6）选择最佳选项或选项组合。

三、改装炼油厂的原油蒸馏装置

这个例子描述了一个90000桶/d原油蒸馏装置（CDU）的改造夹点分析单元，包括常压塔和减压塔。图26.2中的工艺流程图显示了与热回收网络相关的主要工艺流程、设备、加热器和冷却器，图26.3给出了原油预热系统的详细信息。

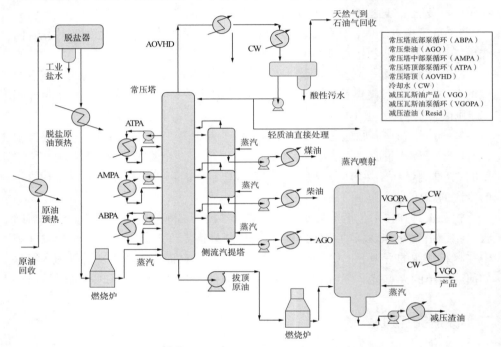

图26.2　原油蒸馏装置使用一个雾化塔和一个减压塔来分离原油。泵送是用来控制切断点，并在最高的实际温度水平下消除热量

CDU是炼油厂[9]的第一个主要处理单元，它将原油按沸点范围蒸馏成不同的馏分。分离一般分为两个步骤（图26.2）。首先，在接近大气压的地方，在常压塔中对原油进行分馏。然后，从常压塔中分离出的高沸点底部馏分（顶部原油或大气减压原油）进入第二个分馏塔（减压塔），该分馏塔在高真空下运行，通常由蒸汽喷射器提供能量。采用减压是因为在大气压下蒸发顶部原油所需的高温会导致热裂化。

CDU产品包括顶部产品、底部产品和侧流产品。有些馏分，特别是从常压塔上侧切下来的馏分，含有过量的低沸点组分，为了满足产品规格要求，必须用蒸汽汽提将其除去。

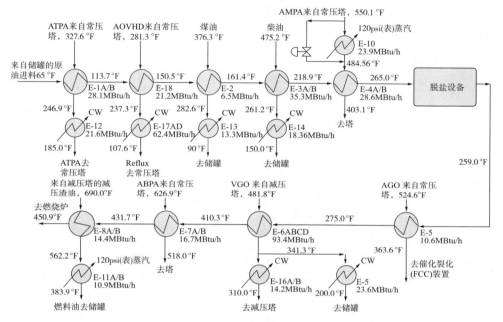

图26.3　在现有的原油预热系统中回收从泵送、产品停机和常压塔顶获得的热量，多余的热量在蒸汽产生和冷却水中去除

原油分馏需要大量的能量。最高温度的热量输入由进料炉提供。较低温度的热量总是来自交换器网络中回收得到的，用来预热原油。

在这个例子中，原油预热系统的热源包括常压塔的塔顶（AOVHD）和降压分馏产品：煤油（Kero）、柴油、常压柴油（AGO）、减压瓦斯油（VGO）产品和减压渣油（Resid）。

此外，常压塔和减压塔都有泵送回路，具体有常压塔顶泵（ATPA）、常压塔中泵（AMPA）、减压瓦斯油泵（VGOPA）和常压塔底泵（ABPA）。这些泵送装置提供了一种在中等温度下将塔内的热量带走的机制，而不是将所有的蒸馏热量从塔顶带走。每个泵送中去除的热量由不同产品馏分所需的切割点决定。大部分的泵出热被用于对原油原料进行预热，而泵出的余热要么被用于产生120psi（表）的蒸汽，要么用冷却水进行冷却。

VGO产品和VGO泵送蒸汽经预热系统组合，只在换热器E-6ABCD下游被分离成单独的水。

大多数CDU的另一个重要组成部分是脱盐设备。原油原料中含有无机盐、金属和各种有机化合物，这些物质会造成下游设备的污染、腐蚀和催化剂失活。通过加水（通常是体积的3%~10%）和分离脱盐容器中的水相和油相，将这些不良物质去除到可接受的水平。这也可以清除油中的悬浮固体。脱盐器的工作温度通常在270℉左右，所以它被设置在预热过程的中间。

1. 第一步：获取数据

对于夹点研究来说，最重要的数据是所有流程流和实用程序的热负荷和温度。在大多数情况下，这些信息是由测试数据、实测工厂数据和仿真数据的组合获得的，通常由原始设计数据支持。原油预热系统中的热交换器，尤其是温度较高的热交换器，会受到严重的污染，大多数公司会定期进行清洗，以保持传热速率并将堵塞降至最低。重要的是，夹点研究的数据代表现实的、可持续的热量换热器的条件。

一旦收集了分析所需的数据，就必须按照夹点研究的适当格式组织这些数据——这个过程称为数据提取。这些要求在某种程度上取决于所使用的软件包，但通常，提取的数据提供了图26.3中所有加热器、冷却器和过程间换热器相关的热负荷和进出口温度。任何对集热处理没有潜在用处的数据都会被忽略。表26.1给出了输入到夹点分析软件的结果数据集。

表 26.1　为夹点分析提取的数据代表了工艺流的加热和冷却以及现有工艺的实用要求

热交换		负荷/ （MBtu/h）	加热			冷却		
			蒸汽名称	T_s/℉	T_t/℉	蒸汽名称	T_s/℉	T_t/℉
E–1A–D	ATPA 与原油	28.1	ATPA	327.6	2469	原油	65.0	113.7
E–18	AOVHD 与原油	21.2	AOVHD	281.3	237.6	A 原油	113.7	150.5
E–2	Kero 与原油	6.5	Kero	376.3	282.6	原油	15.5	161.4
E–3A/B	Diesel 与原油	35.3	Diesel	475.2	261.2	原油	061.4	218.9
E–4A/B	AMPA 与原油	28.6	AMPA	484.5	403.1	原油	218.9	265.0
E–5	AGO 与脱盐原油	10.6	AGO	524.6	363.6	脱盐原油	259.0	275.0
E–6A/F	VGO 与脱盐原油	93.4	VGO	481.8	341.5	脱盐原油	275.0	410.3
E–7A/B	ABPA 与脱盐原油	16.7	ABPA	626.9	518.0	脱盐原油	410.3	431.7
E–8A/B	减压渣油与脱盐原油	14.4	减压渣油	693.0	562.2	脱盐原油	431.7	450.9
E–10	AMPA 蒸汽发生器	23.9	AMPA	550.1	484.5	120psi（表） 蒸汽发生器		
E–11A/B	减压渣油蒸汽发生器	10.9	减压渣油	562.2	383.9	120psi（表） 蒸汽发生器		
E–1	进料炉	200.0	加热炉			脱盐原油	450.9	665.0
E–12	ATPA 冷却器	21.6	ATPA	246.9	185.0	冷却水		

	热交换	负荷/ (MBtu/h)	加热			冷却		
			蒸汽名称	T_s/℉	T_t/℉	蒸汽名称	T_s/℉	T_t/℉
E–13	Kero 冷却器	13.3	Kero	282.6	90.0	冷却水		
E–14	Diesel 冷却器	18.4	Diesel	261.2	150.0	冷却水		
E–15	VGO 产品冷却器	23.6	VGO 产品	341.5	200.0	冷却水		
E–16	VGO PA 冷却器	14.2	VGO PA	341.5	310.0	冷却水		
E–17A/D	AOVHD 冷凝器	62.4	AOVHD	237.3	107.6	冷凝水		

注：阴影区域表示公用工程数据，非阴影区域表示过程数据。T_s，提供温度，T_t，目标温度。

还必须指定加热和冷却设施。燃烧的加热器通常简单地表示为单一温度下的热源（实际上，大多数软件需要一个小的温度范围），该温度足以满足机组中任何预期的热负荷。环境冷却（水或空气）通常也可以表示为单一温度下的散热器。蒸汽发电更为复杂，通常被表示为公用工程分区化。较冷区带（本例为 230~350℉）表示锅炉给水（BFW）预热，较热段（恒定 350℉）表示潜热。夹点研究的效用数据汇总在表 26.2 中。

表 26.2　根据温度、比焓和单元成本来确定加热和冷却设施

公用工程	温度		Δh / (Btu/lb)	费用/[美元/(MBtu/h/a)]
	T_s/℉	T_t/℉		
加热炉	750	749		49400
120psi（表）蒸汽发生器	230 350	350 351	124 871	−36500
冷却水	60	61		

蒸汽发电的成本为负，因为它降低了净能源成本。炉效率＝85%；投产率＝96% 或 8400 h/a；燃料成本＝5.00 美元/MBtu；1200psi（表）蒸汽成本＝4.50 美元/MBtu。

炉效率和开工率是根据工厂的历史数据得出的。用于评估项目的燃料和蒸汽成本数据通常由公司的经济小组指定。环境冷却使用冷却水，这是相对便宜的（相对于炉烧或蒸汽），它在公用工程成本计算中被忽略。

初始筛选使用简单的设备相关成本。理想情况下，这些应该与研究现场的成本估算人员的一致，因为现场特定的因素通常是很重要的。在缺乏特定站点数据的情况下，可以使用文献值。

对于本例，热交换器（包括地基、局部管道、阀门和仪表）的安装成本为 200 美元/ft²。如果每一个选项均需要大量的管道运行，则需要额外的管道费用津贴。

公司通常为他们的项目指定投资标准（例如，最低预期回报率）。在这个例子中，投资的经济截止期限是 4 年的简单回报。

2. 第二步：制定能源和公共事业目标

（1）设置 ΔT_{min}

最小能耗目标计算基于 ΔT_{min} 的值。这个参数反映了资本投资（通常随 ΔT_{min} 变小而增大）和能源成本（通常随 ΔT_{min} 变小而减少）之间的平衡。使用缩放目标方法可以定量地探索这种权衡，但在实践中很少这样做。ΔT_{min} 经验值，在不同类型的工艺流程中进行优化取舍，在工业流程和公共事业之间可以应用，在大多数情况下需要的是高度的信心。表 26.3 显示了 CDU 的经验值和为本例选择的实际值。类似的数值也适用于许多其他的精炼厂，如流体催化裂化装置、焦化装置、加氢装置和转化装置。

表 26.3　ΔT_{min} 在许多夹点研究的经验下提出，当前的例子被用来指导选择保守 ΔT_{min}

传热类型	经验法则的 ΔT_{min} 的值/℉	选定的 ΔT_{min} 的值/℉
工艺蒸汽逆流	50~70	70
工艺蒸汽对蒸汽	15~35	35
工艺蒸汽对冷却水	10~35	30

（2）确定目标

下一步，能源的目标，包括（概念上）将冷热复合曲线绘制在一组 $x - y$ 坐标轴上并进行横向移动，直到垂直曲线之间的最小距离等于 ΔT_{min} 的值（附件 26A）。然而，在实践中，可以使用所谓的问题表算法[4] 更直接地计算能源目标。问题表算法的编程算法编码已写入商业上可用的夹点分析软件工具中。本例的目标包含复合曲线（图 26.4）和汇总表（表 26.4）。

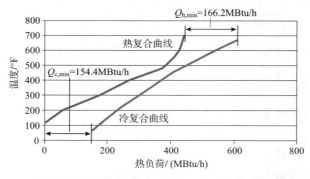

图 26.4　以原油为例的复合曲线显示了热源和热汇随温度和焓的变化关系。这些曲线用于显示通过热集成可以回收多少热量，以及外部实用程序必须提供或移除多少热量

综合曲线显示了热效用和冷效用目标的总体最小值。将这些数据与现有的公

用事业消耗进行比较，就可以得出节能的总体范围。大多数商业软件工具也会量化每个单独实用工具的目标，见表26.4。

表26.4　夹点分析生成能源使用和单个加热及冷却设施的总体目标

	现状/（MBtu/h）	目标/（MBtu/h）	范围/（MBtu/h）	节省/（千美元/a）
加热总需求	200.0	166.2	33.8	
冷却总需求	188.2	154.4	33.8	
加热设施				
火焰加热器	200.0	166.2	33.8	1670
冷却设施				
120psi（表）蒸汽	34.8	59.7	−24.9	909
生成冷却水	153.4	94.7	58.7	0
总计				2579

注：这些数据用于计算降低公用事业消耗的范围和降低能源成本的潜力。蒸汽发电的成本为负，因为蒸汽发电降低了净能源成本。

集热处理的最好方法可从表26.4的汇总信息中得到。前两列显示了公用工程现有热负荷和相应的目标负荷。在蒸汽压力120psi（表）的情况下，这些负荷中超过12%是利用热感应将BFW从其供应温度提高到饱和温度。第三列显示了减少每个公用工程（现有负荷－目标负荷）的范围。输出蒸汽压力为120psi（表），所以负数意味着价值的增加。

从表26.4可以得出以下主要结论：

1）通过对原油进行额外的预热，可将炉膛负荷（吸收热量）降低33.8MBtu/h。在常压加料炉（F–1）中减少燃烧，可节省成本，每年可节约1670000美元。

2）120psi（表）的蒸汽产量可以增加的热能到24.9MBtu/h，每年价值90.9万美元。

3）如果能降低炉温并生成这些蒸汽，冷却水的能耗就可以减少58.7MBtu/h。

3. 第三步：确定热交换器网络中的主要低效节点

此步骤包含设计考虑。大多数商业夹点程序都有工具来识别主要的无效点，并确定在热交换器网络（HEN）中热量通过每个夹点的位置。必须考虑两种不同的夹点：过程夹点和实用夹点。过程夹点（本章前面描述的夹点类型）将过程分为净吸热区（高于过程夹点温度）和净热源区（低于过程夹点温度）。

在本例中，热流的夹点温度为481.8°F。冷流的工艺夹点温度，根据定义，必须小于这个 ΔT_{min} 值（即411.8°F）。

然而，我们更方便引用单个夹点"区间温度"，它是作为问题表分析的一部分确定的。这通常是冷热气流的平均温度，在这种情况下是446.8℉。如果热量越过这个夹点，炉膛负荷就会增加，额外的热量就会进入两个冷却设施［120psi（表）蒸汽或冷却水］中的一个。

　　夹点效应发生在350.0℉（区间温度）。它的出现是因为有两个冷却设施。任何多余的热量应该在过程夹点和实用夹点之间的120psi（表）蒸汽中在过程中去除。低于效用夹点温度，多余的热量必须在冷却水中去除。如果热量通过了实用夹点，产生的有价值的120psi（表）蒸汽就会减少，更多的热量在冷却水中被排出。研究夹点的结果可以用网格图（图26.5）[4]表示，也可以用交叉夹点汇总表（表26.5）表示。两者提供的信息基本相同，但格式不同。

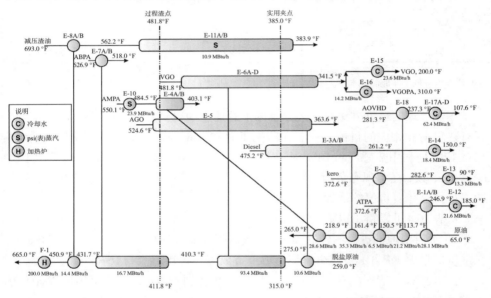

图26.5　在高效的交叉夹点热交换器中，用网格图表示的现有的预热系统

　　在网格图（图26.5）中，夹点出现在断开的垂向线上。图的顶部和底部分别显示了热流和冷流的夹点温度。流程流显示为水平线，热流程从左到右，冷流程从右到左；也就是说，高温通常在图的左边，低温在右边。温度刻度不需要精确。关键是每条流程流的初始和最终温度都与压力适当相关。然后，就可以清楚地看到哪些流程流具有高于夹点温度、位于两个夹点温度之间和低于实用夹点温度的部分。

　　热交换器现在可以添加到图表中。热处理过程交换器显示为连接热流和冷流的哑铃形状。公用工程热交换器显示为带有标识效用类型标签的圆圈。如果热交换器的冷热部分跨越一个或多个夹点边界，则适当的圆被拉长以显示相对于夹点的温度范围。只要有可能，哑铃的柄部都是竖着画的。当然，整个同时穿过夹点是不可能的。这是E-4A/B的情况，它由两个换热器壳，E-4A和E-4B串联而成。

表26.5显示，最大的低效节点是在两个AMPA热交换器服务中，E-4A/B〔AMPA相对于原始原油，通过120psi（表）蒸汽夹点时为28.6MBtu/h〕和E-10（AMPA蒸汽发生器，通过过程夹点时为23.9MBtu/h）。在图26.5中，E-4A/B的这种低效率由对角交叉夹点线表示。然而，E-10的问题不那么明显。用户必须认识到，120psi（表）蒸汽发电应该只发生在温度低于实际夹点温度时。

表26.5　将每个换热器的交叉夹点换热量列成表，重点关注预热系统中最大的低效节点

	热交换器	热蒸汽	冷蒸汽	交叉夹点承担负荷/（MBtu/h）	
				过程（446.8下）	生成120psi（表）蒸汽（350.0下）
E-3A/B	柴油与原油	柴油	原油		14.9
E-4A/B	AMPA和原油	AMPA	原油	0.9	28.6
E-5	AGO与脱盐原油	AGO	脱盐原油	2.8	9.2
E-6A/F	VGO与脱盐原油	VGO	脱盐原油		−1.3[a]
E-7A/B	ABPA与脱盐原油	ABPA	脱盐原油	1.2	
E-10	AMPA蒸汽发生器	AMPA	120psi（表）蒸汽发生器	23.9	6.0
E-11A/B	减压渣油蒸汽发生器	减压渣油	120psi（表）蒸汽发生器	4.9	1.3
总计				33.8	55.6

出现这些效率低下的原因有两个。AMPA中的最高温度热用于产生120psi（表）蒸汽；在预热系统的热端，用它对脱盐原油进行预热会更有好处。剩下的AMPA热量用于预热温度更低的原油，尽管它的温度足以产生120psi（表）蒸汽。因此，预热系统的重新设计必须集中在AMPA热量的重新分配上。

排在第二位的效率低下的是E-3A/B，即柴油与原油交换器。这表明有机会利用部分柴油降热产生的120psi（表）蒸汽，并使用较低温度的热源来代替柴油的热量，对原始原油进行预热。

所有剩余的交叉夹点作用都显著减小（＜10MBtu/h）。虽然有时会有如此大规模的可行的节能项目，但最好注意：至少在最初的时候，有更大的机会，在这种情况下超过70%的热量穿越过程夹点和超过80%的热量穿过实用夹点。

在一个热交换器中的一个夹点交点意味着最低温度冷热流之间的最小温差小于指定的ΔT_{min}。

4. 第四步：确定需减少或消除的最低效选项

在改造项目中一般应考虑三种类型：重新安排现有的热交换器以增加进料预热或蒸汽的产生；在已有换热设备上增加换热面积，如增加新的换热壳；或者添加新的热交换器来匹配当前没有匹配的流程流。

表26.5中的低效节点和表26.1中的流程流数据提供了产生特定想法所需的信息。最有可能的方法如下：

1）重新布置AMPA电路中现有的热交换器（E-4A/B和E-10）。

2）增加过程对过程的热交换器，以增加进料预热。在E-15和E-16中，VGO（产品加上泵送）是最好的热源，因为它在高温下将大量的热量排除在冷却水中。

3）添加120psi（表）蒸汽发生器。第三步表明，这类最大的机会是在柴油，领先于E-3A/B。

4）增加一个BFW预热器来增加120psi（表）蒸汽的产量（现有的设计没有BFW预热）。如果BFW能够利用余热进行预热，那么在现有的蒸汽发生器中，蒸汽产量最多可以提高12%。

5. 第五步：对选择进行评估

现在需要对已确定的各种备选办法进行技术和经济比较，以确定哪些办法符合投资标准，哪些办法最具吸引力。

在任何热交换器网络中，任何特定热交换器中的每一个变化都可能对其他热交换器产生连锁效应。在CDU预热系统中尤其如此，这些系统通常是炼油厂中最复杂的热交换网络（HENS）。

一些商业上可用的夹点分析软件包含了评估这些效果的工具，尽管许多从业者更喜欢使用电子表格或其他模拟工具来交互评估。无论使用哪种工具，都需要某种类型的模型来评估HEN的性能，并量化每个选项和所评估的选项组合所节省的效用。

考虑任何可能影响新热集成方案可行性的约束也很重要。例如，水力约束可能会限制可添加的热交换器的数量。在所有的热交换器中必须保持最小的流量，以使污垢率保持在可接受的水平。更好的热集成通常会导致更接近的温度方法，这可能会减少现有泵旁换热器的热负荷，但泵旁换热器仍必须能够除去足够的热量，以控制分馏切割点。退浆温度必须保持在可接受的范围内。原油在到达炉前不能过度蒸发。考虑到所有这些因素，因此经常需要做出重大的妥协，所以最终的设计通常与理想的缩放设计有很大的不同。

使用该模型并考虑所有已知的约束条件，对第四步中确定的方法进行筛选。计算结果如下：

1）量化每个选项和选项组合带来的效用节约。使用表26.2中的公用工程费用数据，将公用工程节余转换为货币节余。

2）估计执行每个选项的成本。一般来说，这需要估算新热交换器和其他新设备的尺寸，以及新管道的长度，然后利用成本相关性来进行成本估算。

3）评估经济可行性。用一个估计的成本和节省来计算简单的投资回报（成本/年度节省），以及其他价值度量，如投资回报（ROI）或净现值（NPV），以量化每个投资的吸引力。

6. 第六步：最佳选项或选择组合

正如第三步和第四步所指出的，最大的机会涉及重新调整AMPA流，使其最热的部分与除盐原油相匹配，高于工艺夹点，其较低的温度部分用于生成120psi（表）蒸汽。这很容易做到。现有的AMPA与原始原油热交换器E-4A/B具有足够高的温度额定值，可以在更热的应用中重复使用，而E-4A/B与现有的AMPA蒸汽发生器E-10的顺序可以通过一个较小的管道更改进行逆转，如图26.6所示。

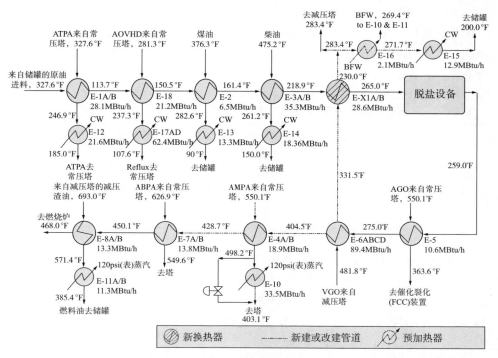

图26.6　最终的设计只需要一对新的热交换器外壳，加上一些现有设备的重新配管

然而，将E-4A/B从E-3A/B和除砂器之间的现有位置移动会减少对原始原油的热量输入，而且必须替换这些热量。最简单的替代方法是增加一项新的设备，E-X1A/B，从VGO中回收热量，并将其应用到脱盐器前的原始原油上，E-4A/B目前就位于该位置。E-X1A/B由两个大换热壳（每个约7000ft²）组成。这些更改（重新安排AMPA并添加E-X1A/B）构成此次改造项目的核心。

核心改造将原油预热提高了14.0MBtu/h，从而将盘管进口温度提高了17.1℉，相应的进料炉产生了同样节约。此外，这些变化还增加了热量到120psi（表）蒸汽发电（在E-10和E-11A/B），共10.1MBtu/h。这些节余合起来每年价值106万美元。改造的费用为3335000美元，其中大部分与增加的E-X1A/B有关。简单的回报期是3.1年。

当添加E-1XA/B来从VGO（泵送和产品）中回收额外的热量时，VGO泵送冷却器E-16就不再需要了。因此，E-16外壳可用于其他用途，如使用VGO产品在E-15冷却器之前进行BFW预热。这种安排也显示在图26.6中。这一变化为BFW恢复了2.1MBtu/h的降热，从而增加了价值76000美元/a的蒸汽发电量。改造成本为25万美元，简单的偿还期为3.3年，这包括在E-16中更换管束的成本（这是必要的，因为现有的管束不适合锅炉给水压力）和一些管道改造。

通常情况下，在CDU中增加一个低至2.1MBtu/h的热回收换热器是不经济的。然而，在这种情况下，重用现有设备极大地提高了经济效益。第四步中描述的其他选项也进行了评估。然而，它们要么不经济，要么有技术问题，无法实施。表26.6总结了两种项目的经济性。

表26.6 对现有备选办法的评价表明，两个项目满足了不超过4年的投资回报的要求

序号	项目描述	负荷/（MBtu/h）	年收益/（美元/a）	投资/美元	投资回报期/a
1	核心修改	24.1	1060000	3335000	3.1
2	BFW预热	2.1	76000	250000	3.3
总计		26.2	1136000	3585000	3.2

总的来说，这些变化使原油预热节省了14.0MBtu/h，额外的120psi（表）蒸汽生成回收了12.2MBtu/h（目标是26.2MBtu/h），价值113.6万美元/a。这些结果与理想的目标原油预热节省33.8MBtu/h和120psi（表）蒸汽生产热回收增加24.9MBtu/h的目标（总58.7MBtu/h）相比较，净节省257.9万美元/a（表26.4）。因此，选择的设计达到了目标的45%。

由于预热系统的相互作用，经济上可实现的节约占目标的比例相对较低。在

预热系统中增加热回收可以降低所有下游热交换器的温差，从而降低这些热交换器的热负荷。需要额外的传热面积来回收这些损失的热量，增加了工程成本，使其不那么有吸引力。

在 CDU 的初始设计中加入能效措施通常比在改造中提高能效更简单，成本也低得多。然而，正如这个例子所显示的，一些重要的改造机会确实存在，夹点分析是识别它们的有效工具。

四、原油单元实例观测值

夹点分析是一种非常强大的技术，用于确定用于加热和冷却的最低能耗目标，并用于确定实现显著节能的项目。正确计算夹点目标从热力学角度来看总是可以实现的，ΔT_{min} 值的选择也能实现经济实用的目标。然而，实现节约不仅需要目标，还需要实际的项目。在许多情况下，实际的过程约束和相互作用限制了能够以经济的方式实现的目标大大低于夹点目标。这是使用夹点分析时需要记住的一个重要事实。

五、夹点分析的商业应用

现在有各种各样的夹点分析软件，从共享软件和简单的电子表格到高度复杂的商业软件包。由于这种可用性，许多组织中的工程师可以进行夹点分析，至少在基本级别上是这样。然而，最先进的夹点分析工作是由专门的顾问进行的，特别是在小公司。一些较大的工程公司也在技术方面保持着一定的能力，一些学术机构同时从事研究和工业应用。无论谁执行夹点研究工作，重要的是夹点研究不应该单独进行。相反，它们应该集成到一个更大的工程组织中，以确保信息的适当流动、结果的评估和项目的最终执行。

六、附录：复合曲线

夹点目标研究的特征输出是一个显示"复合曲线"的图表。本附录描述了这些曲线是如何构建的，并简要讨论了它们的重要性。

1. 在单一热交换器中的传热

简单双流换热器的传热可以表示在温度－热负荷（T–H）图上，如图 26A.1 所示。

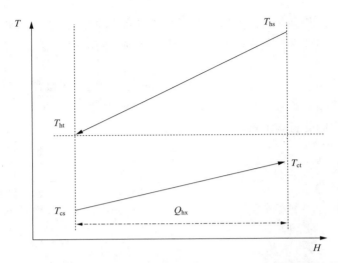

图26A.1　在一个简单的两流换热器中温度与热负荷图是一种来表示传热简便的方法

温度（通常以℉或℃为单位）通常垂直绘制，热负荷（通常以MBtu/h或MW为单位）水平绘制。热流（释放热量流程流），即在热交换器中，从供应温度（T_{hs}）到目标温度（T_{ht}），从右上到左下的斜向热交换器中释放热量的流。冷流，从左下到右上，从供应温度（T_{cs}）到目标温度（T_{ct}）。热负荷，Q_{hx}，对于两种流都有相同的绝对值，尽管热流在放出热量，而冷流在吸收热量。这两条线的斜率等于相应流的"热容流量（CP）"的倒数，而且在大多数情况下，CP值——计算出的斜率——对于热流和冷流是不同的。

2. 合成曲线所需的数据

夹点分析允许我们同时研究多个热交换器的传热。理解这一点最简单的方法是使用复合曲线。

表26.1显示了具有四个流的流程的数据，其中两个流是热流（H1和H2），两个流是冷流（C3和C4）。每个流的数据包括提供的温度、目标温度（T_s、T_t）和热负荷，以及热容流量（CP），即（热负荷）/（T_s-T_t）的大小。

我们假设热集成方法最低温度（ΔT_{min}）是20℉。我们还假设，任何不能通过热集成来满足的加热或冷却要求必须通过使用外部设施来满足。我们现在要解决的问题是：

1）从两股热流中移出的热量有多少能在冷流中得到回收？

2）从外部热设施（如燃烧炉或蒸汽）供应的热量是多少？

3）有多少热量被释放到冷却系统中（例如，冷却水或空气）？

表 26A.1　四流问题的数据

蒸汽	T_s/°F	T_t/°F	热负荷/（MBtu/h）	CP/（MBtu/h/°F）
H1	388.0	178.0	42.0	0.200
H2	222.0	122.0	40.00	0.400
C3	200.0	260.0	48.00	0.800
C4	104.0	148.0	13.20	0.300

3. 构建曲线

我们可以通过构造复合曲线来解决这个问题，从热复合曲线开始。过程如图 26A.2 所示，步骤如下：

1）仅选择热流（H1 和 H2）。

2）在 T–H 图上同时绘制两股热流。

3）绘制与提供的温度和目标温度相对应的"边界温度"。在本例中，边界温度为 388°F、222°F、178°F 和 122°F。

4）计算相邻边界之间的温差（ΔT）。在这个例子中，从最热的一对边界开始，ΔT 值是 166°F，44°F 和 56°F，如图 26A.2 所示。

5）识别相邻边界温度之间的流。在本例中，只有流 H1 存在于最热的两个边界之间，H1 和 H2 在下一对边界之间共存，只有 H2 存在于最后一对边界之间。

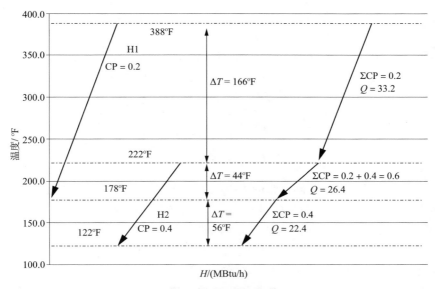

图 26A.2　热复合曲线的结构

6）每一对的边界，计算所有流之间的边界温度组合CP值（ΣCP）。在这个例子中，ΣCP值为0.2，0.2 + 0.4 = 0.6和0.4MBtu/h/ ℉。

7）计算每一对之间的总热负荷的贡献边界温度（$Q = ΣCPΔT$）。在本例中，Q值分别为33.2MBtu/h、26.4MBtu/h和22.4MBtu/h。

8）每一对边界温度及其相关的热负荷可以被视为一个"流"，它有自己的提供的温度、目标温度和自己的热负荷，在$T–H$图上用对角线表示。

9）现在可以通过将每对边界之间的线段首尾相连来拼接热复合曲线，如图26A.2所示。

构建冷复合曲线的过程与此相同，只是在本例中我们使用的是冷流而不是热流，如图26A.3所示。注意，在这个特殊的例子中，只有C3流存在于最高的一对边界温度之间，只有C4流存在于最低的一对边界温度之间，但是这两个流都不存在于中间的一对边界温度之间。因此，ΣCP和Q在中部地区都是零。

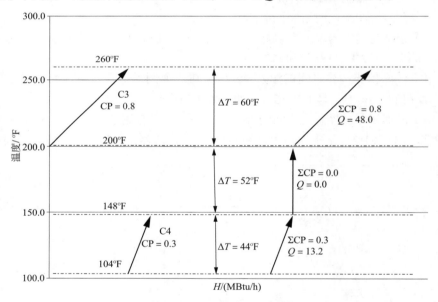

图26A.3　构建冷态复合曲线

我们现在可以画出在同一张的$T–H$图上的冷热复合曲线，曲线之间的最小垂直间隔等于$\Delta T_{\min}$，这在我们的例子中是20℉，如图26A.4所示。图26A.4中心附近的圆圈区域是交点，也就是说，该地区温差等于$\Delta T_{\min}$。

依据温度水平和热量热复合曲线代表了在过程中的热集成。同样，冷态复合曲线表示其复合吸热。当它们被绘制在一起时，如图26A.4所示，尽管部分热复合垂直位于冷复合曲线之上，热量可以从热源流向散热器，可用的温度至少保证

不低于 $\Delta T_{\min}$。因此，图26A.4中重叠区域的水平投影（Q_i）代表了 $\Delta T_{\min}$ 时最大范围内的热集成。

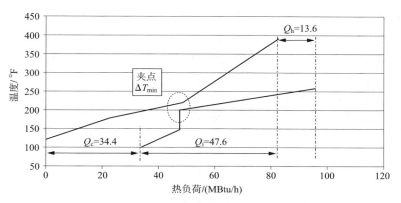

图26A.4 热和冷的复合曲线结合在一个单一的 $T\text{-}H$ 图上

热复合曲线的一部分位于重叠区左侧。这代表了不能在过程中回收的热源，因此必须借助冷的公共设施，如空气或冷却水。水平投影（Q_c）是必须排除的热量。类似地，在右边有一部分冷复合曲线代表散热，不能满足热回收，因此必须由外部公共事业热源提供的热量 Q_h 来提供。因此，Q_i、Q_h 和 Q_c 是我们之前提出的问题的答案，在本例中，它们的值分别是47.6MBtu/h、13.6MBtu/h 和34.4MBtu/h。如果我们改变 $\Delta T_{\min}$ 的值，Q_i、Q_h 和 Q_c 的值都将改变，从而反映出限定温度对潜在的热回收方法的影响。

参考文献

1. Rossiter, A. (2010) Improve energy efficiency via heat integration. *Chemical Engineering Progress*, 106(12), 33–42.

2. Gunderson, T. and Naess, L. (1987) The synthesis of cost optimal heat exchanger networks. *XVIII European Federation of Chemical Engineering Congress*, Giardini Naxos, Italy, April 26–30, 1987.

3. Gunderson, T. and Grossmann, I.E. (1990) Improved optimization strategies for automated heat exchanger networks through physical insights. *Computers & Chemical Engineering*, 14(9), 925–944.

4. Linnhoff, B., et al. (1994) *A User Guide on Process Integration for the Efficient Use of Energy*, revised 1st edition, IChemE, Rugby, UK.

5. Linnhoff, B. (1994) Pinch analysis: building on a decade of progress. *Chemical Engineering*

Progress, 90(8), 32–57. 6. Wang, Y. P. and Smith, R. (1994) Wastewater minimization. *Chemical Engineering Science*, 49(7), 981–1006.

7. Manan, Z.A., et al. (2004) Targeting the minimum water flow rate using water cascade analysis technique. *AIChE Journal*, 50(12), 3169–3183.

8. Alves, J.J. and Towler, G.P. (2002) Analysis of refinery hydrogen distribution systems. *Industrial & Engineering Chemistry and Research*, 41(23), 5759–5769.

9. Gary, J.H. and Handwerk, G.E. (1994) *Petroleum Refining Technology and Economics*, 3rd edition, Marcel Dekker, New York, pp. 39–69.

第27章　能源管理关键绩效指标（EnPI）和能源仪表板

Jon S. Towslee

一、EnPI 是什么

　　KPI或关键绩效指标已经存在很长时间了。根据行业不同，KPI有许多类型和用途。传统上，KPI用于基于财务的度量和比较。本章的重点是在制造业中创建和使用用于能源管理的KPI（能源管理绩效指标或EnPI）。在最高的层次上，企业不断受到挑战，需要度量同级工厂的性能，并跟踪公司的改进，以满足组织内的利益相关者的利益需求。在本章中，我们将讨论使用EnPI来测量、跟踪、改进和比较制造过程的能源效率。

　　商业地产和零售业等行业有标准的基准EnPI，可以用来与其他类似设施一起在标准化的基础上测量给定设施的性能。例如，能源部网站提供了许多商业办公楼和购物中心的基准。然而，类似的度量标准和基准在制造过程中就很难找到。制造过程和工厂往往太过多样化，以至于没有一套通用的EnPI或度量标准，可以普遍应用于一个多样化的企业，更不用说整个行业了。在特定的系统和机器上建立通用的EnPI通常要容易得多，因为这些系统和机器在不同的制造操作中常常是相似的。有意义的EnPI通常由SBU（战略业务单元）选择SBU，由工厂选择工厂，或由流程选择流程。在着手建立能源和生产EnPI时，重要的是要考虑如何以及由谁来使用这些指标。选择EnPI的最佳起点是确定要回答哪些业务或技术问题。以下是使用生产和能源数据建立环境保护信息系统时所涉及的一些常见问题：

　　1）哪些设施以最节能、最经济的方式生产产品（点对点对比）？

　　2）哪些过程是最节能和最经济的（点对点对比）？

　　3）哪种机器/流程操作模式最有效（同一最佳运行过程）？

　　4）加工线/机械性能是否随着时间的推移而改善或恶化（操作调整、员工培训、维护和更换）？

　　要绝对地回答这些问题几乎是不可能的，因为很少有两个工厂是以完全相同的方式建造和运营的。这就是 EnPI 需要发挥作用的地方。财务部门通常会根据每月、每周和每天的产量来定义设施的高级指标，但是这些高级指标很少有助于回答与提高能源效率相关的业务问题。在帮助流程和设施工程人员识别具体的操作来对这些度量进行改进时，这样的度量并不能提供有意义的、可操作的、精确度足够大的信息。因此，必须创建特定的 EnPI 来帮助获得足够的相关信息，不仅要回答相关的业务问题，还要改进和维护工厂、流程和机器的操作的能源效率。

为了在站点之间、进程区域与进程区域之间、行业与行业之间进行有意义的比较，我们必须对数据进行规范化。每个加工区域、生产线、生产单元和机器都针对不同的容量和装载点设计。因此，比较从一个区域得到多少功或产品是很常见和必要的，作为该区域的功或能量的函数。开发的任何规范化计算都应该在整个企业内以一致的方式应用。

EnPI 可以运行的范围从非常简单到非常复杂。简单的 EnPI 通常以工厂总产出除以工厂总能耗的形式开始，通常是按月计算。这可能是最基本和最简单的 EnPI。然而，这个简单的 EnPI 并没有提供足够的信息来了解工厂里正在发生的事情，从而使操作员能够提高或降低这个数字。为了识别可操作的数据，您需要在工厂内获得更多的测量数据，并开发更复杂的依赖于同时运行的几个不同变量的 EnPI。在开发这些更复杂的 EnPI 时，您可能需要使用更复杂的软件平台来支持多变量回归建模。更复杂的 EnPI 将提供更有意义和可操作的信息，帮助您在整个工厂和企业内推动能源和运营效率的可测量的改进。

二、如何选择 EnPI

在充分监视和测量能源和运行性能的基础上确定 EnPI 之前，首先需要确定每个指标的范围。您是否试图跟踪和管理工厂、区域、生产线或机器级别的性能？您需要确定要回答哪些业务问题，并确定需要哪些数据点来制定 EnPI 来回答这些问题。

您对设施内的能源跟踪计划越全面，就越需要关注系统、能源和热量流。如果一个过程的产品（输出）成为其他过程的原料或能源供应（输入），则尤其如此。考虑这个问题的简单方法是采用"由外而内"的方法。首先，在工厂周围"画一个圆圈"，并确定需要哪些 EnPI 和基础数据来跟踪整个工厂层面的能源性能，无论是将该站点与其他站点进行比较，还是仅仅试图显示工厂的时间序列改进。这种方法应该在工厂的更深层次上不断重复，直到达到所需的级别（例如，区域、单元、线路或设备级别）（图 27.1）。

图27.1　企业内部的能量跟踪级别

根据成本效益的方式取得可靠的数据。第一种方法更像是一种自顶向下的方法，它是确定您试图回答哪些业务问题，然后确定需要哪些EnPI数据点来在站点的每个级别上提供这些答案。这种方法提供了理论上完美的数据库和EnPI。第二种方法是一种自底向上的方法，它从数据可用性开始。在网络或历史数据中，哪些仪表和过程测量是容易获得的？确定这些测量值与第一种方法中建立的理论数据库的匹配程度。这种更加实用的方法将为填补关键的测量差距所需的投资提供一个路线图，并帮助制定一个缺少的仪器和仪表的列表。与此方法相关的成本/收益分析应该会激发与工厂利益相关者的热烈讨论，以达到数据可用性和基础设施成本的适当平衡，从而获得满足EnPI跟踪需求所需的数据。从"方向上正确的"入手而不是"理论上完美的"EnPI通常更有用。

为了度量与特定功能区域（例如，机器、线路或流程区域）相关的能量性能，必须考虑所有的能量流，以便创建有意义的EnPI。如前所述，该方法包括在职能领域周围划定边界，并确保所有能源流入和流出都经过计量、测量和量化。这将在比较这个功能区域与一个站点或整个企业中的类似功能区域时提供能源和操作性能的完整图像。例如，测量流入系统的电能或天然气或蒸汽的体积，同时测量从系统中流出的蒸汽、压缩空气、工艺气体等。

最终，将尝试度量和计算每台机器、线路单元、系统或流程区域的完整"能量平衡"。虽然简单的EnPI（不包括来自给定区域的所有能量流）可以创建并添加一些分析值，但是在尝试比较功能区域和跨不同位置共享最佳实践时，缺乏完整的能量平衡可能会限制它们的使用。

在创建 EnPI 时要考虑的另一个问题是，是根据"输入的能量除以输出的能量"（或相反的"输出的能量除以输入的能量"）来计算简单的度量，还是根据"输入的总能量或功除以输出的总能量或功"来创建效率度量。下面的例子可以说明这一点。

现在假如有一个在输入端装有电表，在输出端装有空气流量计的空气压缩机。简单的 EnPI 是每 kW·h 电力消耗产生的空气总量。如果压缩机满负荷且运行一致那么这样的工作模式可能是有效的。然而，用"输出"除以"输入"的更复杂的度量方法可以提供更好、更有用的度量方法，以确保压缩机得到最佳加载和排序。对于这个稍后的度量，需要更多的工具。例如，要确定压缩机所做的功，除了要知道气流外，还要知道入口和出口的压力。这也可以进一步加强考虑进口温度和湿度含量。关键不在于不必要地将 EnPI 度量复杂化，而在于"适当的规模"，以最经济的方式解决当前的业务和技术问题。

三、数据收集

现在已经确定的这套 EnPI 值确保了商业目标和预算之间的平衡，下一步是创建一个测量路线图并开始将现有的和新的测量装置连接到能量管理系统上，以此来跟踪、报告、预测 EnPI。最好从设备本身开始。这些设备通常是发送器，通过连接的网络发送 4~20mA 模拟信号或寄存器值。重要的是，这些发射器通常用于测量控制 SCADA 系统中使用的瞬时流量。然而，当试图测量能量或功时，更合适的方法是捕获总流量，而不是瞬时流量。许多设备将同时提供瞬时值和累计值，但通常价格较高。累计仪表（例如，公用燃气、水表和电表）是最准确的能源使用的计量表或计录消耗汇总的工具。这类仪表通常提供脉冲输出，脉冲输出随着输送或消耗一定数量的能量而增加。下一个最佳选择是将可编程逻辑控制器（PLC）和分布式控制系统（DCS）中的能量和生产流进行汇总。然而，距离源表越远的数据链，在能量累计计算中引入的误差就越大。

一旦确定了数据收集的"内容"和"方式"，就需要考虑数据收集的频率。正如一开始提到的，每月的数据不够细，无法提供关于每周、每天或每个小时的操作情况的可操作信息。许多工厂发现，每小时或每 15min 就进行一次数据收集可以使存储成本、系统性能和测量精确度之间达到最佳平衡，可以真正了解 EnPI 是如何跟踪每周、每天或每小时的运行情况的。请记住，为了正确地控制一个过程，许多控制系统将以毫秒为间隔扫描和更新实时测量。对于 EnPI，没有必要在这个频率上捕获总流量。EnPI 在较低的数据采集率下取得了良好的结果。我们发现，大多数电厂选择 15min 的数据采集间隔，因为它符合大多数电力公司用来计算需求费用的15min需求间隔周期。

一旦仪表和测量仪器连接到网络、控制系统、数据记录器或历史数据，许多能源管理系统（EMS）可以捕获和利用这些数据来记录、跟踪、报告和预测EnPI。确保您选择并用于跟踪EnPI的能源管理系统提供了获取手动数据的方法也很重要。石油和煤炭等燃料来源通常是批量交付的，很少有自动计量系统。此外，可能还有一些手动记录的生产过程。不要因为这些数据以手动格式存在就忽略它们。全部收集到它们，并尽可能地使用它们来增加能量测量和平衡计算的完整性。

最后，谈谈创建"虚拟仪表"的重要性。位于某一公用事业"顶部"或供应侧的仪表通常会获得和测量供应给工厂或系统的总能量。这些高级仪表包括在负载中使用的能量（包括计量的和未计量的）、配电系统中的能量损失以及系统和机器效率低下时的能量损失。很少有电厂会对每一个能源系统的每一个来源和负荷进行计量。因此，"自下而上"的EnPI和"自上而下"的EnPI几乎永远不会完全一致。让能源管理系统在"虚拟仪表"中获取损耗和未计量负载是一个很好的实践。"虚拟仪表是在电子制造系统中通过数学与物理电表相结合而创造出来的。虚拟仪表提供了决定关于是否投资更多仪表或容许处理系统中的效率损失的有用信息。虚拟仪表还可以作为识别故障仪器的良好工具。

四、指示板

当人们想到能源管理系统时，他们常常把它等同于仪表盘。仪表盘本身价值有限，但超级好卖。布满仪表和趋势图的仪表板屏幕常常被设计成"看起来令人印象深刻"的，而不是提供可操作的数据的样子。有效的仪表板的关键在于定制显示，以便在正确的时间向正确的人提供正确的信息，从而提高能源和操作效率。定制一个有效的仪表板，以满足最终用户的特定需求。必须回答的真正问题是：在屏幕上显示EnPI、度量和量度时，期望的输出、操作或结果是什么？换句话说，仪表板将如何利用结果以及需要提供哪些信息来促使用户投入到操作中？

在定制仪表板时，首先要考虑的是用户的特定目标和职责。现场能源负责人可能需要查看帮助他们提高整个工厂能源效率的信息。线路操作员可能只需要看到他们直接控制的操作变量的非常简单的显示，以指示他们是在以最经济的方式操作机器或线路（图27.2）。

一个好的能源管理系统将提供标准和可定制的显示，可以根据需要进行配置，以满足每个用户的特定需求。能源管理系统记录了从工厂的许多仪表和历史数据那里获取的数据，以确定工厂每个报告区域的原始测量和EnPI的趋势。能源管理系统还应该为仪表板提供实时显示屏幕，以及向外部利益相关者（如财务和工厂管理人员）输出数据、EnPI和报告的能力。同样，这些元素中的每一个都必须是可定制的，以满足最终用户的特定需求，无论它们的重点是与操作、财务或能源工程相关的。

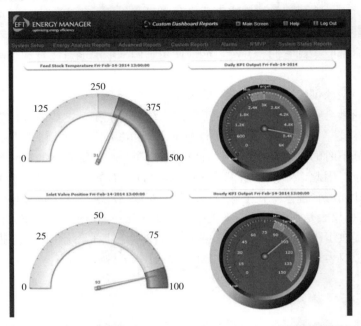

图27.2　专门为线路操作员创建的简单仪表板及其显示EnPI和在操作员控制下的变量状态

五、回归建模

本节介绍多变量回归分析（MVR）对于跟踪那些依赖于许多不同因素同时交互的EnPI和过程的重要性。如前所述，简单的EnPI可以基于围绕流程、线路或机器的单个变量集进行计算。这些EnPI对于跟踪"单独维度"中的性能非常有用。然而，在复杂的流程工业中，通常在任何给定的时间内都有几个相互关联的影响在起作用。例如，如果EnPI包括多个热量流流入或流出某个过程领域，或不同的产品的不同能量密度，或影响原材料的质量或条件，研究这些因素之间的相关性是如何看待这些影响因素是如何影响每个EnPI的最好的方式。这为每一个EnPI提供了一个"多维"视图，它可以用来预测或预测一个区域、单元或机器的可能或预期性能。

单变量和多变量回归分析如何比较？它们不是都提供了一个数学模型来预测

EnPI 的预期结果吗？简而言之，答案是肯定的。真正的问题是，单个变量如何解释复杂过程的操作？单变量回归是一种非常简单和直接的方法来比较一个因变量与如何对应一个自变量。例如，如果一个人在研究用于帮助人类舒适而使用空间调节的制冷器的能耗，那么将"降温天数"作为一个独立变量是有意义的。然而，制造过程往往要复杂得多，要找到一个单独的自变量来解释因变量的变化几乎是不可能的。多元回归应用了许多与单变量回归相同的数学技术，但是，正如它的名字所暗示的那样，它同时关注几个独立变量，以帮助现场工程师了解哪些变量以何种方式相互作用，从而驱动过程能耗和 EnPI 的变化。

MVR 模型在过程工业中非常有用，可以计算复杂的 EnPI 了解其对能源效率的诸多影响。MVR 模型可用于许多不同的方式，为工厂工程师提供价值和洞察力。以下是 MVR 建模的一些最常用的应用。

（1）复杂的 EnPI 计算

如上所述，当简单的 EnPI 不能充分解释一个过程中发生的事情时，MVR 模型可以用来洞察几个独立影响的相关性，从而更好地理解工厂内不同负荷和子过程的相互作用。

（2）计量和验证

当节能措施或资本项目被提出并被证明是合理的，它们通常是基于一些关于预期的节能和能效收益的基本假设。利用 MVR 分析，工艺条件可以在项目完成的前后进行建模，让工厂人员查看规范化的基础上如何节能，以及产量的变化、运行时，或任何其他变量在模型中的表现。

（3）预测

MVR 分析完成后，生成的模型可用于完成预测，预测能源消耗和 ENPI 在小时、天、周、月或年中的影响。可以实时跟踪实际情况，并与预期结果进行比较，从而在可能导致能源浪费、EnPI 性能差或需求激增的情况下向工厂操作人员发出警报。作为预测的一个子集，MVR 模型可用于编制预算和确定目标（图27.3）。

1）预算编制：该应用程序使用 MVR 分析和模型，在较长时间内预测场地、面积、单元、线路或机器能耗，并在数周、数月或数年期间从财务或工程单位的角度制定预算预测 EnPI。在显示的示例中，该站点计划在 2 月份部分关闭，因此该月的能量预测较低。预测产量可以输入到能源模型中，以建立未来的预算。

2）目标：一旦预算确定，MVR 分析和模型可用于创建目标，以挑战工厂运营人员，推动能源消耗和 EnPI 达到新的水平，并监控针对这些目标的进展。

（4）ISO 50001 和卓越能效项目报告

这些更新、更全面的能源管理项目正在全球范围内迅速获得关注，并有严格的报告要求，以证明所述目标确实正在实现。MVR分析和建模是满足这些项目报告目标的公认需求。

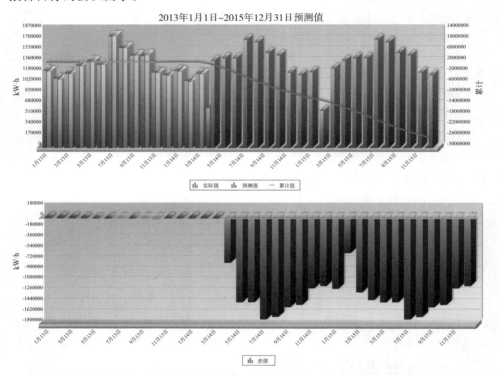

图27.3 这是一份预测报告的摘录，该报告显示了未来3年的能源预测，包括计划中的停运。上面的图表显示了过去几个月的实际能量，左边较亮的条形图显示了过去几个月和未来几个月的预测能量，右边较暗的条形图显示了未来几个月的预测能量。下图显示了预测值与实际值之间的月度差异

　　在选择能源管理工具时，有许多选择可以帮助在设备中进行MVR分析。在最基本的层次上，可以使用电子表格程序或统计分析软件包，通常与Lean或Six Sigma程序相关。虽然这些工具可能是有效的，但它们需要大量手工操作，并且只能提供EnPI趋势的快照视图。此外，许多用户发现，从多个来源获取数据、在适当的时间间隔内调整数据以及最后在统计分析包中上传并利用数据完成建模所需要的工作量太大，以至于每季度更新模型的次数无法超过一次。这种方法当然不能提供实时跟踪EnPI所需的精确度和及时性，特别是在那些可能是工厂中最大的能源用户的复杂流程上。ISO 50001和美国能源部的卓越能效工程等项目都有月度报告要求，因此电子表格方法可能有效，也可能无效，这取决于所需数据库的复杂性。

MVR分析的另一种方法是选择并使用具有嵌入式MVR建模功能的EMS平台。与上面提到的手工工具相比，具有嵌入式建模功能的能源管理平台提供了许多优势。首先，它们利用自动数据收集。如前所述，一个好的能源管理包将"位于现有系统的顶层"，从现有的仪表、控制系统和生产过程历史数据那里获取数据。这种自动化的数据收集确保模型总是得到最新的数据。第二个优点是，MVR分析可以实时进行，以方便对当前的能源消耗和EnPI数据与预期值或预测值进行自动跟踪和报警。这种方法提供了一个动态的视图，允许现场操作人员和工程师对即将发生的能源效率问题进行预先警告，并主动做出适当的调整。

六、流程应用

为了总结对EnPI的应用，现在来看一个过程应用实例，它演示了具有嵌入式MVR功能的EMS如何用于级联能源系统来创建和应用复杂的EnPI。这个例子涉及到对一组用于产生蒸汽的锅炉的效率、蒸汽分配系统的效率和消耗蒸汽的过程单元的效率的数据聚合和EnPI的计算和跟踪。

本系统在几个点安装了计量装置，如图27.4所示：

1）每个锅炉都有一个输入天然气表（GM）和一个输入补充水表（WM）。

2）每个锅炉都有一个输出蒸汽表（SM）。

3）蒸汽分配系统在每个蒸汽消耗负荷和压力减压站都有一个蒸汽表。

4）每个工艺区域通过DCS对产量（PM）进行计量。

EMS建立了多个虚拟仪表，对锅炉和配汽系统相关的能量进行汇总，实时计算EnPI。这些值每15min记录一次，用于基本趋势的预测、报告和报警：

1）总补充水。

2）天然气总量。

3）总高压蒸汽产量。

4）总低压蒸汽消耗。

5）高压蒸汽联箱上的能量平衡。

6）低压蒸汽联箱上的能量平衡。

7）工艺区域"X"EnPI = 工艺输出 / 蒸汽输入。

8）锅炉"X"EnPI = 蒸汽输出 / 气体输入。

9）蒸汽减压站EnPI = 蒸汽输出 / 蒸汽输入。

利用仪表和虚拟仪表提供的数据，可以创建几个MVR模型来识别和预测每个流程区域的能源使用情况。可以对模型进行聚合以理解和预测总蒸汽需求。还可以为每个锅炉创建模型，以了解和预测天然气和补给水的总需求：

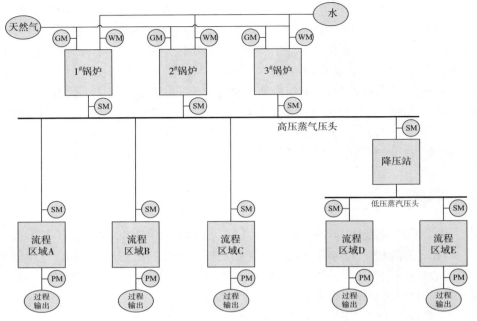

图27.4　应用实例：蒸汽系统

1）加工区域"X"MVR模型：

①应变量：蒸汽，MBtu。

②自变量：产量、原料湿度等。

2）锅炉"X"MVR型号：

①因变量：天然气，MCF。

②独立变量：蒸汽，MBtu，到各个工艺区域。

这些模型和其他MVR模型以及最终的EnPI将向工厂工程师展示每个系统在每小时、每天的工作情况。EMS将这些信息以报告、趋势、跟踪、预测和因能源偏离导致的损失、浪费、需要调整、修理的警报等形式，提供给各利益相关者。

七、结语

为了从EnPI和能源仪表盘中获得最好的结果，从最终目标出发总是很重要的。首先，了解EnPI将如何用于回答特定的业务和技术问题是很重要的，其次，在创建仪表板时，考虑需要哪些操作或结果是很重要的。从一开始就了解这一点，将使我们能够"逆向工作"，根据可用性和成本找到正确的数据，建立最有意义的简单和复杂的EnPI，并建立MVR模型，以便深入了解监控设施内的流程交互。EnPI将提供能源消耗的"规范化视图",提供随时间跟踪效率收益的能力,以及跨对等位置比较类似流程区域和机器的能力。最后,在建立EnPI时,预算总是一个关键的驱动因素。预算限制常常导致数据可用性和需要额外的工具之间的折中。请记住,EnPI虽然在理论上并不完美,但只要它们"方向正确",仍然可以提供重要的价值。

致谢

感谢EFT Energy的Craig Ennis、Bill Boardman提供的原始数据和评论材料。